場の量子論

—摂動計算の基礎—

(第3版)

日置善郎著

吉岡書店

はじめに

場の量子論は，微視的な世界を記述する強力かつ精密な理論体系として，素粒子物理学や物性物理学において，非常に広い守備範囲を持っている．従って，現代の物理学を目指す学部および大学院の学生は，この理論をしっかりと学ぶことが要求される．特に，高エネルギー現象を扱う現代の素粒子物理においては，特殊相対論の効果も取り入れた相対論的場の量子論の理解が不可欠である．本書は，この相対論的場の量子論についての，筆者自身の講義ノートを基にまとめられている．目的は，この理論の基本的な構成をスケッチするとともに，そこにおける主要な計算方法である共変的な摂動論の基礎を与え，更に，具体的に幾つかの量の第１次近似での計算を示すことである．場の量子論は非常に豊富な内容を含むが，ここではそれらを広く記述することは初めから狙わず，上記の点に焦点を絞る．このため，通常の場の理論の教科書なら必ず含んでいる事項でも，上記の目的に直接には関わらないものは全て省略している．

本書の読者としては，場の量子論に興味を持ちその定量的な理解を目指すすべての方々を想定しているが，特に意識したのは，量子力学と特殊相対論の基本的な学習を終え現在まさに場の量子論の本格的教科書に取り組み始めている，或いは，一応はそれを読み終えたあたりの学部または修士課程レベルの学生諸君である．もっとも，そのような教科書を完全にマスターした学生は，本書を読む必要はないだろう．筆者の念頭にあったのは，そういう教科書相手に苦戦している学生である．つまり，教科書の部分部分については何とか理解しているが，全体のイメージが今一つ掴めない，或いは，具体的な摂動計算がまだうまく出来ない，といった諸君である．実を言うと，筆者自身がまさにこのような学生だった．場の理論を理解するといっても，その意味するものは人に依って，またレベルに依って当然異なるだろうが，まずは具体的な摂動計算が出来るようになることと答えても特に反論はされないだろう．そして，これは，修士課程時代の筆者の目標の一つでもあった.

幸運なことに，筆者の場合は当時 京大・基礎物理学研究所におられた牟田泰三先生（現 広島大学・理学部・教授）の大変に明解な講義で学ぶことが出来，何とか計算も出来るようになった．いつの間にか筆者も院生相手に講義をする立場になったが，その準備に当っては常にその牟田先生の講義を意識し，同時に，かつての自分を思い出してノートを作ってきたつもりである．1998 年秋に京都大学・総合人間学部のセミナーに招いて頂いた際に，その講義ノートの一部を使用したところ，同学部・教授の青山秀明氏から全体を本にしてはどうかとのお勧めを受けた．出版など頭になかっただけに躊躇もしたが，一方，自分のノートが本当に役に立つものかどうか試してみたいという誘惑にも抗し難く，このような形でまとめさせて頂くこととした．少し大袈裟な言い方だが，この本により「摂動の第 1 次近似の計算が自分の手でやれた」という満足感を読者が味わってくれることを願っている.

本書の構成について説明しよう．全体は I 部，II 部，III 部および付録から成っている．第 I 部では，場の理論はどのような体系か，また何故有用なのかについてのイメージ作りのために，古典力学のラグランジュ形式（解析力学）から出発し，場の量子論に至るまでの過程をまとめた．そこでは明快さ・簡潔さを考え，扱う場は最も簡単な構造を持つ実スカラー場に限定した．第 II 部では，摂動論に必要な基礎事項，特に S 行列演算子，を解説し，実際の種々の素粒子を記述する各種の場の基本的な性質をまとめた．この「II.6 場の演算子のまとめ」の前まで（および III.1.1）なら，場の理論を全く勉強したことのない学生にとっても「場の理論入門コース」として役に立つのではないかと思う．第 III 部が具体的な計算の展開である．まずは，S 行列要素を如何に評価しそこから不変散乱振幅を導くかを示し，それに基いてファインマン則・ファインマン図の手法を説明する．次に，幾つかの実際の反応にそこまでの知識を応用し，散乱断面積や崩壊幅を計算してみる．ここでは，単に式変形を目で追うだけでなく，実際にペンを持って確かめながら進んで欲しい．付録１では共変･反変ベクトルの概念についてまとめた．時間座標に虚数単位 i を用いる形式で相対論を勉強してきた読者の参考になればと思う．付録２には一般の場合のウィックの定理の証明を与えた．但し，実際の計算で必要となるのはもっと簡単な式だけなので，その証明が全て理解できなくとも気にせず本文を読み進めてもらえばよいだろう．付録３は γ 行列やスピノルについての公式のまとめである．ここは第 III 部での計算と密接な関係があるので必要に応じて参照して欲しい．付録４・５では場の演算子の対称性・変換性についてまとめた．いずれも本文の理解に不可欠というものではなく，特に付録５の内容はややレベルが高いため読みづらいかも知れない．しかし，実際に素粒子反応の摂動計算が行われている論文においては，対称性が散乱振幅の形を決める上で重要な役割を果たすことも多いので，その際の参考になればと思い加えることにした．この付録も含め所々に練習問題を置いたが，いずれもそこまでの説明の確認のような内容なので解答は省略した．実は，いろいろな公式は筆者自身の計算のために集めたものでもあり，その意味で，本書は，研究現場にいる方々にも「場の量子論・摂動計算のための公式集」的に活用して頂けるのではないかと内心期待している．

摂動計算の次の段階としては，ループを含むより高次の近似，およびそれに伴う繰り込みという大変に重要な項目があるが，そこまで手を広げようとすると一気にページ数が膨れ上ってしまうので，ここでは敢えて触れないことにした．但し，この「高次近似と繰り込み」は，筆者自身の主要な研究テーマの一つでもあるので，別に機会があれば是非まとめてみたいと思っている．この原稿を準備するに当たっては，京都大学･理学部･教授の九後汰一郎氏から多くの貴重なご教示を頂いた．また，徳島大学・大学院の大熊一正君（現 神戸大学・大学院・博士課程），植村秀明君，淘江宏文君には，講義ノートの誤植を幾つも指摘して頂いた．この場を借りてお礼申し上げたい．とは言っても，内容について責任転嫁するつもりは毛頭ない．本書に誤りがあれば，当然のことながら筆者の責任である．ご指摘を頂ければ幸いである．最後に，本書の出版においては，前述の青山秀明氏および吉岡書店の上川正二氏に大変お世話になったことを記すとともに，お二人に感謝致したい．

1999年 5月　日置　善郎

本書に関する情報（補足や訂正など）につきましては 著者サイト
https://www-phys.st.tokushima-u.ac.jp/theory/hioki-jp.html
をご覧下さい（吉岡書店 HP 内の本書紹介頁からもリンク有）．

改訂に際して

本書の初版が出てから早くも５年半が経過した．出版前には，どのくらいの人に興味を持って貰えるのか皆目見当もつかなかったが，蓋を開けてみれば，予想より遥かに多くの方々に読んで頂け，大変嬉しく思っている．しかし，このことは，筆者に大きな責任が生じたことも意味している．

このような認識の下で初版を何度も読み直し，また，徳島大学・総合科学部の４年生・大学院生対象の講義および新潟大学・富山大学・金沢大学での集中講義において使用してみたところ，ホームページ上で公開している誤植を除けば内容自体に間違いはないものの，少々説明不足であったりもっと明快な表現に置き換えることが可能と感じられる部分などが何箇所か見つかった．そこで，時期的には若干早いかも知れないが，改訂を行うこととした．

大きな修正箇所は，(1) 第I部の「量子系の時間発展の記述」に，直感的な理解の助けになるように図も含めた説明を加えたこと，(2) 第II部において，散乱断面積の説明を，よりわかり易く書き直したこと，(3) 第III部のファインマン則・ファインマン図に関して，反粒子の取り扱いも含めた大幅な加筆を施したこと，である．更に，これ以外にも新たな図を加え，多くの場所で，表現上の理由から字句の置き換えを行った．また，初版のファインマン図は，すべて`FEYNMAN.tex`により描かれていたが，今回はより多くの機能を持つ`feynMF`で作図し直し，同時に図番号を付与した．これは本質的な内容に関わる修正ではないが，この結果，以前よりも全体的にずっと見やすくなったと思う．

一方，ディラック場やベクトル場の量子化，摂動の高次効果と繰り込み，ネータの定理と対称性などは，いずれも講義を進める中で新たに書き加えたい衝動に駆られた項目だが，すべて既存の本格的テキストで十分に解説されていること，および，初版について多くの場で「少ない頁数の中に必要最低限の項目が納まっている・摂動計算に焦点を絞って解説している」という評価を頂いていたことを思い出し，大幅な頁増につながるこれらの加筆は控えることとした．

最終原稿は，初版にもまして慎重にチェックしたつもりだが，修正や補足説明すべき点が発見された場合には，これまで同様ホームページ上での公開を予定しているので，読者の方々にもお気付きの点はご指摘をお願い致したい．最後になったが，京都大学・基礎物理学研究所・所長の九後汰一郎教授には初版と同様に今回も原稿に目を通して頂き，貴重なご意見を伺うことが出来た．本文の構成スタイルについては，京都大学・理学部の青山秀明教授から以前より頂いていた幾つかのコメントが大変に参考になった．ここに謝意を表したい．また，誤植の指摘や様々なコメントを寄せて頂いた徳島大学・新潟大学・富山大学・金沢大学・神戸大学の学生諸君，とりわけ徳島大学・大学院の藤田佐和子さん（2003年3月修了），丸山幸太君，神戸大学・大学院の馬渡健太郎君，ならびに改訂作業において大変お世話になった吉岡書店の前田重穂氏にお礼申し上げる．

2004年12月　日置　善郎

第３版について

本書初版の上梓は今から23年前の1999年，改訂版からも17年が経過した．初版原稿の作成に取り組んだ時は40代の中堅教員だった筆者も，5年前には徳島大学を定年退職するに至った．このような長期に亘り本書が多くの方々に利用され続けたことは，著者として実に幸せなことと喜んでいる．

ただ，全力投球で理想を追求した“作品”であっても，時間を掛けて点検を続ければ至らない点が目についてくる．また，筆者自身の表現力も他の優れた書物から様々な刺激を受けて磨かれ，その結果，未熟だった過去の自分の文章を練り直したいとも感じ始めた．一方，この間に，筆者が専門とする素粒子物理学においては，欧州原子核研究機構（CERN）の巨大加速器 LHC が稼働を始め，トップクォークの詳細研究が進むと共に長年謎に包まれていたヒッグスボソンも発見されて電弱標準理論の構成要素が出揃う，という歴史的快挙もあった．

そこで，このような状況の下，本書全体を現在の（そして読者の）視点から見直し，トップ及びヒッグスの話題も取り入れて第３版を作成することとした：前者に関しては，わかりにくいとの指摘を頂いていた箇所は勿論のこと，それ以外の部分も含めて読みやすさを精査した上で必要な修正を施し，また後者に関しては，両粒子の崩壊幅計算の解説に加えてその背後にある電弱標準理論の基礎概念についても紹介する，というのが具体的な改訂増補の内容である．

これにより，本書が一層明快になった教本として更に多くの方々に受け入れられ有効に活用されることを切に願う次第である．最後に，旧版の誤りや表現上の改善点などを指摘して頂いた皆様方ならびに貴重な質問・コメントを寄せてくれた徳島大学の学生および院生諸君に深く感謝すると同時に，初版の誕生以来 常に大変お世話になっている吉岡書店・吉岡社長に心より御礼申し上げる．

2022年　9月　日置　善郎

単 位・記 法

• 自然単位系

ディラック定数 $\hbar$ と光速 c をそれぞれ〈作用〉および〈速さ〉の基準とする自然単位系を採る［詳細は次頁］．この単位系では常に $\hbar = c = 1$ である．

• 相対論記法

計量テンソル：　$g^{\mu\nu} = g_{\mu\nu}$ の対角成分 $= (+1, -1, -1, -1)$

反変ベクトル：　$x^\mu \equiv (x^0, x^1, x^2, x^3) = (x^0, \boldsymbol{x}) = (t, x, y, z)$

共変ベクトル：　$x_\mu \equiv (x_0, x_1, x_2, x_3) = (x^0, -\boldsymbol{x}) = g_{\mu\nu}x^\nu$

内積：　$px = p_\mu x^\mu = p^\mu x_\mu = g_{\mu\nu}p^\mu x^\nu = g^{\mu\nu}p_\mu x_\nu = p^0x^0 - \boldsymbol{px}$

微分記号：　$\partial_\mu \equiv \partial/\partial x^\mu = (\partial/\partial x^0, \partial/\partial x^1, \partial/\partial x^2, \partial/\partial x^3) = (\partial/\partial t, \nabla)$

$\partial^\mu \equiv \partial/\partial x_\mu = (\partial/\partial x_0, \partial/\partial x_1, \partial/\partial x_2, \partial/\partial x_3) = (\partial/\partial t, -\nabla)$

$\Box \equiv \partial_\mu \partial^\mu = \partial^\mu \partial_\mu = \partial^2/\partial t^2 - \Delta$

• 電荷

素電荷（電気素量）は e で表す（$e > 0$）．従って，電子の電荷 $= -e$

• 運動量の３次元積分要素

質量 m の場の平面波展開（運動量展開）に現れるローレンツ不変積分要素

$$d^3\tilde{\boldsymbol{p}} \equiv d^3\boldsymbol{p}/[\,(2\pi)^3\,2p^0\,] \quad (\,p^0 = \sqrt{\boldsymbol{p}^2 + m^2}\,)$$

• デルタ関数

$$\delta(p) = \frac{1}{2\pi}\int_{-\infty}^{+\infty} dx\, e^{\pm ipx}, \quad \delta^4(p) = \delta(p^0)\delta^3(\boldsymbol{p}) = \delta(p^0)\delta(p^1)\delta(p^2)\delta(p^3)$$

• 階段関数

$$\theta(x) = 1\ (\,x > 0\,), \quad = 1/2\ (\,x = 0\,), \quad = 0\ (\,x < 0\,)$$

これは，微分されるとデルタ関数になる：$\delta(x) = d\theta(x)/dx$

• 単位行列・零行列

次元に関わらず，単位行列は I, 零行列は O で表すが，誤解の恐れのない場合には，単に 1, 0 と記すこともある．例えば，$1 + \gamma_5$ においては 1 は４行４列の単位行列であることは明らかだろう．

● 自然単位系について

この単位系においては，ディラック定数 $\hbar\,(\equiv h/[2\pi],\ h$:プランク定数) および光速 c がそれぞれ〈作用〉と〈速さ〉を計る基準となり，それによって $\hbar$ と c は両方とも 1 という無次元の定数となる．これは，単位の中に J·s を含む量を扱う場合にはその部分は $\hbar = 1.054571817 \times 10^{-34}$ J·s を基準に，また，m/s を含む量ならそこは $c = 2.99792458 \times 10^{8}$ m/s を基準として「その何倍」という表し方をする，ということを意味する．例えば，光速それ自体は c の 1 倍ということで，上述のように次元なしの数 $c = 1$ になる．もう少し一般的な例としてある物体の速さが v [m/s] である場合，この速さは

$$v\ [\mathrm{m/s}] = \frac{v\ [\mathrm{m/s}]}{c\ [\mathrm{m/s}]}\, c\ [\mathrm{m/s}]$$

と変形でき，右辺で v [m/s]/c [m/s] は光速との比を表す無次元の数値になるが，その比が，自然単位系におけるこの物体の速さとなる．また，特殊相対論には有名な $E = mc^2$ という関係式があり，この右辺の単位は $\mathrm{kg{\cdot}m^2/s^2}$ だが，自然単位系ではこのうち $\mathrm{m^2/s^2}$ の部分，つまり c^2 を 1 としてしまうため，エネルギーと質量が同じ次元を持つようになる．同様に，長さと時間は共にエネルギーの逆数の次元となる．

この単位系で与えられた量を通常の数値に直すには，元々の次元になるように $\hbar$ と c を組み合わせて掛けたり割ったりすればよい．つまり，通常の単位系で $a\hbar^m c^n$ という量は自然単位系では単に a となっているから，この a の本来の単位（次元）から m, n を決めて，a に $\hbar^m c^n$ を掛けてやるのである．散乱断面積の場合なら，GeV 単位で与えられた量を用いて計算すれば GeV^{-2} という単位になるが，これに $(\hbar c)^2\,(= 0.389379372\ \mathrm{GeV^2\,mbarn}:\ 1\ \mathrm{barn} = 10^{-28}\ \mathrm{m^2})$ を掛ければ通常の単位系の数値（面積の次元）に戻る：

$$[\ \mathrm{mbarn}\ 単位の断面積\ ] = 0.389379372 \times [\ \mathrm{GeV}^{-2}\ 単位の断面積\ ]$$

例えば，$2\ \mathrm{GeV}^{-2}$ という断面積は $0.778758744\ \mathrm{mbarn}$ である．

目　次

III. ファインマン則と計算の具体例

付　録

I. 古典力学から場の量子論へ

I.1 古典力学のラグランジュ形式：解析力学

力学に現れる基本方程式［運動方程式］は，ニュートン（Newton）の運動方程式 $\boldsymbol{F} = m\boldsymbol{a}$ である．単に質量と外力と加速度の関係というだけならその組み合わせには無限の種類があるが，自然は，特に「この組み合わせ」を選んだ，ということである．では，この $\boldsymbol{F} = m\boldsymbol{a}$ という形には，他の組み合わせに比較して何か特別な意味があるのだろうか？ また，電磁気学の基本方程式であるマクスウェル（Maxwell）の方程式は，扱う対象が異なるとはいえ同じ物理学の方程式なのに，ニュートンの運動方程式とは全く別物という形をしている．両者を統一的に扱えるような，より基本的な法則はないのだろうか？ これらの疑問に対し，さすがに“100% 満足！”という訳にはいかないだろうが，一つの興味深い解答を与えるのは**最小作用の原理**（Principle of least action）である．

この原理は，物理法則を定式化する代表的な理論方式の**ラグランジュ形式**（Lagrange formalism）に登場する．この形式においては，どんな物理系の根底にも**ラグランジアン**（Lagrangian）という固有のスカラー量 −通常 L と記す− が存在し，この L は，系の状態を表す**一般化座標**（Generalized coordinate）q_i とその時間微分 $\dot{q}_i$（$i = 1 \sim n$：n は系の自由度）の関数とされる：

$$L = L(q, \dot{q}) \equiv L(q_1, \cdots, q_n, \dot{q}_1, \cdots, \dot{q}_n) \tag{I.1}$$

この系の運動の追跡は，各 q_i の時間依存性，つまり $q_i(t)$ の具体的な関数形を見出すことで可能となる．そして，単に時間の関数というだけなら $q_i(t)$ の形は無限にある訳だが，実際には，それは系が従う法則で決まってしまう．では，そのように「法則により選ばれた関数形」と「その他の関数形」は，何がどう違うのか？ これは，冒頭での問い “$\boldsymbol{F} = m\boldsymbol{a}$ という組み合わせには特別な意味があるか？” の別の表現だが，最小作用の原理は，これに対し次のように答える：

最小作用の原理　作用（Action）あるいは作用積分（Action integral）と呼ばれる L の時間積分

$$I = \int_{t_1}^{t_2} dt\, L(q,\, \dot{q}) \tag{I.2}$$

（$t_{1,2}$ は任意の時刻）は，自然界で実現される $q_i = q_i(t)$ の下で最小値（一般には極値）をとる．但し，積分境界での q_i の値 $q_i(t_{1,2})$ は固定され不変とする．∎

これを認めれば，逆に，この境界条件付き極値問題から出発して $q_i(t)$ を決める法則，つまり運動方程式を導くことが出来るのである．

以下，より具体的に話を進めよう．$y = f(x)$ という関数が極値をとる点とは，そこから任意の微小量だけ変数を動かしても関数の値は変化しないような点であり，それは微分 df/dx が 0 になるという条件で求められた．作用 I の極値問題も，これと同じように調べていけばよいが，但し，こちらの条件は「$q_i(t)$ の関数形自体を次のように微小変化させても I の値は不変」というものとなる：

$$q_i(t) \;\to\; q_i(t) + \delta q_i(t) \tag{I.3}$$

$$\dot{q}_i(t) \;\to\; \dot{q}_i(t) + \delta\dot{q}_i(t) = \dot{q}_i(t) + \frac{d}{dt}\delta q_i(t) \tag{I.4}$$

［境界条件：$\delta q_i(t_1) = \delta q_i(t_2) = 0$］

これは，「微分」ではなく**変分**（Variation）あるいは**汎関数微分**（Functional derivative）と呼ばれる数学的手法である【この〈変分〉は〈微分〉とは独立な演算であり，(I.4) の式変形で行っているように両者は順序交換できる】．

では，実際に (I.3)・(I.4) に従い $q_i(t)$ の変分をとろう．すると，作用 I は

$$\delta I = \int_{t_1}^{t_2} dt\, L(q+\delta q,\, \dot{q}+\delta\dot{q}) - \int_{t_1}^{t_2} dt\, L(q,\, \dot{q})$$
$$= \sum_{i=1}^{n} \int_{t_1}^{t_2} dt\, \Big(\frac{\partial L}{\partial q_i}\delta q_i + \frac{\partial L}{\partial \dot{q}_i}\delta\dot{q}_i \Big) = \sum_{i=1}^{n} \int_{t_1}^{t_2} dt\, \Big(\frac{\partial L}{\partial q_i}\delta q_i + \frac{\partial L}{\partial \dot{q}_i}\frac{d}{dt}\delta q_i \Big)$$

（第２項の部分積分 および $\delta q_i(t_{1,2}) = 0$ より）

$$= \sum_{i=1}^{n} \int_{t_1}^{t_2} dt \left[\frac{\partial L}{\partial q_i} - \frac{d}{dt}\left(\frac{\partial L}{\partial \dot{q}_i}\right) \right] \delta q_i$$

だけ変化することになる．そして，$q_i(t)$ が自然界に実現される形である時には，これが任意の微小量 $\delta q_i(t)$ に対して０になるというのだから

$$\frac{\partial L}{\partial q_i} - \frac{d}{dt}\left(\frac{\partial L}{\partial \dot{q}_i}\right) = 0 \tag{I.5}$$

が全ての $i\,(= 1 \sim n)$ について成立しなければならない．$q_i(t)$ を決める条件を与えるこの式が，ラグランジュ形式において基本的・中心的役割を果たす運動方程式であり，**ラグランジュ方程式**（Lagrange equation）という名で知られている．

この形式においては，更に各自由度ごとに，言い換えれば各 q_i に対し“正準共役な”（あるいは“共役な”）**一般化運動量**（Generalized momentum）p_i が

$$p_i = \frac{\partial L}{\partial \dot{q}_i} \tag{I.6}$$

と定義され，これから，系のエネルギーを表す**ハミルトニアン**（Hamiltonian）H が，$p\,(= p_1, p_2, \cdots)$ と $q\,(= q_1, q_2, \cdots)$ の関数として

$$H(p, q) = \sum_{i=1}^{n} p_i \dot{q}_i - L(q, \dot{q}) \tag{I.7}$$

と導入される．但し，この右辺の全ての $\dot{q}_i$ は，上の $p_i = \partial L / \partial \dot{q}_i$ を逆に解いた $\dot{q}_i = \dot{q}_i(p, q)$ で置き換えられている．

なお，本書ではこれ以上立ち入らないが，このハミルトニアンを中心に据える理論的枠組みは**ハミルトン形式**（Hamilton formalism）と呼ばれている．

例：１次元の質点の運動

この場合には，ラグランジアンは運動エネルギー $T(\dot{q})\,(= m\dot{q}^2/2)$ と位置エネルギー $V(q)$（位置エネルギーは，通常 $\dot{q}$ には依らない）を用いて

$$L(q, \dot{q}) = T(\dot{q}) - V(q) \tag{I.8}$$

と与えられることがわかっている．すると

$$\frac{\partial L}{\partial q} = -\frac{dV}{dq} = F, \qquad \frac{\partial L}{\partial \dot{q}} = m\dot{q} \;\rightarrow\; \frac{d}{dt}\Big(\frac{\partial L}{\partial \dot{q}}\Big) = m\ddot{q}\,(= m\frac{d^2q}{dt^2})$$

だから，これを 1 自由度のラグランジュ方程式に代入すれば

$$F = m\ddot{q}$$

となって，確かにニュートンの運動方程式が導かれる．また，一般化運動量は

$$p = \frac{\partial L}{\partial \dot{q}} = m\dot{q} \tag{I.9}$$

ハミルトニアンは

$$H(p,\,q) = p\dot{q} - L(q,\,\dot{q}) = \frac{p^2}{2m} + V(q) \tag{I.10}$$

となり，それぞれ通常の古典力学で見慣れた運動量および力学的エネルギーに一致する．

では，上の例において，L は如何に決められたのか？ 実は，残念ながら現段階では，与えられた系を支配するラグランジアンを発見するための基本原理は誰も持っていない．そのため,「すでに知られている方程式が出るよう」或いはより一般的に言えば「実験事実と合うよう」に L の形を絞り込むのである．と言ってしまうと落胆する読者もいるかも知れないが，考えてみれば，数学的な形式を整備するだけで全く新しい原理や基本法則が導かれるはずもない．

この**ラグランジュ形式の利点**は，ともかく**系の情報をラグランジアンという唯一つのスカラー関数で表せる**ことにある．しかも，実際には，ローレンツ共変性・その他の対称性などから, L の形も一定程度までは絞り込める．その上，次節で示すように，この形式は電磁気学にも適用できる．つまり，ニュートンの運動方程式もマクスウェルの方程式も，共に「ラグランジュ方程式」として統一的に捉えることが可能になるのである．

このように，力学や電磁気学をラグランジュ形式（＋ハミルトン形式）で書き表した理論体系は，**解析力学**（Analytical dynamics）と呼ばれている．

I.2 古典場のラグランジュ形式：場の解析力学

多粒子系のラグランジアンは，もし粒子同士が相互作用をしていなければ

$$L = \sum_i L(q_i,\, \dot{q}_i) \tag{I.11}$$

という形をとる．ここで，右辺の $L(q_i,\, \dot{q}_i)$ は，粒子 i のラグランジアンである．これを参考にすると，拡がった領域に連続的に分布する場の系 − 電場 $\boldsymbol{E}$ や磁場 $\boldsymbol{H}$ など − についても，同様にラグランジュ形式での記述が可能になる．その説明のため，以下では，種々の場を簡潔に ϕ と記すことにしよう．空間座標 $\boldsymbol{x}\,(=(x,y,z))$ の点での時刻 t における場を $\phi(\boldsymbol{x},\, t)$ と表すのである．

では，はじめに場 ϕ と座標 $\boldsymbol{x}$ の役割を明確にしておこう．この $\boldsymbol{x}$ は，粒子記述に用いる座標（上記の q_i）と同じ意味を持つのか? 答えは否である．粒子座標は当該粒子の存在場所を表しており，質点の場合には“粒子そのもの”とも言える．一方，場の引数としての $\boldsymbol{x}$ は，単に自由度としての空間各点を区別するパラメータに過ぎない．つまりは，多粒子系の座標の添字 i と同じである．それなら粒子座標 q に相当する量は何か？ それは場 ϕ 自身である：

［場-粒子対応関係］　　$\boldsymbol{x} \longleftrightarrow i, \qquad \phi \longleftrightarrow q$

よって，この ϕ 系のラグランジアン［場のラグランジアン］は，(I.11) 式に倣い $\boldsymbol{x}$ で区別される各 ϕ を記述する“ラグランジアン的な関数”の総和になる．但し，添字 i は離散的であるのに対し $\boldsymbol{x}$ は連続的なので，この総和は積分を用いて与えられる．4 元座標 $x^\mu = (t,\, \boldsymbol{x})$ を簡単に x と表せば，その形は

$$L = \int d^3\boldsymbol{x}\, \mathscr{L}(\phi(x),\, \partial_\mu\phi(x)) \equiv \int d^3\boldsymbol{x}\, \mathscr{L}(\phi(x),\, \dot{\phi}(x),\, \partial_i\phi(x)) \tag{I.12}$$

（$i = 1,2,3$）である．[♯I.1] この右辺に現れた $\mathscr{L}$ が，上で述べた「各 ϕ を記述する関数」であり，これを**ラグランジアン密度** (Lagrangian density) と呼ぶ．[♯I.2]

[♯I.1] 時間座標と空間座標が同等に扱われる相対論的な理論では，$\dot{q}$ に対応する量は，一般に $\partial_\mu\phi(x)\,(\equiv \partial\phi(x)/\partial x^\mu)$ となる．

[♯I.2] 体積積分したものが L になるのだから，正に $\mathscr{L}$ は「L の密度」である．但し，実際には，$\mathscr{L}$ も少なからぬ場面で“ラグランジアン”と略称される．本書でも特に厳密な区別はしない．

このような場の系の変分では，時間および空間積分の境界で $\delta\phi = 0$ が要請され，また，自由度を表すパラメータが連続変数なので，(I.5) 式に対応するのは

$$\frac{\delta L}{\delta\phi(x)} - \frac{\partial}{\partial t}\frac{\delta L}{\delta\dot{\phi}(x)} = 0 \tag{I.13}$$

という変分方程式になる【注意：前頁の (I.12) 式を見ると，L は ϕ 及び $\dot{\phi}$ だけでなく $\partial_i\phi$ にも依存するように思えるが，$\delta[\partial_i\phi](=\partial_i\delta\phi)$ 項は部分積分で $\delta\phi$ 項と発散項に分かれ，前者は $\delta L/\delta\phi$ に含められる一方で後者はガウスの定理を通じて表面積分となり境界条件で消える】．これは，任意関数 φ とその任意汎関数に対する変分公式 $\delta\left[\int d^3\boldsymbol{x}' F(\varphi(x'))\right]/\delta\varphi(x) = \partial F(\varphi(x))/\partial\varphi(x)$ から直ちに得られる $\delta L/\delta\dot{\phi}$ および上記注意も考慮して導かれる $\delta L/\delta\phi$ の二つ

$$\delta L/\delta\dot{\phi} = \partial\mathscr{L}/\partial\dot{\phi}, \qquad \delta L/\delta\phi = \partial\mathscr{L}/\partial\phi - \sum_i \partial_i\left[\,\partial\mathscr{L}/\partial(\partial_i\phi)\,\right]$$

を合わせ，$\mathscr{L}$ についての通常の微分方程式にも書き直せる：

$$\frac{\partial}{\partial\phi(x)}\mathscr{L}(\phi(x),\,\partial_\mu\phi(x)) - \partial_\alpha\Big[\,\frac{\partial}{\partial(\partial_\alpha\phi(x))}\mathscr{L}(\phi(x),\,\partial_\mu\phi(x))\,\Big] = 0 \tag{I.14}$$

また，この場合の $\phi(x)$ に正準共役な一般化運動量 $\pi(x)$ は

$$\pi(x) = \frac{\delta L}{\delta\dot{\phi}(x)} = \frac{\partial}{\partial\dot{\phi}(x)}\mathscr{L}(\phi(x),\,\partial_\mu\phi(x)) \equiv \frac{\partial}{\partial\dot{\phi}(x)}\mathscr{L}(\phi(x),\,\dot{\phi}(x),\,\partial_i\phi(x)) \tag{I.15}$$

と導入され，これに基づいて**ハミルトニアン密度** (Hamiltonian density) $\mathscr{H}$ ならびにハミルトニアン H が

$$\mathscr{H}(\pi(x),\,\phi(x),\,\partial_i\phi(x)) = \pi(x)\dot{\phi}(x) - \mathscr{L}(\phi(x),\,\dot{\phi}(x),\,\partial_i\phi(x)) \tag{I.16}$$

$$H = \int d^3\boldsymbol{x}\,\mathscr{H}(\pi(x),\,\phi(x),\,\partial_i\phi(x)) = \int d^3\boldsymbol{x}\,\pi(x)\dot{\phi}(x) - L \tag{I.17}$$

と定まる．勿論 (I.16)・(I.17) の中では，全ての $\dot{\phi}(x)$ は，$\pi(x) = \partial\mathscr{L}/\partial\dot{\phi}(x)$ を $\dot{\phi}(x)$ について解いた $\dot{\phi} = \dot{\phi}(\pi,\,\phi,\,\partial_i\phi)$ で置き換えられている．

更に，場が幾つかの成分を持っていたり，異なる種類の場が共存しているような場合には，その一つ一つの自由度 (a) に対して (I.14) が成り立ち，また，

$\mathscr{H}$ を与える (I.16) 式の右辺第 1 項は，全自由度についての和となる：ラグランジアン密度とハミルトニアン密度をそれぞれ $\mathscr{L}(x)$, $\mathscr{H}(x)$ と略記すれば

$$\frac{\partial}{\partial\phi_a(x)}\mathscr{L}(x)-\partial_\alpha\Big[\frac{\partial}{\partial(\partial_\alpha\phi_a(x))}\mathscr{L}(x)\Big]=0 \tag{I.18}$$

$$\mathscr{H}(x)=\sum_a \pi_a(x)\dot{\phi}_a(x)-\mathscr{L}(x) \tag{I.19}$$

すでに述べたように，電磁場もこの形式で記述することが出来る．事実，**電磁ポテンシャル**（Electromagnetic potential）$A^\mu(x)$ のラグランジアン密度を

$$\mathscr{L}(x)=-\frac{1}{4}F_{\mu\nu}(x)F^{\mu\nu}(x) \tag{I.20}$$

［$F^{\mu\nu}(x)\equiv\partial^\mu A^\nu(x)-\partial^\nu A^\mu(x)$: **電磁場テンソル**］と設定すれば，場のラグランジュ方程式 (I.18)【$\phi_a(x)$ には $A^\mu(x)$ が対応】は

$$\partial_\mu F^{\mu\nu}(x)=0 \tag{I.21}$$

となるが，これは，まさしく共変形式で表現された自由電磁場のマクスウェル方程式に他ならない．

I.3 古典力学の量子化：量子力学

古典物理学と比べての量子物理学の大きな特徴は，「演算子（Operator）による物理量の表現」と「実験結果に対する確率的予測」である．このうち前者に関しては，座標と運動量の関係が読者には馴染み深いだろう：1 次元粒子なら，座標を q として運動量は $p=-i\partial/\partial q$ と表される（**座標表示**：Coordinate representation）.[♯I.3] 但し，これが初等的な量子力学 (Quantum mechanics) での標準なのは事実だが，実際には，運動量だけが常に演算子になる訳ではなく，逆に座標が同じ役目を担ってもよい（**運動量表示**：Momentum representation）．重要なのは，どちらの表示でも運動量と座標が $[p,\ q]=-i$ という**正準量子化**

[♯I.3] 本書では自然単位系（$\hbar=c=1$）を採用していることに注意．

(Canonical quantization) の関係を満たすことである．この時，p と q は，互いに正準共役な一般化運動量と一般化座標となっていることに注意しよう．

これは，多自由度系の量子化へも容易に拡張できる：まず，注目している系を古典物理的に記述するラグランジアンを見出す．次に，それを通じて一般化運動量 p_i および一般化座標 q_i を確定した上で，それらに対して

$$[p_i,\ q_j] = -i\delta_{ij}\,, \quad [p_i,\ p_j] = [q_i,\ q_j] = 0 \tag{I.22}$$

という**正準交換関係** (Canonical commutation relation) を要請すれば，その系を記述する量子論（の演算子）に到達するという訳である．

一方，実験結果に対する確率的予測は，運動量を演算子とする座標表示では座標（および時間）を変数とする波動関数 (Wave function) $\psi(q,\,t)$ が担う．そして，その $\psi(q,\,t)$ が従う運動方程式［**シュレディンガー方程式** (Schrödinger equation)］は，系の量子論ハミルトニアン【古典論ハミルトニアン $H(p,\,q)$ の中で，p を演算子 $-i\partial/\partial q$ に置き換えたもの】を用いて次のように与えられる：

$$i\frac{\partial}{\partial t}\psi(q,\,t) = H(-i\partial/\partial q,\,q)\,\psi(q,\,t) \tag{I.23}$$

すなわち，解析力学は，大変に量子力学に書き換えやすい形式になっている．

このような量子系の状態は，**状態ベクトル** (State vector) で表すことも出来る．この概念について簡単にまとめるために，例として，波動関数 $\Psi(q,t)$ に従う系での観測を考える：この系において，ある物理量 A の測定をして A_n という結果が得られる**確率振幅** (Probability amplitude) は，波動関数の言葉では

$$\int dq\,\psi_n^*(q)\,\Psi(q,t)$$

【但し，ψ_n は A_n を固有値とする A の固有関数】であるが，これは，「連続無限個の成分 (q) を持つ二つのベクトル ψ_n と Ψ の内積」と捉えることも出来る．2次元や3次元空間のベクトルを考えればわかるように，ベクトルの成分は基準となる座標軸の選び方に依存するが，ベクトルそれ自体は座標とは無関係に

存在する．それ故，量子論でも，ベクトルの成分（波動関数）よりもベクトルそのもので系を記述する方がより客観的だろう．そこで,「$\Psi(q,t)$ を第 q 成分とするベクトル」を $|\Psi(t)\rangle$［**ケットベクトル**（Ket vector）］と，また，左から掛かる「波動関数の複素共役」に対応するベクトルを $\langle\Psi(t)|$［**ブラベクトル**（Bra vector）］と書く．そして，このような形式で系の量子状態を表すとき，これら二つのベクトルを状態ベクトルと呼ぶのである．これにより，上掲の確率振幅は

$$\int dq\,\psi_n^*(q)\,\Psi(q,t) \quad \Longrightarrow \quad \langle\psi_n|\Psi(t)\rangle$$

と状態ベクトル同士の内積として座標から独立した形で表せる．更に，考察中の波動関数 $\Psi(q,t)$ 自身も，状態（粒子）を点 q において見出す確率振幅なので，$|\Psi(t)\rangle$ および粒子が q に存在する状態 $|q\rangle$ の内積で表現できることになる：

$$\Psi(q,t) = \langle q|\Psi(t)\rangle \tag{I.24}$$

また，シュレディンガー方程式も，状態ベクトルの時間発展方程式として

$$i\frac{\partial}{\partial t}|\Psi(t)\rangle = H|\Psi(t)\rangle \tag{I.25}$$

【右辺の $H \equiv \int dq\,|q\rangle H(-i\partial/\partial q,\,q)\langle q|$ は本形式でのハミルトニアン】と与えれば普遍性が高まり，座標表示 $\leftrightarrow$ 運動量表示 のような変換にも対応しやすい.[♯I.4]

状態ベクトルを用いる利点は，これだけに留まらない．この形式は，様々な反応での状態変化（遷移）も簡明に記述する．つまり，量子力学では相互作用も一般に演算子で与えられるので，例えば，状態 $|\psi_1\rangle$ に相互作用 V が働いた結果 それが $|\psi_1'\rangle$ になったなら，$|\psi_1'\rangle = V\,|\psi_1\rangle$ という訳である．従って，V の作用で $|\psi_1\rangle \to |\psi_2\rangle$ という遷移が起こる確率は $|\langle\psi_2|\psi_1'\rangle|^2 = |\langle\psi_2|V|\psi_1\rangle|^2$ で決まることになる．量子力学では，この確率を求めることが最重要課題の一つである．これは，**場の量子論**（Quantum field theory）に進んでも全く変わらない．

[♯I.4] この後 I.7 節 1 で扱う「シュレディンガー描像」では，状態だけが時間発展し演算子は時間依存性を全く持たない．この (I.25) 式は，正にその描像の方程式である．
なお，この方程式の両辺に左から $\langle q|$ を作用させて正規直交関係 $\langle q|q'\rangle = \delta(q-q')$ を用いれば，前頁の (I.23) 式に戻ることも出来る．

I.4 古典場の量子化：波動場の量子論

波動場の量子化を考えるにあたり，まず，量子力学における離散固有値・連続固有値に対する波動関数の規格直交関係を思い出そう：

- 離散固有値の場合

$$\int dq\, \psi_i^*(q)\psi_j(q) = \delta_{ij}$$

- 連続固有値の場合

$$\int dq\, \psi_k^*(q)\psi_{k'}(q) = \delta(k-k')$$

このように，離散量におけるクロネッカーのデルタは，連続量の場合にはディラック (Dirac) のデルタ (δ) 関数となる.

この対応関係は正準量子化においても同様で，量子力学の出発点である同時刻での p と q の交換関係

$$[\,p_i,\ q_j\,] = -i\delta_{ij}$$

に対する波動場 ϕ の量子化条件は，ϕ に共役な一般化運動量を π として

$$[\,\pi(x),\ \phi(x')\,] = -i\delta^3(\boldsymbol{x}-\boldsymbol{x}') \tag{I.26}$$

と設定される．但し，ここで x, x' は4元座標かつ $x^0 = x'^0 (= t)$ である【第I.2 節（5 頁）で示した〈場-粒子対応関係〉も参照せよ】．これで時刻 t における場の演算子 $\pi(x)$, $\phi(x)$ が決まる.[♯I.5]

さて，量子力学は，原子構造や原子スペクトル，光電効果，黒体（空洞）輻射といった古典物理学では説明不可能な問題を解決する試みを通じて生まれてきた．では，なぜ古典場は量子化されなければならないのか？ 量子化により何か新発見でもあるのだろうか？ 実は，光電効果は光が粒子性も持つことを要求するが，古典電磁場を量子化すると，自然に光の粒子像が現れてくるのである．ただ，電磁場は**ベクトル場**（Vector field）なので，その数学的取り扱いは少々複

[♯I.5] **注意**：以下この節においては時間 t を含む量が幾つか出てくるが，量子化した後の量（演算子）については，その t は任意の時刻ではなく，この「量子化の時刻」のことと理解して欲しい．それらがその後どのように時間発展していくかについては，この先 I.7 において考える.

雑になる．そこで，以下ではもっと簡単な1成分のみの場［**スカラー場**（Scalar field)］を替りに用いて，古典場の量子化とその帰結の基本的事項を説明しよう．

古典論におけるスカラー場とは，ローレンツ変換（Lorentz transformation) $x^\mu \to x'^\mu = \Lambda^\mu{}_\nu x^\nu$ に対して

$$\phi'(x') = \phi(x)$$

と振る舞う場である．電磁ポテンシャル $A^\mu(x)$ は実ベクトル場であり，これが従う (I.21) 式は，ローレンツゲージ（Lorenz gauge)［$\partial_\mu A^\mu(x) = 0$］を採れば

$$\Box A^\mu(x) = 0 \tag{I.27}$$

［$\Box \equiv \partial_\mu \partial^\mu$］となるので，これに倣って，実スカラー場 $\phi(x)$ が

$$\Box \phi(x) = 0 \tag{I.28}$$

という運動方程式を満たす場合につき考えることにする．この方程式を与えるラグランジアン密度は

$$\mathscr{L}(x) = \frac{1}{2}\partial_\mu \phi(x) \partial^\mu \phi(x) \tag{I.29}$$

であり，これから，一般化運動量 $\pi(x)$ も

$$\pi(x) = \frac{\partial}{\partial \dot{\phi}(x)} \mathscr{L}(x) = \dot{\phi}(x) \tag{I.30}$$

と導かれる．

問題 I.1　ラグランジュ方程式 (I.14) を用いて，実際に上で与えた $\mathscr{L}$ から運動方程式 (I.28) が導かれることを示せ．

ここで，量子化の前に，上記の方程式 (I.28) の解の形を見ておく必要があるが，同時に，そろそろ場の量子論を意識した話も始めないといけない．以下では，特に量子化の前と後での場の時間依存性に注意しながら読んで欲しい．

電磁気学でしばしば行われるように，解をフーリエ展開

$$\phi(x) = \int d^3\tilde{\boldsymbol{k}}\, q(\boldsymbol{k}, t) e^{i\boldsymbol{k}\boldsymbol{x}}$$

($d^3\tilde{\boldsymbol{k}} \equiv d^3\boldsymbol{k}/[(2\pi)^3\, 2k^0]$) の形で求めよう．これを (I.28) に代入すると

$$\frac{d^2}{dt^2}q(\boldsymbol{k},t) + \boldsymbol{k}^2 q(\boldsymbol{k},t) = 0$$

という方程式が各 $\boldsymbol{k}$ ごとに得られるが，これは，よく知られた調和振動子の運動方程式と同じ形であり，その一般解は，$q_{1,2}(\boldsymbol{k})$ を任意定数として

$$q(\boldsymbol{k},t) = q_1(\boldsymbol{k})e^{-ik^0 t} + q_2(\boldsymbol{k})e^{ik^0 t}$$

(但し，$k^0 = |\boldsymbol{k}|$) と書ける．よって，$\Box\phi(x) = 0$ の一般解は

$$\phi(x) = \int d^3\tilde{\boldsymbol{k}}\,[\, q_1(\boldsymbol{k})e^{-ik^0 t + i\boldsymbol{k}\boldsymbol{x}} + q_2(\boldsymbol{k})e^{ik^0 t + i\boldsymbol{k}\boldsymbol{x}}\,]$$

となるが，今考えている $\phi(x)$ は実スカラーだから，$\phi(x) = \phi^*(x)$ すなわち

$$\begin{aligned}\int d^3\tilde{\boldsymbol{k}}\,[\, q_1(\boldsymbol{k})e^{-i(k^0 t - \boldsymbol{k}\boldsymbol{x})} + q_2(\boldsymbol{k})e^{i(k^0 t + \boldsymbol{k}\boldsymbol{x})}\,]& \\ = \int d^3\tilde{\boldsymbol{k}}\,[\, q_1^*(\boldsymbol{k})e^{i(k^0 t - \boldsymbol{k}\boldsymbol{x})} + q_2^*(\boldsymbol{k})e^{-i(k^0 t + \boldsymbol{k}\boldsymbol{x})}\,]&\end{aligned}$$

でなければならない．ここで，指数関数の形を揃えるために右辺の積分変数を $\boldsymbol{k} \to -\boldsymbol{k}$ と変えて左辺と比較すれば $q_{1,2}^*(-\boldsymbol{k}) = q_{2,1}(\boldsymbol{k})$ という関係が出るので

$$\phi(x) = \int d^3\tilde{\boldsymbol{k}}\,[\, q_1(\boldsymbol{k})e^{-ik^0 t + i\boldsymbol{k}\boldsymbol{x}} + q_1^*(-\boldsymbol{k})e^{ik^0 t + i\boldsymbol{k}\boldsymbol{x}}\,]$$

最後に，右辺第２項で再び積分変数の符号を逆転させ，$q_1(\boldsymbol{k})$ を改めて $a(\boldsymbol{k})$ と書き直せば，相対論的記法 $kx = k_\mu x^\mu = k^0 t - \boldsymbol{k}\boldsymbol{x}$ も用いて

$$\phi(x) = \int d^3\tilde{\boldsymbol{k}}\,[\, a(\boldsymbol{k})e^{-ikx} + a^*(\boldsymbol{k})e^{ikx}\,] \tag{I.31}$$

を得る．ここで，４元運動量 k^μ の成分が

$$k^0 = |\boldsymbol{k}| \qquad (\text{従って},\, k^2 = k_\mu k^\mu = (k^0)^2 - \boldsymbol{k}^2 = 0) \tag{I.32}$$

を満たすことも解の条件であることを憶えておこう．これより，一般化運動量も

$$\pi(x) = \int d^3\tilde{\boldsymbol{k}}\,[\, -ik^0 a(\boldsymbol{k})e^{-ikx} + ik^0 a^*(\boldsymbol{k})e^{ikx}\,] \tag{I.33}$$

と求まる.

以上，ここで求めた解 $\phi(x)$ と $\pi(x)$ は，まだ量子化されていない古典場で，**任意の時刻 t に適用できる**. しかしながら，これらを量子化して得られる演算子の時間依存性については，10 頁脚注でも述べた通り別に考察が必要である.

では，量子化へ進もう．この場合の量子化条件は，(I.26) 式で与えたものと同じ交換関係

$$[\,\pi(x),\ \phi(x')\,] = -i\delta^3(\boldsymbol{x}-\boldsymbol{x}') \tag{I.34}$$

及び (I.22) の $[\,p_i,\ p_j\,] = [\,q_i,\ q_j\,] = 0$ に対応する

$$[\,\pi(x),\ \pi(x')\,] = [\,\phi(x),\ \phi(x')\,] = 0 \tag{I.35}$$

$(\,x = (t,\boldsymbol{x}),\ x' = (t,\boldsymbol{x}')\,)$ である．これに伴い，$a(\boldsymbol{k})$ 及び $a^*(\boldsymbol{k})$ も，それぞれ

$$[\,a(\boldsymbol{k}),\ a^\dagger(\boldsymbol{k}')\,] = (2\pi)^3\,2k^0\,\delta^3(\boldsymbol{k}-\boldsymbol{k}') \tag{I.36}$$

$$[\,a(\boldsymbol{k}),\ a(\boldsymbol{k}')\,] = [\,a^\dagger(\boldsymbol{k}),\ a^\dagger(\boldsymbol{k}')\,] = 0 \tag{I.37}$$

という交換関係を満たす演算子 $a(\boldsymbol{k})$ と $a^\dagger(\boldsymbol{k})$ で置き換えられる.

問題 I.2　$a(\boldsymbol{k}), a^\dagger(\boldsymbol{k})$ がこの交換関係を満たせば，実際に $\phi(x), \pi(x)$ の従う正準量子化の条件 (I.34)・(I.35) が導かれることを示せ.

また，ハミルトニアンも $a(\boldsymbol{k}), a^\dagger(\boldsymbol{k})$ で表すことが出来る：

$$\begin{aligned}
H &= \int d^3\boldsymbol{x}\left[\pi(x)\dot{\phi}(x) - \mathscr{L}(x)\right] = \frac{1}{2}\int d^3\boldsymbol{x}\left[\dot{\phi}^2(x) + \sum_{i=1}^{3}\partial^i\phi(x)\,\partial^i\phi(x)\right] \\
&= \frac{1}{2}\sum_{\mu=0}^{3}\int d^3\boldsymbol{x}\,\partial^\mu\phi(x)\,\partial^\mu\phi(x) \\
&= \frac{1}{2}\sum_{\mu=0}^{3}\int d^3\tilde{\boldsymbol{k}}\,d^3\tilde{\boldsymbol{p}}\int d^3\boldsymbol{x}\,k^\mu p^\mu \\
&\qquad\times\Big[-a(\boldsymbol{k})a(\boldsymbol{p})e^{-i(k+p)x} + a(\boldsymbol{k})a^\dagger(\boldsymbol{p})e^{-i(k-p)x} \\
&\qquad\quad + a^\dagger(\boldsymbol{k})a(\boldsymbol{p})e^{i(k-p)x} - a^\dagger(\boldsymbol{k})a^\dagger(\boldsymbol{p})e^{i(k+p)x}\Big]
\end{aligned}$$

$$
\begin{aligned}
&= \frac{1}{2}\int d^3\tilde{\boldsymbol{k}}\, d^3\tilde{\boldsymbol{p}}\, (2\pi)^3\, (k^0p^0 + \boldsymbol{k}\boldsymbol{p}) \\
&\qquad \times \Big[-a(\boldsymbol{k})a(\boldsymbol{p})\delta^3(\boldsymbol{k}+\boldsymbol{p})e^{-i(k^0+p^0)t} + a(\boldsymbol{k})a^\dagger(\boldsymbol{p})\delta^3(\boldsymbol{k}-\boldsymbol{p})e^{-i(k^0-p^0)t} \\
&\qquad\quad + a^\dagger(\boldsymbol{k})a(\boldsymbol{p})\delta^3(\boldsymbol{k}-\boldsymbol{p})e^{i(k^0-p^0)t} - a^\dagger(\boldsymbol{k})a^\dagger(\boldsymbol{p})\delta^3(\boldsymbol{k}+\boldsymbol{p})e^{i(k^0+p^0)t} \Big]
\end{aligned}
$$

((I.32) 式より $k^0 = |\boldsymbol{k}|,\ p^0 = |\boldsymbol{p}|$ なので)

$$
\begin{aligned}
&= \frac{1}{2}\int d^3\tilde{\boldsymbol{k}}\, \frac{1}{2k^0}\Big[-[\,(k^0)^2 - \boldsymbol{k}^2\,]a(\boldsymbol{k})a(-\boldsymbol{k})e^{-2ik^0t} + [\,(k^0)^2 + \boldsymbol{k}^2\,]a(\boldsymbol{k})a^\dagger(\boldsymbol{k}) \\
&\qquad + [\,(k^0)^2 + \boldsymbol{k}^2\,]a^\dagger(\boldsymbol{k})a(\boldsymbol{k}) - [\,(k^0)^2 - \boldsymbol{k}^2\,]a^\dagger(\boldsymbol{k})a^\dagger(-\boldsymbol{k})e^{2ik^0t} \Big] \\
&= \frac{1}{2}\int d^3\tilde{\boldsymbol{k}}\, k^0 \Big[a(\boldsymbol{k})a^\dagger(\boldsymbol{k}) + a^\dagger(\boldsymbol{k})a(\boldsymbol{k}) \Big] \\
&= \int d^3\tilde{\boldsymbol{k}}\, k^0\, a^\dagger(\boldsymbol{k})a(\boldsymbol{k}) + C_0
\end{aligned}
\tag{I.38}
$$

ここで，最後の

$$
C_0 = \int d^3\boldsymbol{k}\, k^0\delta^3(0)/2
$$

は，エネルギー目盛りの原点をずらすことで消去できる定数に過ぎないので（しばらくの間）無視することにする．これにより，この系のハミルトニアンは

$$
H = \int d^3\tilde{\boldsymbol{k}}\, k^0\, a^\dagger(\boldsymbol{k})a(\boldsymbol{k}) \tag{I.39}
$$

となる．

(I.38) 式の計算には，本系の重要な性質が顔を出している：もし，演算子同士が〈交換関係〉ではなく〈反交換関係〉に従うなら，求める H は，(I.38) の下から２行目の段階（$aa^\dagger + a^\dagger a$ の部分）で単なる定数になってしまい物理的に意味のない量となる．故に，$\Box\phi(x) = 0$ を基礎方程式とする系は，**交換関係により量子化**されなければならない．実は，**ディラック方程式**（Dirac equation）に従う系において同様の計算をすると，逆に演算子が**反交換関係**（Anticommutation relation）に従う場合にのみ意味のある結果が出ることが知られている．

次に，$a(\boldsymbol{k})$ 及び $a^\dagger(\boldsymbol{k})$ の性質を調べるため，両者を組み合わせて

$$
N \equiv \int d^3\tilde{\boldsymbol{k}}\, a^\dagger(\boldsymbol{k})a(\boldsymbol{k}) \tag{I.40}
$$

という演算子を導入する．これは明らかにエルミート（Hermitian）なので固有値（Eigenvalue）は常に実数だが，この N に関しては，更に「その固有値は正または0に限られる」と言える．事実，固有値を c，それに対応する固有状態（Eigenstate）を $|\psi_c\rangle\,(\neq 0)$ とし，$a(\boldsymbol{k})|\psi_c\rangle$ を $|a(\boldsymbol{k})\psi_c\rangle$ と表せば

$$\begin{aligned}&\langle\psi_c|N|\psi_c\rangle\,(=c\langle\psi_c|\psi_c\rangle)\\&\quad=\int d^3\tilde{\boldsymbol{k}}\,\langle\psi_c|a^\dagger(\boldsymbol{k})a(\boldsymbol{k})|\psi_c\rangle=\int d^3\tilde{\boldsymbol{k}}\,\langle a(\boldsymbol{k})\psi_c|a(\boldsymbol{k})\psi_c\rangle\ \geq\ 0\end{aligned}$$

が成立するので，これを $\langle\psi_c|\psi_c\rangle>0$ と合わせて $c\geq 0$ を得る．

問題 I.3　N はエルミート演算子（Hermitian operator）であることを示せ．

それでは，$|\psi_c\rangle$ に $a(\boldsymbol{p})$（$\boldsymbol{p}$ は任意）を一つ作用させたら何が起こるのだろうか？ $a(\boldsymbol{p})|\psi_c\rangle\neq 0$ であるとすれば

$$\begin{aligned}Na(\boldsymbol{p})|\psi_c\rangle&=\int d^3\tilde{\boldsymbol{k}}\,a^\dagger(\boldsymbol{k})a(\boldsymbol{k})a(\boldsymbol{p})|\psi_c\rangle\\&=\int d^3\tilde{\boldsymbol{k}}\,[\,a(\boldsymbol{p})a^\dagger(\boldsymbol{k})-(2\pi)^3\,2k^0\delta^3(\boldsymbol{k}-\boldsymbol{p})\,]\,a(\boldsymbol{k})|\psi_c\rangle\\&=a(\boldsymbol{p})N|\psi_c\rangle-a(\boldsymbol{p})|\psi_c\rangle=(c-1)a(\boldsymbol{p})|\psi_c\rangle\end{aligned}\tag{I.41}$$

より $a(\boldsymbol{p})|\psi_c\rangle$ は固有値が $c-1$ の状態ということになる．

よって，もし $c<1$ であったなら N が負の固有値を持つことになり，上記 $c\geq 0$ の論証に反する事態が生じる．それ故，この場合は $a(\boldsymbol{p})|\psi_c\rangle$ という（0とは異なる）状態の存在は許されず $a(\boldsymbol{p})|\psi_c\rangle=0$ でなければならない．これは任意の $\boldsymbol{p}$ に対して言えるのだから，そのエルミート共役 $\langle\psi_c|a^\dagger(\boldsymbol{p})=0$ と合わせ

$$\begin{aligned}&\langle\psi_c|a^\dagger(\boldsymbol{p})a(\boldsymbol{p})|\psi_c\rangle=0\quad\Longrightarrow\quad\int d^3\tilde{\boldsymbol{p}}\,\langle\psi_c|a^\dagger(\boldsymbol{p})a(\boldsymbol{p})|\psi_c\rangle=0\\&\Longrightarrow\quad c=\langle\psi_c|N|\psi_c\rangle/\langle\psi_c|\psi_c\rangle=\int d^3\tilde{\boldsymbol{p}}\,\langle\psi_c|a^\dagger(\boldsymbol{p})a(\boldsymbol{p})|\psi_c\rangle/\langle\psi_c|\psi_c\rangle=0\end{aligned}$$

すなわち，$c<1$ を満たす固有値として許されるのは $c=0$ のみである．

次に，$c\geq 1$ の場合を考えよう．上で見たように，この場合の $a(\boldsymbol{p})|\psi_c\rangle$ は（0でない限り）固有値が $c-1$ の状態として存在できる．そこで，その状態に $a(\boldsymbol{p})$

を（様々な $\boldsymbol{p}$ について）次々と作用させていくと，やがて固有値が $c-n\,(<1$, 但し n は正の整数）である状態に行き着く．そして，そこには先述の $c<1$ の議論が適用され，$c-n=0$ 以外は不可ということになる．すなわち $c=n$ である．これより，**N の固有値は正の整数または 0 しかない**と結論できる．

ここで，N の固有値が 0 の状態 $|\psi_0\rangle$ を，$\langle\psi_0|\psi_0\rangle=1$ と規格化した上で改めて $|0\rangle$ と表すことにしよう．すると，上述のように任意の $\boldsymbol{p}$ に対して

$$a(\boldsymbol{p})|0\rangle = 0 \tag{I.42}$$

が成り立つから

$$H|0\rangle \left(= \int d^3\tilde{\boldsymbol{k}}\, k^0\, a^\dagger(\boldsymbol{k})a(\boldsymbol{k})|0\rangle\right) = 0 \tag{I.43}$$

つまり，$|0\rangle$ はエネルギーが 0 の状態を表していることになり，これは**真空状態** (Vacuum state）と同定できる．

では，この $|0\rangle$ に $a^\dagger(\boldsymbol{p})$ を 1 個作用させて生まれるのはどんな状態だろう？

$$\begin{aligned} Ha^\dagger(\boldsymbol{p})|0\rangle &= a^\dagger(\boldsymbol{p})\int d^3\tilde{\boldsymbol{k}}\, k^0\, [\, a^\dagger(\boldsymbol{k})a(\boldsymbol{k}) + (2\pi)^3\, 2k^0\delta^3(\boldsymbol{k}-\boldsymbol{p})\,]|0\rangle \\ &= p^0 a^\dagger(\boldsymbol{p})|0\rangle \end{aligned} \tag{I.44}$$

だから，これはエネルギーが $p^0\ (=|\boldsymbol{p}|\,)$ の状態である．更に，同様の計算で

$$Na^\dagger(\boldsymbol{p})|0\rangle = a^\dagger(\boldsymbol{p})|0\rangle$$

となるので N の固有値は 1．故に，$a^\dagger(\boldsymbol{p})|0\rangle$ はエネルギー p^0 の粒子が 1 個存在する状態で，N はこの粒子の**個数演算子** (Number operator) , $n(\boldsymbol{k})\equiv a^\dagger(\boldsymbol{k})a(\boldsymbol{k})$ は**個数密度演算子**と解釈できる．しかも $p^0=|\boldsymbol{p}|$ だから，この粒子の運動量は $\boldsymbol{p}$ かつ質量は 0，つまり，$a^\dagger(\boldsymbol{p})$ は運動量 $\boldsymbol{p}$ の**光子**（Photon）を一つ生む能力を持つ演算子［**生成演算子**（Creation operator)］であるとわかる．また，同様の考察により $a(\boldsymbol{p})$ は運動量 $\boldsymbol{p}$ の光子を一つ消す演算子［**消滅演算子**（Annihilation operator)］であることも示せる【両者を合わせて **生成消滅演算子** とも呼ぶ】.

このように，古典場を量子化すれば極めて自然な形で粒子像が得られるのである．但し，ここでは簡単な実スカラー場を例としたので生まれた光子像も本

物ではないが，実際の電磁場（実ベクトル場）を量子化すると，スピン1を持つ現実の光子が得られる．

問題 I.4　$Na^\dagger(\boldsymbol{p})|0\rangle = a^\dagger(\boldsymbol{p})|0\rangle$ であることを示せ．

問題 I.5　状態 $a^\dagger(\boldsymbol{p}_1)a^\dagger(\boldsymbol{p}_2)|0\rangle$ の N, H に対する固有値を求めよ．

問題 I.6　$\langle 0|\phi(x)|\boldsymbol{p}\rangle = e^{-ipx}$ であることを確かめよ．但し，$|\boldsymbol{p}\rangle = a^\dagger(\boldsymbol{p})|0\rangle$, $p^\mu = (|\boldsymbol{p}|, \boldsymbol{p})$ である．

正規積

以上のように生成消滅演算子が導入されたところで，(I.38) 式から (I.39) 式への変形につき再度考えてみよう．H に C_0 が残っていると $H|0\rangle = C_0|0\rangle$ となるので，この定数が表すのは「真空のエネルギー」であろう．故に，それが0となるようエネルギー軸の原点を定めるのは，特に不自然な行為ではない．しかし，そうは言っても C_0 は無限大の量であるし，また，仮に有限であったとしても，それを“手で”取り除く操作の正当性に対して疑問や不安を感じる読者もいるかも知れない．この問題には，どう対処すればいいだろうか？

もしも (I.38) の式変形すべてが古典論の段階で行われたなら，$a^*a = aa^*$ であり C_0 は現れない．それなら，このような計算の際には「量子論で最適な形になるよう必要な式変形は量子化前に済ませておく」と決めておけばいいのではないか．そこで，量子化の規則に「場の積で与えられる量については，量子化後どの項においても生成演算子が全て消滅演算子の左側に来るように，古典論の段階で整理しておく」という要請を加えることにしよう．これによって上記の問題は回避できる．この規則に従って作られる演算子積は **正規積**（Normal product）と呼ばれ，$:\phi(x_1)\cdots\phi(x_n):$ のように全体を「:」で挟んで表す【$N[\,\phi(x_1)\cdots\phi(x_n)]$ と書く文献もある】．例えば $:aa^\dagger: = a^\dagger a$, $:a_1^\dagger a_2 a_3^\dagger: = a_1^\dagger a_3^\dagger a_2$ である．但し，**フェルミ統計**（Fermi statistics）に従う場に対しては $:aa^\dagger: = -a^\dagger a$ のように順序交換を1回する毎にマイナス符号を付け，また，生成演算子同士および消滅演算子同士の順序に関してはそのままに保つものとする．上述の追加規則は，要するに「物理量の中の演算子積は全て正規積として扱う」というものである．

具体例として，二つの場 $\phi(x)$ と $\phi(y)$ の正規積を書き表してみよう：

$$
\begin{aligned}
:\phi(x)\phi(y): &= :\int d^3\tilde{\boldsymbol{p}}\, d^3\tilde{\boldsymbol{q}}\, [a(\boldsymbol{p})e^{-ipx} + a^\dagger(\boldsymbol{p})e^{ipx}][a(\boldsymbol{q})e^{-iqy} + a^\dagger(\boldsymbol{q})e^{iqy}]: \\
&= \int d^3\tilde{\boldsymbol{p}}\, d^3\tilde{\boldsymbol{q}}\, [:a(\boldsymbol{p})a(\boldsymbol{q}):\, e^{-i(px+qy)} + :a(\boldsymbol{p})a^\dagger(\boldsymbol{q}):\, e^{-i(px-qy)} \\
&\qquad + :a^\dagger(\boldsymbol{p})a(\boldsymbol{q}):\, e^{i(px-qy)} + :a^\dagger(\boldsymbol{p})a^\dagger(\boldsymbol{q}):\, e^{i(px+qy)}] \\
&= \int d^3\tilde{\boldsymbol{p}}\, d^3\tilde{\boldsymbol{q}}\, [a(\boldsymbol{p})a(\boldsymbol{q})e^{-i(px+qy)} + a^\dagger(\boldsymbol{q})a(\boldsymbol{p})e^{-i(px-qy)} \\
&\qquad + a^\dagger(\boldsymbol{p})a(\boldsymbol{q})e^{i(px-qy)} + a^\dagger(\boldsymbol{p})a^\dagger(\boldsymbol{q})e^{i(px+qy)}]
\end{aligned} \tag{I.45}
$$

また，正規積の性質の大きな特徴の一つとして，その真空期待値（Vacuum expectation value）は常に0になるということも明記しておこう：

$$
\langle 0|\, :\phi(x_1)\cdots\phi(x_n):\, |0\rangle = 0 \tag{I.46}
$$

これは，その定義から，必ず消滅演算子（a）が $a|0\rangle$ という形で－もしくは生成演算子（$a^\dagger$）が $\langle 0|a^\dagger$ という形で－直接真空状態に掛かるからである．

この正規積の導入に対し，量子力学で量子化の規則を学んだ読者は，“こんな規則を勝手に追加していいのか？” と疑問に思うかも知れないが，結論を先に言えば「追加してもよい」のである．正準量子化の出発点である正準交換関係 $[p, q] = -i$ も，元々は我々が（都合のいい結果が出るよう）“勝手に”導入した仮定である．ところが，この正準交換関係だけでは完全に満足のいく結果が出ないことがわかったので，ここで新たな規則を加えるという訳である．

最後に，系が交換関係により量子化されたことの意味について，簡単に触れておこう．このように量子化された n 個の同種粒子系

$$
a^\dagger(\boldsymbol{p}_1)a^\dagger(\boldsymbol{p}_2)\cdots a^\dagger(\boldsymbol{p}_n)|0\rangle
$$

においては $\boldsymbol{p}_1 = \boldsymbol{p}_2 = \cdots = \boldsymbol{p}_n$ と置いても何の問題も生じない．つまり，この粒子は幾つでも同時に同じ状態に入ることが出来る．これは，この粒子が**ボース統計**（Bose statistics）に従う粒子［**ボソン**（Boson）或いは**ボース粒子**］であ

ることを意味する．これが，もし反交換関係で量子化されていたなら，すでに $n=2$ の段階で

$$a^\dagger(\boldsymbol{p}_1)a^\dagger(\boldsymbol{p}_2)|0\rangle = -a^\dagger(\boldsymbol{p}_2)a^\dagger(\boldsymbol{p}_1)|0\rangle \implies a^\dagger(\boldsymbol{p})a^\dagger(\boldsymbol{p})|0\rangle = 0 \tag{I.47}$$

つまり,「一つの状態には１個の粒子しか入ることは許されない」という**パウリの排他律**（Pauli exclusion principle）が現れる．この場合には，粒子はフェルミ統計に従うことになる［**フェルミオン**（Fermion）或いは**フェルミ粒子**］.

I.5 多体系の量子力学と第２量子化：粒子場の量子論

電磁場は，すでに古典物理学の中で実在の波動場として認識されており，それを「古典力学の量子化 → 量子力学」に倣って量子化した結果，電磁場の量子論・光子像が生まれてきた．そこで導入された生成消滅演算子を使う形式は大変に便利なものなので，電子のような粒子系も同じように扱えれば，その生成・消滅が頻繁に起こる相対論的な素粒子反応の記述に威力を発揮するだろう．

しかしながら，電子などは古典論では純粋な粒子なので，電磁場の量子化を真似るにしても，量子化すべき波動など何処を探しても見当たらないように思える．ところが，量子力学に進むと，粒子系にもシュレディンガー方程式のような波動方程式に従う確率「波」が現れる．この波は，一般に複素数で表されるため電磁波のような「実在の波」ではないが，実は，以下で示すように，この確率の波を量子化［**第２量子化**（Second quantization)］することによって，波動場の量子論に対応する「粒子場の量子論」が生まれることになる．

多体系の量子力学

まず，通常の量子力学における多体系の扱いを復習し要点を整理しよう．シュレディンガー方程式

$$i\frac{\partial}{\partial t}\varphi(\boldsymbol{x},t) = H^{(1)}\varphi(\boldsymbol{x},t) \quad \left[\, H^{(1)} = -\frac{1}{2m}\Delta + V(\boldsymbol{x}) \,\right] \tag{I.48}$$

に従う非相対論的な粒子の系を想定する［ここで，$H^{(1)}$ の (1) は，1粒子に対する演算子であることを示す］．はじめに，互いには自由な2個の粒子を考え，それぞれがある物理量 －エネルギーを例にとろう－ の固有状態1・2にいる時の（規格直交化された）固有関数を $\varphi_1(\boldsymbol{x}_1)$ と $\varphi_2(\boldsymbol{x}_2)$，固有値を ε_1 及び ε_2 と置く．この時，全体系のハミルトニアンは，粒子間相互作用がないことから

$$H = H_1^{(1)} + H_2^{(1)}$$

（下付き添字は作用する粒子を表す）と書け，その固有関数は

$$\Psi(\boldsymbol{x}_1, \boldsymbol{x}_2) = \varphi_1(\boldsymbol{x}_1)\varphi_2(\boldsymbol{x}_2)$$

になる．実際，これに H を作用させてみれば

$$\begin{aligned} H\Psi(\boldsymbol{x}_1, \boldsymbol{x}_2) &= [\, H_1^{(1)}\varphi_1(\boldsymbol{x}_1)\,]\varphi_2(\boldsymbol{x}_2) + \varphi_1(\boldsymbol{x}_1)[\, H_2^{(1)}\varphi_2(\boldsymbol{x}_2)\,] \\ &= (\varepsilon_1 + \varepsilon_2)\varphi_1(\boldsymbol{x}_1)\varphi_2(\boldsymbol{x}_2) = \varepsilon\,\Psi(\boldsymbol{x}_1, \boldsymbol{x}_2) \end{aligned}$$

（$\varepsilon = \varepsilon_1 + \varepsilon_2$）である．更に，両者が同種粒子である場合には，量子力学的な同等性［**不可弁別性**（Indistinguishability）］により，$\Psi(\boldsymbol{x}_1, \boldsymbol{x}_2)$ は，$\boldsymbol{x}_{1,2}$ の交換に対して対称（Symmetric）もしくは反対称（Antisymmetric）であることが要請される【粒子がボソンなら対称，フェルミオンなら反対称】．ここでは対称の場合を考えることにすると，この系の規格化された波動関数は

$$\Psi(\boldsymbol{x}_1, \boldsymbol{x}_2) = \frac{1}{\sqrt{2}}[\, \varphi_1(\boldsymbol{x}_1)\varphi_2(\boldsymbol{x}_2) + \varphi_2(\boldsymbol{x}_1)\varphi_1(\boldsymbol{x}_2)\,] \qquad \text{(I.49)}$$

という形に決まる．

では，これを n 粒子系に拡張しよう．但し，話を簡単にするために，可能な量子状態は二つしかないとする．ということは，どんな1粒子状態の波動関数も $\varphi_1(\boldsymbol{x})$ と $\varphi_2(\boldsymbol{x})$ の線型結合で表せるということである．これはかなり非現実的に響くが，一般的な場合に拡張すると式が複雑になり過ぎるし，この簡単な例でも本質は同じなので，ここではこのように仮定する．

この二つの状態のうち，状態１を n_1 個の，状態２を n_2 個の粒子が占めている（$n=n_1+n_2$）とすると，全体の波動関数は

$$\Psi(\boldsymbol{x}_1,\boldsymbol{x}_2,\cdots,\boldsymbol{x}_n)=c_n(n_1,n_2)\sum_P\varphi_{p(1)}(\boldsymbol{x}_1)\varphi_{p(2)}(\boldsymbol{x}_2)\cdots\varphi_{p(n)}(\boldsymbol{x}_n) \tag{I.50}$$

$$c_n(n_1,n_2)\equiv\sqrt{n_1!\,n_2!/n!}$$

で与えられる．但し，$\{\,p(1),\cdots,p(n)\,\}$ は，n_1 個の１と n_2 個の２を１列に並べた一つの順列であり，$\sum_P$ はこのような順列すべてに亘る和を表している．例えば，前頁の２粒子系の波動関数 (I.49) は，$n_1=1,n_2=1$ という最も簡単な場合であり，$n_1=1,n_2=2$ の場合には，$\{\,p(1),\,p(2),\,p(3)\,\}$ としては $\{1,\,2,\,2\}$，$\{2,\,1,\,2\}$，$\{2,\,2,\,1\}$ の３通りがある．また，このような波動関数の導入に合わせ，対応する規格化された状態ベクトルを $|n_1,n_2\rangle$ と表すことにする．

この全体系に作用する演算子 F（ハミルトニアンや運動量演算子など）は，粒子間に相互作用がないなら前述の $H=H_1^{(1)}+H_2^{(1)}$ と同様に $F=\sum_i F_i^{(1)}$ と書け，この F が $\Psi(\boldsymbol{x}_1,\boldsymbol{x}_2,\cdots,\boldsymbol{x}_n)$ に掛かると「ある状態から粒子が１個減りある状態で１個増える」という変化が生じる．何故なら $F_i^{(1)}$ の作用で見れば

$$F^{(1)}\varphi_{p(i)}(\boldsymbol{x}_i)=\langle 1|F^{(1)}|p(i)\rangle\varphi_1(\boldsymbol{x}_i)+\langle 2|F^{(1)}|p(i)\rangle\varphi_2(\boldsymbol{x}_i) \tag{I.51}$$

$$\langle a|F^{(1)}|p(i)\rangle=\int d^3\boldsymbol{x}\,\varphi_a^*(\boldsymbol{x})F^{(1)}\varphi_{p(i)}(\boldsymbol{x})\ \ (a=1,\,2)$$

だから，[♯I.6] 結果として，始めの波動関数 Ψ の中で $\varphi_{p(i)}(\boldsymbol{x}_i)$ が $\varphi_1(\boldsymbol{x}_i)$ または $\varphi_2(\boldsymbol{x}_i)$ に置換された関数が得られるが，それは，状態 $p(i)\,(=1$ または $2)$ から粒子が１個消えて状態１（第１項）または状態２（第２項）に１個生まれることを意味するからである．従って，F の行列要素の中では $\langle n_1+1,n_2-1|F|n_1,n_2\rangle$，$\langle n_1-1,n_2+1|F|n_1,n_2\rangle$，$\langle n_1,n_2|F|n_1,n_2\rangle$ のみが０でない値をとる．これ以外は，例えば $\langle n_1-2,n_2+2|F|n_1,n_2\rangle$ のように粒子数保存は満たすものも含め（$\{\varphi_i\}$ が直交系である限りは）全て０になってしまう．

♯I.6 F の各項（$F_i^{(1)}$）に添字 i を付ける理由は，それが「引数が $\boldsymbol{x}_i$ の波動関数に作用する」ということを示すためなので，ここの式のように作用対象が明白なら付ける必要はない．

それでは，0にならない行列要素の一つ $\langle n_1-1, n_2+1|F|n_1, n_2\rangle$ を，ここで実際に計算してみよう．必要な作業は，以下の積分を実行することである：

$$
\begin{aligned}
&\langle n_1-1, n_2+1|F|n_1, n_2\rangle \\
&\quad = c_n(n_1-1, n_2+1)c_n(n_1, n_2)\sum_{P'}\sum_{P}\int d^3\boldsymbol{x}_1\cdots d^3\boldsymbol{x}_n \\
&\qquad\qquad \times \varphi^*_{p'(1)}(\boldsymbol{x}_1)\cdots\varphi^*_{p'(n)}(\boldsymbol{x}_n)\,F\,\varphi_{p(1)}(\boldsymbol{x}_1)\cdots\varphi_{p(n)}(\boldsymbol{x}_n) \\
&\quad = c_n(n_1-1, n_2+1)c_n(n_1, n_2) \\
&\qquad\qquad \times\sum_{P'}\sum_{P}\int d^3\boldsymbol{x}_1\cdots d^3\boldsymbol{x}_n\,\varphi^*_{p'(1)}(\boldsymbol{x}_1)\cdots\varphi^*_{p'(n)}(\boldsymbol{x}_n) \\
&\qquad\qquad \times\Big[\,\{F^{(1)}\varphi_{p(1)}(\boldsymbol{x}_1)\}\varphi_{p(2)}(\boldsymbol{x}_2)\cdots\varphi_{p(n)}(\boldsymbol{x}_n) \\
&\qquad\qquad\quad +\varphi_{p(1)}(\boldsymbol{x}_1)\{F^{(1)}\varphi_{p(2)}(\boldsymbol{x}_2)\}\cdots\varphi_{p(n)}(\boldsymbol{x}_n)+\ \cdots\cdots\cdots \\
&\qquad\qquad\quad +\varphi_{p(1)}(\boldsymbol{x}_1)\varphi_{p(2)}(\boldsymbol{x}_2)\cdots\{F^{(1)}\varphi_{p(n)}(\boldsymbol{x}_n)\}\,\Big]
\end{aligned}
$$

この最後の［　］内 i 番目の項 $\varphi_{p(1)}(\boldsymbol{x}_1)\cdots\{F^{(1)}\varphi_{p(i)}(\boldsymbol{x}_i)\}\cdots\varphi_{p(n)}(\boldsymbol{x}_n)$ を考える．今は「状態1から粒子が1個減る」という変化を扱うのだから，$p(i)=1$ でなければならない．また，反応後には「状態2に粒子が1個増える」のだから，$F^{(1)}\varphi_{p(i)}(\boldsymbol{x}_i)=\langle 1|F^{(1)}|p(i)\rangle\varphi_1(\boldsymbol{x}_i)+\langle 2|F^{(1)}|p(i)\rangle\varphi_2(\boldsymbol{x}_i)$ と展開した時の第2項のみが0でない結果を与える．これは，全ての $i\,(=1\sim n)$ に共通して言えることなので，結局，どの $F^{(1)}\varphi_{p(i)}(\boldsymbol{x}_i)$ も $\langle 2|F^{(1)}|1\rangle\varphi_2(\boldsymbol{x}_i)$ に置き換わる：

$$
\begin{aligned}
\text{上式} &= c_n(n_1-1, n_2+1)c_n(n_1, n_2) \\
&\qquad \times\sum_{P'}\sum_{P}\int d^3\boldsymbol{x}_1\cdots d^3\boldsymbol{x}_n\,\varphi^*_{p'(1)}(\boldsymbol{x}_1)\cdots\varphi^*_{p'(n)}(\boldsymbol{x}_n) \\
&\qquad \times\langle 2|F^{(1)}|1\rangle\Big[\,\varphi_2(\boldsymbol{x}_1)\varphi_{p(2)}(\boldsymbol{x}_2)\cdots\varphi_{p(n)}(\boldsymbol{x}_n) \\
&\qquad\qquad +\varphi_{p(1)}(\boldsymbol{x}_1)\varphi_2(\boldsymbol{x}_2)\cdots\varphi_{p(n)}(\boldsymbol{x}_n) \\
&\qquad\qquad +\ \cdots\cdots\cdots\ +\varphi_{p(1)}(\boldsymbol{x}_1)\cdots\varphi_{p(n-1)}(\boldsymbol{x}_{n-1})\varphi_2(\boldsymbol{x}_n)\,\Big]
\end{aligned}
$$

但し，ここの $\sum\limits_{P}$ は「n_1-1 個の1と n_2 個の2の並べ方に亙る和」を意味する．

一方，左側から掛かる $\sum\limits_{P'}\varphi^*_{p'(1)}(\boldsymbol{x}_1)\cdots\varphi^*_{p'(n)}(\boldsymbol{x}_n)$ については，これが右側の第 i 番目の項 $\varphi_{p(1)}(\boldsymbol{x}_1)\cdots\varphi_{p(i-1)}(\boldsymbol{x}_{i-1})\varphi_2(\boldsymbol{x}_i)\varphi_{p(i+1)}(\boldsymbol{x}_{i+1})\cdots\varphi_{p(n)}(\boldsymbol{x}_n)$ と共に

積分される時には $\varphi_{1,2}$ の直交性より $p'(i)=2$ でなければならない．従って

$$\text{上式}=c_n(n_1-1,n_2+1)c_n(n_1,n_2)\langle 2|F^{(1)}|1\rangle\sum_{i=1}^{n}\sum_{P'}\sum_{P}\int d^3\boldsymbol{x}_1\cdots d^3\boldsymbol{x}_n$$
$$\times|\varphi_2(\boldsymbol{x}_i)|^2\varphi^*_{p'(1)}(\boldsymbol{x}_1)\cdots\varphi^*_{p'(i-1)}(\boldsymbol{x}_{i-1})\varphi^*_{p'(i+1)}(\boldsymbol{x}_{i+1})\cdots\varphi^*_{p'(n)}(\boldsymbol{x}_n)$$
$$\times\varphi_{p(1)}(\boldsymbol{x}_1)\cdots\varphi_{p(i-1)}(\boldsymbol{x}_{i-1})\varphi_{p(i+1)}(\boldsymbol{x}_{i+1})\cdots\varphi_{p(n)}(\boldsymbol{x}_n)$$

（$\sum_i$ の中で $i=1,n$ 項に現れる $\varphi^{(*)}_{p^{(\prime)}(0)}$, $\varphi^{(*)}_{p^{(\prime)}(n+1)}$ は皆1と約束）であり，更に，同じ理由で引数が $\boldsymbol{x}_i$ 以外の波動関数に対しても $p'(1)=p(1)$, $p'(2)=p(2)$, $\cdots$, $p'(n)=p(n)$ が要求される．そして，これに気付けば積分は一気に進む：

$$\begin{aligned}\text{上式}&=c_n(n_1-1,n_2+1)c_n(n_1,n_2)\langle 2|F^{(1)}|1\rangle\sum_{i=1}^{n}\sum_{P}\int d^3\boldsymbol{x}_1\cdots d^3\boldsymbol{x}_n\\&\quad\times|\varphi_2(\boldsymbol{x}_i)|^2|\varphi_{p(1)}(\boldsymbol{x}_1)|^2\cdots|\varphi_{p(i-1)}(\boldsymbol{x}_{i-1})|^2|\varphi_{p(i+1)}(\boldsymbol{x}_{i+1})|^2\cdots|\varphi_{p(n)}(\boldsymbol{x}_n)|^2\\&=c_n(n_1-1,n_2+1)c_n(n_1,n_2)\langle 2|F^{(1)}|1\rangle\sum_{i=1}^{n}\frac{(n-1)!}{(n_1-1)!\,n_2!}\\&=c_n(n_1-1,n_2+1)c_n(n_1,n_2)\langle 2|F^{(1)}|1\rangle\frac{n!}{(n_1-1)!\,n_2!}\\&=\sqrt{n_1(n_2+1)}\,\langle 2|F^{(1)}|1\rangle\end{aligned}$$

これが求める答えである．なお，下から3番目の等号（式変形）では，n_1-1 個の1と n_2 個の2（$n_1+n_2=n$）を1列に並べる方法は $(n-1)!/[(n_1-1)!\,n_2!]$ 通りあるということを用いた．長くなったので，結果を改めて書いておこう：

$$\langle n_1-1,n_2+1|F|n_1,n_2\rangle=\sqrt{n_1(n_2+1)}\,\langle 2|F^{(1)}|1\rangle \tag{I.52}$$

以上の計算は，量子状態の数が m の場合にも容易に拡張でき，(I.52) に対応する行列要素は

$$\langle n_i-1,n_j+1|F|n_i,n_j\rangle=\sqrt{n_i(n_j+1)}\,\langle j|F^{(1)}|i\rangle \tag{I.53}$$

となる．また，同様の計算により，F の期待値（平均値）も導き出せる：

$$\langle F\rangle=\sum_{i=1}^{m}\langle i|F^{(1)}|i\rangle\,n_i \tag{I.54}$$

問題 I.7　これらの式が実際に成立することを確認せよ．

生成消滅演算子と第２量子化

多体系の量子力学では以上のような面倒な計算が必要だが，これは，本節の冒頭で述べたように，第２量子化という手法により大幅に簡単化される．以下，これを説明していこう．

まず，対象とする系は，波動関数ではなく状態ベクトルのみで記述することにし，かつ，実際に必要な情報は「どの量子状態に何個の粒子が存在するか」であることを念頭に置き，先の例で導入した記法の拡張として

$$|\, n_1,\, n_2,\, \cdots\, n_m\, \rangle$$

という表現を用いる．但し，m は可能な量子状態の数，n_i は i 番目の量子状態を占める粒子数である．また，このベクトルは直交系を構成し，

$$\langle\, n_1,\, n_2,\, \cdots\, n_m\, |\, n_1,\, n_2,\, \cdots\, n_m\, \rangle = 1$$

と規格化されているものとする．これで系の状態は完全に指定できる．

さて，粒子系の場合には，波動場とは異なり，粒子を１個，２個，$\cdots$ と生成したり消滅させたりする演算子は容易に導入することが出来る．i 番目の量子状態にある粒子の消滅演算子 a_i を

$$a_i|\, n_i\, \rangle = \sqrt{n_i}\, |\, n_i - 1\, \rangle \tag{I.55}$$

で定義しよう（i 番目以外の状態の粒子数は変化しないということで省略した）．このとき

$$\langle\, n_i - 1\, |a_i|\, n_i\, \rangle = \sqrt{n_i}$$

のみが a_i の０でない行列要素である．これより

$$\langle\, n_i - 1\, |a_i|\, n_i\, \rangle^* = \sqrt{n_i} = \langle\, n_i\, |a_i^\dagger|\, n_i - 1\, \rangle$$

だから，$a_i^\dagger |\, n_i - 1\, \rangle = \sqrt{n_i}\, |\, n_i\, \rangle$ 或いは

$$a_i^\dagger\, |\, n_i\, \rangle = \sqrt{n_i + 1}\, |\, n_i + 1\, \rangle \tag{I.56}$$

というように生成演算子も導入できる．すると，粒子数が確定している任意の状態 $|n\rangle \equiv |n_1, n_2, \cdots, n_i, \cdots, n_j, \cdots\rangle$ に対して

$$[\,a_i,\ a_i^\dagger\,]\,|n\rangle = |n\rangle,\quad [\,a_i,\ a_j^\dagger\,]\,|n\rangle = 0 \qquad (i \neq j)$$

$$[\,a_i,\ a_j\,]\,|n\rangle = [\,a_i^\dagger,\ a_j^\dagger\,]\,|n\rangle = 0$$

が成立することは容易に確かめられるから，

$$[\,a_i,\ a_j^\dagger\,] = \delta_{ij} \tag{I.57}$$

$$[\,a_i,\ a_j\,] = [\,a_i^\dagger,\ a_j^\dagger\,] = 0 \tag{I.58}$$

が得られる．[♯I.7]

問題 I.8　$[\,a_i^{(\dagger)},\ a_j^{(\dagger)}\,]$ を $|n\rangle$ に作用させた結果が実際に上記の関係を満たすことを示せ．

このように導入された生成消滅演算子を用いると，演算子 F は

$$F = \sum_{i,j} \langle i|F^{(1)}|j\rangle a_i^\dagger a_j \tag{I.59}$$

と表すことが可能になる．事実，これを用いれば

$$\begin{aligned}\langle\, n_i - 1, n_j + 1\,|F|\, n_i, n_j\,\rangle &= \sum_{k,l} \langle k|F^{(1)}|l\rangle \langle\, n_i - 1, n_j + 1\,|a_k^\dagger a_l|\, n_i, n_j\,\rangle \\ &= \langle j|F^{(1)}|i\rangle \sqrt{n_i(n_j+1)}\end{aligned}$$

$$\langle\, F\,\rangle = \sum_{i,j} \langle i|F^{(1)}|j\rangle \langle\, n_1, \cdots, n_m\,|a_i^\dagger a_j|\, n_1, \cdots, n_m\,\rangle = \sum_i \langle i|F^{(1)}|i\rangle n_i$$

のように，波動関数を用いた計算 (I.53) 及び (I.54) と同じ結果がずっと楽に導き出せる．特に，ハミルトニアンは，上で与えた (I.59) を適用するだけなら

$$H = \sum_{i,j} \langle i|H^{(1)}|j\rangle a_i^\dagger a_j$$

[♯I.7] 波動場の量子化のところでは，現在 素粒子物理学の世界で標準となっている **共変的規格化** (Covariant normalization)　$[\,a(\boldsymbol{k}),\ a^\dagger(\boldsymbol{k}')\,] = (2\pi)^3\, 2k^0 \delta^3(\boldsymbol{k} - \boldsymbol{k}')$ を用いたが，ここでの話は単なる例なので，必要な式ができるだけ簡単になるような規格化を採っている．

だが，$H^{(1)}\varphi_i(\boldsymbol{x})=\varepsilon_i\,\varphi_i(\boldsymbol{x})$ であることを用いれば $\langle i|H^{(1)}|j\rangle=\varepsilon_i\,\delta_{ij}$ だから

$$H=\sum_i \varepsilon_i\,a_i^\dagger a_i \tag{I.60}$$

と実に簡単になる．これは，波動場のハミルトニアン (I.39) と同じ形である．

ただ，このままでは生成消滅演算子を “手で” 導入しなければならないようにも思われるが，実際にはもっと系統的に行える．それを見るために

$$\Phi(\boldsymbol{x},t)=\sum_i\, a_i\,\varphi_i(\boldsymbol{x})e^{-i\varepsilon_i t} \tag{I.61}$$

と置こう．すると，この演算子 $\Phi(\boldsymbol{x},t)$ は

$$i\frac{\partial}{\partial t}\Phi(\boldsymbol{x},t)=H^{(1)}\Phi(\boldsymbol{x},t)$$

を満たすが，これは 1 個の粒子が従うシュレディンガー方程式 (I.48) と全く同じ形である．また，この $\Phi(\boldsymbol{x},t)$ と $\Phi^\dagger(\boldsymbol{x},t)$ の間には

$$\begin{aligned}[\,\Phi(\boldsymbol{x},t),\,\Phi^\dagger(\boldsymbol{x}',t)\,]&=\sum_{i,j}\varphi_i(\boldsymbol{x})\varphi_j^*(\boldsymbol{x}')e^{-i(\varepsilon_i-\varepsilon_j)t}[\,a_i,\ a_j^\dagger\,]\\&=\sum_i\varphi_i(\boldsymbol{x})\varphi_i^*(\boldsymbol{x}')=\delta^3(\boldsymbol{x}-\boldsymbol{x}')\end{aligned}$$

【最後の等号では $\{\varphi_i\}$ の完全性条件を用いた】という同時刻交換関係も成立する．ここで，Φ を電磁場と同じように場の量［一般化座標］と見なせば，上掲のシュレディンガー方程式は

$$\mathscr{L}(\boldsymbol{x},t)=\Phi^*(\boldsymbol{x},t)\Big[\,i\frac{\partial}{\partial t}+\frac{1}{2m}\Delta-V(\boldsymbol{x})\,\Big]\Phi(\boldsymbol{x},t) \tag{I.62}$$

から導かれ，この Φ に共役な一般化運動量は

$$\Pi(\boldsymbol{x},t)=\frac{\partial}{\partial\dot{\Phi}(\boldsymbol{x},t)}\mathscr{L}(\boldsymbol{x},t)=i\Phi^*(\boldsymbol{x},t) \tag{I.63}$$

となる【厳密に言えば $\mathscr{L}$ 右辺にはその複素共役項も必要だが，それで生じる差は作用積分には寄与しない項なので省略した】．従って，演算子に移行する際には $\Phi^*\to\Phi^\dagger$ であることを考慮すれば，上述の同時刻交換関係は

$$[\,\Pi(\boldsymbol{x},t),\,\Phi(\boldsymbol{x}',t)\,]=-i\delta^3(\boldsymbol{x}-\boldsymbol{x}') \tag{I.64}$$

と書き直せ，そして，これは波動場の正準量子化条件に正確に一致している．

まとめれば，粒子系を場の理論形式に移行させる処方箋は次のようになる：まず，1個の粒子が満たすシュレディンガー方程式の解を古典的な波動と見なし，対応するラグランジアンと一般化運動量を求めて正準量子化の条件を課す．その上で，この解を，例えばエネルギーあるいは運動量の固有関数系で展開し，そこに現れる展開係数を生成消滅演算子と読み替える．∎

結局，これは**波動場の量子化と全く同じ手続き**である．[♯I.8] 但し，例えば電磁場の場合は，すでに古典論の段階で対応する波が存在しており直接それを量子化すればよかったが，粒子系の場合には 量子力学へ移行して初めて量子化すべき「波」が出現するという訳である．第2量子化という名前はここに由来している．

I.6 場の量子論の形式

ここで，体系の量子化から量子場・量子状態を構成していく流れを整理しておこう．但し，すでに示したように波動系も粒子系も同じ形式で扱えるので，これ以降は 波動場の量子論・粒子場の量子論 などと区別はせず，簡潔に両者とも「**場の量子論**」と呼ぶことにする．なお，量子化については，本書では一貫して「正準量子化」法を用いているが，他にも「経路積分（Path-integral）量子化」や「確率過程（Stochastic）量子化」といった方式があることを付記しておく．

(1) 考察する体系のラグランジアンを定めて，それより一般化座標としての場（以下 $\phi(x)$ と表す）が従う運動方程式を導き，完全系を構成する同運動方程式の解で $\phi(x)$ を展開する．運動量の固有状態［平面波（Plane

[♯I.8] 波動場の方程式の解 (I.31) は a と a^* 両方の項を含んでいるが，(I.61) は a の項しか含んでいない．だから，ここで "全く同じ" と言ってしまうと抵抗を感じる読者もいるかも知れないが，この差は，本節の説明を「読者が慣れているであろう非相対論的なシュレディンガー方程式に基いて行った」ことから生じている．つまり，e^{-ikx} が $\Box\phi(x)=0$ の解なら e^{ikx} も解であるのに対し，シュレディンガー方程式の場合には $\varphi_i(\boldsymbol{x})e^{-i\varepsilon_i t}$ が解でも $\varphi_i^*(\boldsymbol{x})e^{i\varepsilon_i t}$ は解にはならない，ということがその差の出処である．故に，見掛けは異なるが，(I.31) 式も (I.61) 式もそれぞれ対応する運動方程式の一般解である．

wave)］による展開がよく知られた例だが，角運動量の固有状態［球面波(Spherical wave)］による展開などを考えることもある．

(2) 一般化運動量を求め，一般化座標との間に同時刻（反）交換関係を設定する．これで，両者は当該時刻における場の演算子となる［場の量子化］．次に，この過程で同じく演算子となった $\phi(x)$ の展開係数 $a, a^\dagger$ 相互の（反）交換関係を導出する．それに基づけば，それぞれ a と $a^\dagger$ は上記完全系の解が表す状態の粒子（あるいは反粒子）を1個消す演算子［消滅演算子］および1個生み出す演算子［生成演算子］との解釈が可能になる．また，各種物理量に含まれる場の演算子の積は，すべて正規積として扱う．

(3) 消滅演算子 a を用いて $a|0\rangle = 0$ という条件で真空状態を定義する．続いて，その $|0\rangle$ に生成演算子を逐次作用させ，粒子数・運動量が確定した状態を揃えていく：$|\boldsymbol{p}\rangle = a^\dagger(\boldsymbol{p})|0\rangle$，$|\boldsymbol{p}_1\boldsymbol{p}_2\rangle = a^\dagger(\boldsymbol{p}_1)a^\dagger(\boldsymbol{p}_2)|0\rangle, \cdots$. こうして構成した状態の全体 $\{\,|\boldsymbol{p}_1\boldsymbol{p}_2\cdots\rangle\,\}$ は，個数演算子・運動量演算子の固有ベクトル系として完全系をなす．より詳しく言えば，$\{\,|\boldsymbol{p}_1\boldsymbol{p}_2\cdots\rangle\,\}$ は，基底として一つのヒルベルト空間（Hilbert space）を張ることになる．量子力学・場の量子論で重要な役割を果たす同空間と基底は，それぞれ**フォック空間**（Fock space）および**フォック基底**（Fock basis）と呼ばれている．

最後の (3) について少し補足しておく．「生成された状態の全体 $\{\,|\boldsymbol{p}_1\boldsymbol{p}_2\cdots\rangle\,\}$ が完全系をなす」とは，任意の物理系の状態ベクトル $|\Psi\rangle$ が

$$|\Psi\rangle = \sum_n \int \prod_i^n d^3\tilde{\boldsymbol{p}}_i\, |\boldsymbol{p}_1\cdots\boldsymbol{p}_n\rangle\langle\boldsymbol{p}_1\cdots\boldsymbol{p}_n|\Psi\rangle \tag{I.65}$$

と展開できるということである．[♯I.9] そして，これは，**多体系の量子力学と場の量子論の同等性**を示す重要な関係式になる．つまり，右辺の展開係数 $\langle\boldsymbol{p}_1\cdots\boldsymbol{p}_n|\Psi\rangle$ は，n 粒子系の（運動量表示）波動関数に他ならず，従って，状態 $|\Psi\rangle$ を用い

♯I.9 (I.65) 右辺の正確な意味についてはII.5 節 (II.37) 式およびそれに続く説明参照．

る物理系の「場の量子論的記述」は，{ 1 粒子波動関数，2 粒子波動関数，$\cdots$ }という多体系波動関数の総体による「量子力学的な記述」と同等という訳である．

以下，より具体的に

$$\mathscr{L}(x) = \frac{1}{2}\partial_\mu\phi(x)\,\partial^\mu\phi(x) - \frac{1}{2}m^2\phi^2(x) \tag{I.66}$$

に従う系を例として，場の量子化の手続きをスケッチしよう．これは，第 I.4 節で扱った系 (I.29) を拡張した質量 m の実スカラー場系である．但し，必要な計算は同節で詳しく説明したものとほぼ同じなので，ここでは要点のみを記す．

まず，このラグランジアンからは，ラグランジュ方程式として

$$(\Box + m^2)\phi(x) = 0 \tag{I.67}$$

が導かれる．これは，**クライン-ゴルドン方程式**（Klein-Gordon equation）と呼ばれ，この方程式の古典解が

$$\phi(x) = \int d^3\tilde{\boldsymbol{k}}\,[\,a(\boldsymbol{k})e^{-ikx} + a^*(\boldsymbol{k})e^{ikx}\,] \tag{I.68}$$

であることは容易に確かめられる．但し，ここでの解の条件は

$$k^0 = \sqrt{\boldsymbol{k}^2 + m^2}$$

或いは同じことだが

$$k^2 = k_\mu k^\mu = m^2$$

である．これより，ϕ に正準共役な運動量 $\pi = \partial\mathscr{L}/\partial\dot{\phi} = \dot{\phi}$ も

$$\pi(x) = \int d^3\tilde{\boldsymbol{k}}\,[\,-ik^0 a(\boldsymbol{k})e^{-ikx} + ik^0 a^*(\boldsymbol{k})e^{ikx}\,] \tag{I.69}$$

と与えられる．

次に，これら二つの古典場に対し，量子化の手続きとして正準交換関係

$$[\,\pi(x),\ \phi(x')\,] = -i\delta^3(\boldsymbol{x} - \boldsymbol{x}') \tag{I.70}$$

及び

$$[\,\pi(x),\ \pi(x')\,] = [\,\phi(x),\ \phi(x')\,] = 0 \tag{I.71}$$

【 $x = (t, \boldsymbol{x}),\ x' = (t, \boldsymbol{x}')$ 】を要請すれば，両者は時刻 t で定義された演算子になり，その運動量展開 (I.68)・(I.69) における展開係数 a と a^* は，それぞれ下記の交換関係を満たす演算子 a 及び $a^\dagger$ として ϕ と π の重要な構成要素を務めることになる：

$$\begin{aligned}
[\,a(\boldsymbol{k}),\ a^\dagger(\boldsymbol{k}')\,] &= (2\pi)^3\, 2k^0\, \delta^3(\boldsymbol{k} - \boldsymbol{k}') \\
[\,a(\boldsymbol{k}),\ a(\boldsymbol{k}')\,] &= [\,a^\dagger(\boldsymbol{k}),\ a^\dagger(\boldsymbol{k}')\,] = 0
\end{aligned} \tag{I.72}$$

$$\phi(x) = \int d^3\tilde{\boldsymbol{k}}\,[\,a(\boldsymbol{k})e^{-ikx} + a^\dagger(\boldsymbol{k})e^{ikx}\,]_{x^0=t} \tag{I.73}$$

$$\pi(x) = \int d^3\tilde{\boldsymbol{k}}\,[\,-ik^0 a(\boldsymbol{k})e^{-ikx} + ik^0 a^\dagger(\boldsymbol{k})e^{ikx}\,]_{x^0=t} \tag{I.74}$$

ここで，$a^\dagger(\boldsymbol{k})$ と $a(\boldsymbol{k})$ が，それぞれ質量 m および運動量 $\boldsymbol{k}$ を持つスカラー粒子の生成演算子・消滅演算子になっていることは，第 I.4 節と全く同様に示すことが出来る．

さて，ここまでは相互作用は一切考えてこなかった．実を言うと，相互作用がある時に系を量子化し必要な量をそれに基づいて計算するのは，自由場の量子論とは大きく異なり極めて難しい．上例の実スカラー場系に $\mathscr{L}_\mathrm{I} = -\lambda\phi^4/4!$ という相互作用項を加えた

$$\mathscr{L}(x) = \frac{1}{2}\partial_\mu\phi(x)\,\partial^\mu\phi(x) - \frac{1}{2}m^2\phi^2(x) - \frac{\lambda}{4!}\phi^4(x) \tag{I.75}$$

というラグランジアンを考えてみよう．これは $\lambda\phi^4$ 模型と呼ばれており，λ は相互作用の強さを特徴づける**結合定数**（Coupling constant）である．このとき，場が従う方程式は

$$(\Box + m^2)\phi(x) = -\frac{\lambda}{3!}\phi^3(x) \tag{I.76}$$

となる．この例が示すように，相互作用の存在により場の運動方程式は一般に

$$(\Box + m^2)\phi(x) = j(x) \tag{I.77}$$

という形に変わる．それでも，この解を

$$\phi(x) = \int d^3\tilde{\boldsymbol{k}}\, q(\boldsymbol{k},t)e^{i\boldsymbol{kx}}$$

と展開すること自体は可能だが，これを (I.77) 式に代入しても，自由場の時のような調和振動子型の微分方程式は得られない．また，全体が実になるように係数 $q(\boldsymbol{k},t)$ を分解して

$$\phi(x) = \int d^3\tilde{\boldsymbol{k}}\,[\,a(\boldsymbol{k},t)e^{-i\boldsymbol{kx}} + a^*(\boldsymbol{k},t)e^{i\boldsymbol{kx}}\,]$$

と書き直しても，$a(\boldsymbol{k},t)$, $a^*(\boldsymbol{k},t)$ の時間依存性は具体的に相互作用の形が与えられないと決定できないし，$\lambda\phi^4$ 模型のように $\mathscr{L}_{\mathrm{I}}$ を決めたとしても，その形は複雑になるため生成消滅演算子のような解釈は無理である．

このため，散乱過程の扱いにおいては，反応の遥か前および後では相互作用の影響は無視できると仮定し，そのような時間領域で系の量子化を行う．反応が起こる時刻を 0 とした場合，相互作用項に $e^{-\epsilon|t|}$ というような因子（但し ϵ は無限小定数）が掛かっていると考えるのである．事実，この因子は，時間が有限の時には単に 1 になってしまうだけだが，$t \to \pm\infty$ では急速に 0 に近づく．これを認めれば，必要な作業は，自由な場の生成演算子から構成された状態ベクトルが相互作用の影響で如何に時間発展するかを調べることとなる．そこで，「量子系の時間発展の記述」を次節の主題とする．

I.7 量子系の時間発展の記述

これまでに繰り返し説明したように，古典場の体系は，ある時刻 t_0 を選び そこで場の量［一般化座標と一般化運動量］の間に同時刻（反）交換関係

$$[\,\pi(x),\ \phi(y)\,]_{x^0=y^0(=t_0)} = -i\delta^3(\boldsymbol{x}-\boldsymbol{y})$$

を設定することで量子場の体系となる．そして，これにより得られた量子場（場の演算子）$\phi(\boldsymbol{x},t_0)$ に含まれる生成消滅演算子を用いれば この時刻における状

態ベクトル $|\Psi(t_0)\rangle$ も確定できる訳だが，物理として重要なのは，このあと体系が時間経過と共に相互作用の影響でどのように変化していくかである．ある場合には，粒子同士が衝突し別の粒子を生成するだろう．或いは，幾つかの粒子が崩壊するかも知れない．ともかく，どんな現象がどんな確率で起こるかを詳しく調べ，それを実験結果と比較することが，系とそこで働く力（相互作用）の性質の理解にとって必要不可欠である．

系の時間発展の代表的な記述法［描像］には **シュレディンガー描像**（Schrödinger picture），**ハイゼンベルク描像**（Heisenberg picture）と **朝永-ディラック描像**（Tomonaga-Dirac picture）［または **相互作用描像**（Interaction picture）］の 3 種類がある．例として，量子化の時刻 t_0 に任意の状態 $|\Psi(t_0)\rangle$ と $|\Phi(t_0)\rangle$ および任意の演算子 $Q(t_0)$ がつくる行列要素 $\langle\Phi(t_0)|Q(t_0)|\Psi(t_0)\rangle$ が如何に時間進行していくか考えてみよう．このような場合，状態ベクトルも演算子もそれぞれ固有の規則に従って変化し 時刻 t での行列要素は $\langle\Phi(t)|Q(t)|\Psi(t)\rangle$ となる，というのが一般的予想だろうが，上記三つの描像は，これを次のように扱う：

- ［シュレディンガー描像］状態ベクトルのみが時間発展し，演算子は不変．
- ［ハイゼンベルク描像］演算子のみが時間発展し，状態ベクトルは不変．
- ［朝永-ディラック描像］状態ベクトル・演算子の両方が，共に時間発展する．

このように，3 描像は正に“三者三様”である．もっとも，各描像間の差は本質的なものではない．それは，単に（異なる座標系から同一の現象を眺めるのと同じく）立場の違いであり，どの方式で物理的な計算を進めようと，上掲の行列要素も含め 常に同じ結果が出るよう三者は関係づけられている．但し，この先 説明するように，摂動計算に最適なのは 朝永-ディラック描像 である．

以下では シュレディンガー描像・ハイゼンベルク描像・朝永-ディラック描像における演算子および状態ベクトルは S・H・T という添字で区別し（但し，どの描像でも同じになる量には何も付けない），基準となる量子化の時刻 t_0 の場

の演算子と状態ベクトルは $\phi_0(\boldsymbol{x})$ 及び $|\Psi_0\rangle$, $|\Phi_0\rangle$ と表すことにする.

1. シュレディンガー描像

この描像では, 演算子には時刻 t_0 での量子化で決まったもの［ $\phi_0(\boldsymbol{x})$ ］のみが使われ, 状態だけが

$$i\frac{\partial}{\partial t}|\Psi(t)\rangle_{\mathrm{S}} = H|\Psi(t)\rangle_{\mathrm{S}} \tag{I.78}$$

に従い変化していく. ここで, 勿論ハミルトニアンも演算子なので $\phi_0(\boldsymbol{x})$ で表されている. この $\phi_0(\boldsymbol{x})$ に含まれる $a^\dagger(\boldsymbol{p})$ が本描像での生成演算子であり, フォック基底もこの生成演算子から構成される. なお, この描像の場の演算子はしばしば $\phi_{\mathrm{S}}(\boldsymbol{x})$ と表されるが, これは $\phi_0(\boldsymbol{x})$ のことである:

$$\phi_{\mathrm{S}}(\boldsymbol{x}) = \phi_0(\boldsymbol{x}) = \int d^3\tilde{\boldsymbol{k}} \left[a(\boldsymbol{k})e^{-ikx} + a^\dagger(\boldsymbol{k})e^{ikx} \right]_{x^0=t_0} \tag{I.79}$$

上掲の微分方程式 (I.78) を $|\Psi(t_0)\rangle_{\mathrm{S}} = |\Psi_0\rangle$ という境界条件の下で解くのがこの描像で必要な作業であるが, その解は

$$|\Psi(t)\rangle_{\mathrm{S}} = e^{-iH(t-t_0)}|\Psi_0\rangle \tag{I.80}$$

あるいは, 時刻 $t_{1,2}$ の状態の関係として

$$|\Psi(t_2)\rangle_{\mathrm{S}} = e^{-iH(t_2-t_0)}|\Psi_0\rangle = e^{-iH(t_2-t_1)}e^{-iH(t_1-t_0)}|\Psi_0\rangle = e^{-iH(t_2-t_1)}|\Psi(t_1)\rangle_{\mathrm{S}}$$

と書ける. 但し, (I.80) は, 相互作用がない自由状態 ($H = H_0$ と表す) なら

$$H_0|\Psi_0\rangle = H_0\, a^\dagger(\boldsymbol{p}_1)a^\dagger(\boldsymbol{p}_2)\cdots|0\rangle = (p_1^0 + p_2^0 + \cdots)|\Psi_0\rangle = E|\Psi_0\rangle$$

【 $E \equiv p_1^0 + p_2^0 + \cdots$ は状態 $|\Psi_0\rangle$ の全エネルギー 】より

$$|\Psi(t)\rangle_{\mathrm{S}} = e^{-iE(t-t_0)}|\Psi_0\rangle$$

と簡単になるが, 相互作用の下では形式的な表現と言わざるを得ない.[♯I.10]

しかし, ともかく (I.80) 式を用いれば, 時刻 t_i において Ψ_i という状態にあ

♯I.10 ここで “形式的” というのは,『確かに (I.80) は方程式 (I.78) を満たしはするものの, 実際には $e^{-iH(t-t_0)}$ が演算子 H の無限級数になるため, これを使っても (相互作用がある場合には) 具体的な計算は簡単には出来ない』という意味である.

った系が時刻 t_f に Ψ_f という状態に遷移する確率振幅 $\mathscr{A}(\Psi_i \to \Psi_f)$ も,（形式的ながら）コンパクトな式で表せる：話を具体的にするために，始状態 Ψ_i と終状態 Ψ_f を それぞれ運動量が $\boldsymbol{p}_1, \boldsymbol{p}_2, \cdots, \boldsymbol{p}_n$ の n 粒子系および $\boldsymbol{q}_1, \boldsymbol{q}_2, \cdots, \boldsymbol{q}_m$ の m 粒子系とすると，対応する状態ベクトルは

$$|\Psi_i\rangle_{\rm S} = a^\dagger(\boldsymbol{p}_1)a^\dagger(\boldsymbol{p}_2)\cdots a^\dagger(\boldsymbol{p}_n)|0\rangle$$
$$|\Psi_f\rangle_{\rm S} = a^\dagger(\boldsymbol{q}_1)a^\dagger(\boldsymbol{q}_2)\cdots a^\dagger(\boldsymbol{q}_m)|0\rangle$$

と与えられ，求める確率振幅は

$$\mathscr{A}_{\rm S}(\Psi_i \to \Psi_f) = {}_{\rm S}\langle\Psi_f|\Psi(t_f)\rangle_{\rm S} = {}_{\rm S}\langle\Psi_f|e^{-iH(t_f-t_i)}|\Psi(t_i)\rangle_{\rm S} \tag{I.81}$$

【但し，ここでは $|\Psi(t_i)\rangle_{\rm S} = |\Psi_i\rangle_{\rm S}$ が初期条件】となる．

なお，通常はシュレディンガー描像での演算子や状態は時刻 $t = 0$ の量として導入されるが，ここでは一般性を保つために $t = t_0$ を基準とした．だから，以下ではしばしば他の教科書と $e^{(-)iHt_0}$ といった因子だけの差が現れる．これが気になる読者は，本書の t_0 を全て 0 と置くか，あるいは，逆に他の教科書の対応する箇所で全ての時間変数 t を $t - t_0$ で置き換えればよい．

2. ハイゼンベルク描像

この描像では,（シュレディンガー描像とは逆に）状態はそのままで演算子の方が時間発展する．但し，すでに述べた通り，どちらの描像に立とうと演算子の行列要素は同じになるように両者は結びついている．従って，本節はじめに登場した $\langle\Phi(t_0)|Q(t_0)|\Psi(t_0)\rangle$ を用いれば，時刻 t において

$$\begin{aligned}\langle\Phi_0|Q_{\rm H}(t)|\Psi_0\rangle &= {}_{\rm S}\langle\Phi(t)|Q(t_0)|\Psi(t)\rangle_{\rm S} \\ &= \langle\Phi_0|e^{iH(t-t_0)}Q(t_0)e^{-iH(t-t_0)}|\Psi_0\rangle\end{aligned} \tag{I.82}$$

つまり，ハイゼンベルク描像での演算子は

$$Q_{\rm H}(t) = e^{iH(t-t_0)}Q(t_0)e^{-iH(t-t_0)} \tag{I.83}$$

あるいは，ここでも時刻 $t_{1,2}$ の関係として表すなら

$$Q_{\rm H}(t_2) = e^{iH(t_2-t_1)} Q_{\rm H}(t_1) e^{-iH(t_2-t_1)}$$

となる．これは，しばしば**ハイゼンベルク演算子**（特に Q が場なら**ハイゼンベルク場**）とも呼ばれる．また，上記 (I.83) 式の両辺を時間微分すると

$$i\frac{\partial}{\partial t} Q_{\rm H}(t) = [\, Q_{\rm H}(t),\ H\,] \tag{I.84}$$

という方程式が得られるが，これは，ハイゼンベルク描像における演算子の時間発展方程式で，**ハイゼンベルク方程式**（Heisenberg equation）と名付けられている．

問題 I.9　ハイゼンベルク方程式 (I.84) を (I.83) 式から実際に計算して導け．

問題 I.10　ハミルトニアンは両描像で同じ $H_{\rm H}(t) = H_{\rm S} = H$ であることを示せ．

この方程式について一つ注意をしておこう：上述のように，シュレディンガー描像との関係に基づいて同方程式を導き出すと，読者諸君には，その意義が強くは感じられないかも知れない．しかし，実際には，このハイゼンベルク方程式は，シュレディンガー描像における (I.78) 式と同じ役割を果たす重要な方程式であり，ここから出発するのがハイゼンベルク描像なのである．

では，ここで再び (I.83) 式に戻り，これを場の演算子に適用すれば

$$\begin{aligned}\phi_{\rm H}(\boldsymbol{x},t) &= e^{iH(t-t_0)}\phi_0(\boldsymbol{x})e^{-iH(t-t_0)}\\ &= \int d^3\tilde{\boldsymbol{k}}\left[\, e^{iH(t-t_0)}a(\boldsymbol{k})e^{-iH(t-t_0)}e^{-ikx} + e^{iH(t-t_0)}a^\dagger(\boldsymbol{k})e^{-iH(t-t_0)}e^{ikx}\,\right]_{x^0=t_0}\end{aligned}$$

となるので，この描像では生成消滅演算子も

$$a^{(\dagger)}(\boldsymbol{k}) \ \to\ a_{\rm H}^{(\dagger)}(\boldsymbol{k},t) = e^{iH(t-t_0)}a^{(\dagger)}(\boldsymbol{k})e^{-iH(t-t_0)} \tag{I.85}$$

と時間発展していくことがわかる．つまり，この描像では，各時刻毎に生成消滅演算子が存在し，[♯I.11] **ある時刻のフォック基底は，その時刻の生成演算子から**

[♯I.11] 但し，実際には，相互作用の下では“生成消滅演算子”という簡単な解釈が出来ないことは I.6 節で説明した通りだが．

構成されることになる．各時刻毎に状態ベクトルの完全系が導入されるという訳である．

特に，相互作用がない場合には (I.39) 式より $[\,H_0,\ a(\boldsymbol{k})\,] = -k^0 a(\boldsymbol{k})$ となるので消滅演算子は

$$
\begin{aligned}
a_{\mathrm{H}}(\boldsymbol{k},t) &= e^{iH_0(t-t_0)}a(\boldsymbol{k})e^{-iH_0(t-t_0)} \\
&= a(\boldsymbol{k}) + i(t-t_0)[\,H_0,\ a(\boldsymbol{k})\,] + \frac{1}{2}i^2(t-t_0)^2[\,H_0,\ [\,H_0,\ a(\boldsymbol{k})\,]\,] + \cdots \\
&= a(\boldsymbol{k})[\,1 + (-ik^0)(t-t_0) + \frac{1}{2}(-ik^0)^2(t-t_0)^2 + \cdots\,] \\
&= a(\boldsymbol{k})e^{-ik^0(t-t_0)}
\end{aligned}
\tag{I.86}
$$

同様に $[\,H_0,\ a^\dagger(\boldsymbol{k})\,] = k^0 a^\dagger(\boldsymbol{k})$ より（或いは，上式両辺のエルミート共役より）生成演算子は

$$
a^\dagger_{\mathrm{H}}(\boldsymbol{k},t) = e^{iH_0(t-t_0)}a^\dagger(\boldsymbol{k})e^{-iH_0(t-t_0)} = a^\dagger(\boldsymbol{k})e^{ik^0(t-t_0)} \tag{I.87}
$$

と変形できて

$$
\phi_{\mathrm{H}}(x) = \int d^3\tilde{\boldsymbol{k}}\,[\,a(\boldsymbol{k})e^{-ikx} + a^\dagger(\boldsymbol{k})e^{ikx}\,] \tag{I.88}
$$

を得るが，これは，正に (I.31) 式において係数 $a(\boldsymbol{k}), a^*(\boldsymbol{k})$ を演算子 $a(\boldsymbol{k}), a^\dagger(\boldsymbol{k})$ で置き換えたものである．従って，I.4 節で与えた時間を含む演算子は，そこでは量子化の時刻に限定のものと強調したが，実は，そのまま任意の時刻に適用することも出来，それは，時間に依存しない生成消滅演算子 $a^{(\dagger)}(\boldsymbol{k})$ で表したハイゼンベルク描像の自由粒子（場）演算子になるのである．

さて，ここまでの説明でわかるように，シュレディンガー描像のところで扱った確率振幅 $\mathscr{A}(\Psi_i \to \Psi_f)$ をこの描像で求めるために必要になる作業は，運動方程式を $\phi_{\mathrm{H}}(x)|_{x^0=t_0} = \phi_0(\boldsymbol{x})$ という境界条件で解き，得られた解から時刻 $t_{i,f}$ での生成演算子 $a^\dagger_{\mathrm{H}}(\boldsymbol{k},t_{i,f})$ を抜き出して始・終状態 $|\Psi_{i,f}\rangle_{\mathrm{H}}$ を

$$
\begin{aligned}
|\Psi_i\rangle_{\mathrm{H}} &= a^\dagger_{\mathrm{H}}(\boldsymbol{p}_1,t_i)a^\dagger_{\mathrm{H}}(\boldsymbol{p}_2,t_i)\cdots a^\dagger_{\mathrm{H}}(\boldsymbol{p}_n,t_i)|0\rangle \\
|\Psi_f\rangle_{\mathrm{H}} &= a^\dagger_{\mathrm{H}}(\boldsymbol{q}_1,t_f)a^\dagger_{\mathrm{H}}(\boldsymbol{q}_2,t_f)\cdots a^\dagger_{\mathrm{H}}(\boldsymbol{q}_m,t_f)|0\rangle
\end{aligned}
$$

と構成していくことである．これにより，ハイゼンベルク描像での確率振幅は

$$\mathscr{A}_{\rm H}(\Psi_i \to \Psi_f) = {}_{\rm H}\langle \Psi_f | \Psi_i \rangle_{\rm H} \tag{I.89}$$

と与えられる．

これと (I.81) 式で示したシュレディンガー描像での確率振幅 $\mathscr{A}_{\rm S}(\Psi_i \to \Psi_f)$ を比較してみよう．(I.85) 式より本描像の生成演算子は

$$a^\dagger_{\rm H}(\boldsymbol{k}, t) = e^{iH(t-t_0)} a^\dagger(\boldsymbol{k}) e^{-iH(t-t_0)} \tag{I.90}$$

だから，始状態は

$$\begin{aligned}
|\Psi_i\rangle_{\rm H} &= a^\dagger_{\rm H}(\boldsymbol{p}_1, t_i) a^\dagger_{\rm H}(\boldsymbol{p}_2, t_i) \cdots a^\dagger_{\rm H}(\boldsymbol{p}_n, t_i)|0\rangle \\
&= e^{iH(t_i-t_0)} a^\dagger(\boldsymbol{p}_1) e^{-iH(t_i-t_0)} \cdots e^{iH(t_i-t_0)} a^\dagger(\boldsymbol{p}_n) e^{-iH(t_i-t_0)}|0\rangle \\
&= e^{iH(t_i-t_0)} a^\dagger(\boldsymbol{p}_1) \cdots a^\dagger(\boldsymbol{p}_n)|0\rangle \\
&= e^{iH(t_i-t_0)} |\Psi_i\rangle_{\rm S}
\end{aligned} \tag{I.91}$$

同様に，終状態は

$$\begin{aligned}
|\Psi_f\rangle_{\rm H} &= a^\dagger_{\rm H}(\boldsymbol{q}_1, t_f) a^\dagger_{\rm H}(\boldsymbol{q}_2, t_f) \cdots a^\dagger_{\rm H}(\boldsymbol{q}_m, t_f)|0\rangle \\
&= e^{iH(t_f-t_0)} |\Psi_f\rangle_{\rm S}
\end{aligned} \tag{I.92}$$

【ここで真空の性質 $|0\rangle_{\rm H} = |0\rangle_{\rm S} = |0\rangle$ 及び $e^{-iHt}|0\rangle = |0\rangle$ を用いた】とシュレディンガー描像の状態で表せる．従って，両描像での確率振幅の関係は

$${}_{\rm H}\langle \Psi_f | \Psi_i \rangle_{\rm H} = {}_{\rm S}\langle \Psi_f | e^{-iH(t_f-t_0)} e^{iH(t_i-t_0)} | \Psi_i \rangle_{\rm S} = {}_{\rm S}\langle \Psi_f | e^{-iH(t_f-t_i)} | \Psi_i \rangle_{\rm S} \tag{I.93}$$

つまり，**どちらの描像で計算しても確率振幅は同じ**という極めて当然の事実

$$\mathscr{A}_{\rm S}(\Psi_i \to \Psi_f) = \mathscr{A}_{\rm H}(\Psi_i \to \Psi_f)$$

が確認できる．

以上のように，この描像でも，時間発展は形式的には $\phi_{\rm H}(x) = e^{iH(t-t_0)}\phi_0(\boldsymbol{x})$ $\times e^{-iH(t-t_0)}$ と書ける訳だが，これを用いても自由状態以外での実際の計算はや

はり不可能に近い．そこで，次に，少なくとも相互作用の寄与が小さい場合に有効な近似になる**摂動**（Perturbation）計算に適した第３の描像が導入される．

3. 朝永-ディラック（相互作用）描像

時刻 $t = t_0$ において，ハミルトニアンを，相互作用を含まない部分 H_0 と相互作用項 $H_{\rm I}$ に分ける：

$$H = H_0 + H_{\rm I} \tag{I.94}$$

シュレディンガー描像では，状態のみが

$$|\Psi(t)\rangle_{\rm S} = e^{-iH(t-t_0)}|\Psi_0\rangle$$

と時間発展し，逆にハイゼンベルク描像では，演算子のみが

$$Q_{\rm H}(t) = e^{iH(t-t_0)}Q(t_0)e^{-iH(t-t_0)}$$

と時間発展するのであるが，ここで両者の中間的な描像を考える．より具体的には，演算子が相互作用 $H_{\rm I}$ を除くハミルトニアン（つまり H_0）に従い

$$Q_{\rm T}(t) = e^{iH_0(t-t_0)}Q(t_0)e^{-iH_0(t-t_0)} \tag{I.95}$$

と変化する描像である．これは，**朝永-ディラック描像**あるいは**相互作用描像**と呼ばれる．要するに，この描像での演算子は，自由ハイゼンベルク場［$H_{\rm I} = 0$ の場合のハイゼンベルク描像の場］と同じ方程式を満たすのである．

問題 I.11　(I.95) 式の $Q_{\rm T}(t)$ に対して，自由ハイゼンベルク場の方程式

$$i\partial Q_{\rm T}(t)/\partial t = [\,Q_{\rm T}(t),\ H_0\,]$$

が成り立つことを確認せよ．

このとき，状態の時間発展については「演算子の行列要素は描像に依らない」という条件から

$$\begin{aligned}{}_{\rm T}\langle\Phi(t)|Q_{\rm T}(t)|\Psi(t)\rangle_{\rm T} &= {}_{\rm S}\langle\Phi(t)|Q(t_0)|\Psi(t)\rangle_{\rm S}\\ &= {}_{\rm T}\langle\Phi(t)|e^{iH_0(t-t_0)}Q(t_0)e^{-iH_0(t-t_0)}|\Psi(t)\rangle_{\rm T}\end{aligned}$$

つまり，

$$|\Psi(t)\rangle_{\rm S} = e^{-iH_0(t-t_0)}|\Psi(t)\rangle_{\rm T} \tag{I.96}$$

或いは

$$|\Psi(t)\rangle_{\rm T} = e^{iH_0(t-t_0)}|\Psi(t)\rangle_{\rm S} = e^{iH_0(t-t_0)}e^{-iH(t-t_0)}|\Psi_0\rangle \tag{I.97}$$

が得られる.[♯I.12] 更に，$|\Psi(t_{1,2})\rangle_{\rm T}$ の関係を直接書くことも出来るが，シュレディンガー描像に比べると少々長くなる：

$$|\Psi(t_2)\rangle_{\rm T} = e^{iH_0(t_2-t_0)}e^{-iH(t_2-t_1)}e^{-iH_0(t_1-t_0)}|\Psi(t_1)\rangle_{\rm T} \tag{I.98}$$

次に，(I.97) を時間微分すれば

$$\begin{aligned} i\frac{\partial}{\partial t}|\Psi(t)\rangle_{\rm T} &= -H_0\, e^{iH_0(t-t_0)}|\Psi(t)\rangle_{\rm S} + e^{iH_0(t-t_0)} i\frac{\partial}{\partial t}|\Psi(t)\rangle_{\rm S} \\ &= -H_0\, e^{iH_0(t-t_0)}|\Psi(t)\rangle_{\rm S} + e^{iH_0(t-t_0)} H|\Psi(t)\rangle_{\rm S} \\ &= e^{iH_0(t-t_0)} H_{\rm I}\, e^{-iH_0(t-t_0)}|\Psi(t)\rangle_{\rm T} \end{aligned}$$

より $H_{\rm I}(t) = e^{iH_0(t-t_0)}H_{\rm I}\, e^{-iH_0(t-t_0)}$ と置いて

$$i\frac{\partial}{\partial t}|\Psi(t)\rangle_{\rm T} = H_{\rm I}(t)|\Psi(t)\rangle_{\rm T} \tag{I.99}$$

を得る．これが，朝永-ディラック描像において状態の時間発展を支配する方程式で，$H_{\rm I}(t)$ は，この描像での相互作用ハミルトニアンである．この方程式は，後でわかるように摂動計算で基本的な役割を果たすことになる．また，これを時間変数 t だけを特別扱いすることのない明白に共変的な形に書き直したものは，**朝永-シュヴィンガー方程式**（Tomonaga-Schwinger equation）という名で知られている［後述の補足 (41 頁) 参照］.

なお，上の方程式は，シュレディンガー描像の $i\partial|\Psi(t)\rangle_{\rm S}/\partial t = H|\Psi(t)\rangle_{\rm S}$ に似ているが，$H_{\rm I}(t)$ 自体が t を含むので形式的にも $|\Psi(t)\rangle_{\rm T} = e^{-iH_{\rm I}(t)(t-t_0)}|\Psi_0\rangle$ などとは解けないことに注意しよう.

さて，この描像でも，始状態・終状態は，ハイゼンベルク描像と同様に時刻

♯I.12 一般には H と H_0 は可換ではないので，ここで $e^{iH_0(t-t_0)}e^{-iH(t-t_0)} = e^{i(H_0-H)(t-t_0)} = e^{-iH_{\rm I}(t-t_0)}$ といった式変形は許されない.

$t_{i,f}$ での $\phi_{\rm T}(x)$ に含まれる生成演算子 $a^\dagger_{\rm T}(\boldsymbol{k}, t_{i,f})$ から構成される：

$$|\Psi_i\rangle_{\rm T} = a^\dagger_{\rm T}(\boldsymbol{p}_1, t_i)a^\dagger_{\rm T}(\boldsymbol{p}_2, t_i)\cdots a^\dagger_{\rm T}(\boldsymbol{p}_n, t_i)|0\rangle$$

$$|\Psi_f\rangle_{\rm T} = a^\dagger_{\rm T}(\boldsymbol{q}_1, t_f)a^\dagger_{\rm T}(\boldsymbol{q}_2, t_f)\cdots a^\dagger_{\rm T}(\boldsymbol{q}_m, t_f)|0\rangle$$

$$a^\dagger_{\rm T}(\boldsymbol{k}, t) = e^{iH_0(t-t_0)}a^\dagger(\boldsymbol{k})e^{-iH_0(t-t_0)}$$

これより，シュレディンガー描像およびハイゼンベルク描像で考察した確率振幅 $\mathscr{A}(\Psi_i \to \Psi_f)$ を本描像で扱うと

$$\begin{aligned}\mathscr{A}_{\rm T}(\Psi_i \to \Psi_f) &= {}_{\rm T}\langle\Psi_f|\Psi(t_f)\rangle_{\rm T} \\ &= {}_{\rm T}\langle\Psi_f|e^{iH_0(t_f-t_0)}e^{-iH(t_f-t_i)}e^{-iH_0(t_i-t_0)}|\Psi_i\rangle_{\rm T}\end{aligned} \tag{I.100}$$

となる．これが $\mathscr{A}_{\rm S,H}(\Psi_i \to \Psi_f)$ に一致することを示すのは容易である．

問題 I.12　この描像での確率振幅について

$$\mathscr{A}_{\rm T}(\Psi_i \to \Psi_f) = \mathscr{A}_{\rm S,H}(\Psi_i \to \Psi_f)$$

が成立することを確認せよ．

それでは，$a^{(\dagger)}_{\rm T}(\boldsymbol{k}, t)$ は，シュレディンガー描像での演算子 $a^{(\dagger)}(\boldsymbol{k})$ とはどんな関係にあるだろうか？ この演算子に (I.95) を適用した

$$a^{(\dagger)}_{\rm T}(\boldsymbol{k}, t) = e^{iH_0(t-t_0)}a^{(\dagger)}(\boldsymbol{k})e^{-iH_0(t-t_0)} \tag{I.101}$$

は (I.90) に似ているが，ここでは時間発展を決めるのは自由ハミルトニアン H_0 である．従って，(I.86)・(I.87) 式と同様に

$$a_{\rm T}(\boldsymbol{k}, t) = a(\boldsymbol{k})e^{-ik^0(t-t_0)}, \quad a^\dagger_{\rm T}(\boldsymbol{k}, t) = a^\dagger(\boldsymbol{k})e^{ik^0(t-t_0)}$$

となるので，結局 $a^\dagger_{\rm T}(\boldsymbol{k}, t_{i,f})$ と $a^\dagger(\boldsymbol{k})$ の差は，それぞれ $e^{\pm ik^0(t_{i,f}-t_0)}$ という因子だけであることがわかる．しかも，これは，絶対値が 1 の単なる位相因子であって $|{}_{\rm T}\langle\Psi_f|\Psi(t_f)\rangle_{\rm T}|$ を求める時には消えてしまう．それ故，両者は，実質的に

は同じ演算子と考えてよい．また，これより，場の演算子も

$$\begin{aligned}\phi_{\mathrm{T}}(x) &= \int d^3\tilde{\boldsymbol{k}}\left[\,a_{\mathrm{T}}(\boldsymbol{k},t)e^{-ikx}+a_{\mathrm{T}}^{\dagger}(\boldsymbol{k},t)e^{ikx}\,\right]_{x^0=t_0}\\ &= \int d^3\tilde{\boldsymbol{k}}\left[\,a(\boldsymbol{k})e^{-ikx}+a^{\dagger}(\boldsymbol{k})e^{ikx}\,\right]\end{aligned} \tag{I.102}$$

と時間に依存しない生成消滅演算子で表すことが出来る．実際の計算では，この $a^{(\dagger)}(\boldsymbol{k})$ による表現が用いられることになる．

最後に，この描像での相互作用ハミルトニアン $H_{\mathrm{I}}(t)$ について，次の点を強調しておこう：ハミルトニアン密度は，(I.16) 式からもわかるように場の演算子とその空間微分の関数（多項式）だから，

$$\begin{aligned}H_{\mathrm{I}}(t) &= e^{iH_0(t-t_0)}H_{\mathrm{I}}\,e^{-iH_0(t-t_0)}\\ &= \int d^3\boldsymbol{x}\,e^{iH_0(t-t_0)}\mathscr{H}_{\mathrm{I}}(\pi(\boldsymbol{x},t_0),\phi(\boldsymbol{x},t_0),\partial_i\phi(\boldsymbol{x},t_0))e^{-iH_0(t-t_0)}\\ &= \int d^3\boldsymbol{x}\,\mathscr{H}_{\mathrm{I}}(\pi_{\mathrm{T}}(\boldsymbol{x},t),\phi_{\mathrm{T}}(\boldsymbol{x},t),\partial_i\phi_{\mathrm{T}}(\boldsymbol{x},t))\end{aligned} \tag{I.103}$$

つまり，$H_{\mathrm{I}}(t)$ は自由ハイゼンベルク演算子だけで表される．これは，本描像の大きな利点と言える：摂動計算の出発点は自由場であり，次章 II.6 節で与える各種自由場の平面波展開および生成消滅演算子が，そのまま $H_{\mathrm{I}}(t)$ の中でも使えるのである．

☆☆☆ 朝永-シュヴィンガー方程式に関する補足 ☆☆☆

ここで，オリジナルな朝永-シュヴィンガー方程式はどんな形の方程式なのか簡単に紹介しておこう：

はじめに (I.99) 式だが，これは，状態 $|\Psi(t)\rangle_{\mathrm{T}}$ の時間変化が $H_{\mathrm{I}}(t)$ で決まること，そして，$H_{\mathrm{I}}(t)$ は $\mathscr{H}_{\mathrm{I}}(x)$ の全空間に亙る積分だから，$|\Psi(t)\rangle_{\mathrm{T}}$ の時間変化には空間全体が寄与するということ，を示している．こう書けば読者は戸惑うかも知れないが，それは，しかし考えてみれば当然である．時間＝一定の条件で確定するのは４次元時空内の（時間軸に直交する）３次元超平面であり，同方程式の左辺は，この無限に広がる面全体の時間進行に関わる量なのだから．

では，そのような超平面上の１点 $\boldsymbol{x}$（の近傍）だけの時間変化を考える場合にも同じように $H_{\mathrm{I}}(t)$ が関与するのだろうか．いや，この超平面上の全ての点は互いに空間的な関係にあり因果性が伴うような影響を及ぼし合うことは不可能なので，こういった局所的変化を支配できるのは，$H_{\mathrm{I}}(t)$ ではなく密度 $\mathscr{H}_{\mathrm{I}}(x)$ の足し算（空間積分）中の“第 $\boldsymbol{x}$ 番目の項”たる $\mathscr{H}_{\mathrm{I}}(x)d^3\boldsymbol{x}$ だけである．

以上の考察を基に，時間一定の超平面ではなく任意の空間的な超曲面 σ を考え，その超曲面上の状態ベクトルを $|\Psi(\sigma)\rangle$ と表そう．この σ 上の点は，皆互いに空間的関係にあるだけでなく時間座標が一般に全て異なる．つまり，この形式では，無限個の時間が共存することになる［**超多時間理論** (Super-many-time theory)］．この σ と点 $\boldsymbol{x}$ の近傍のみ僅かに異なる面を $\sigma + d\sigma$ とすれば，上述のように，両面上の状態ベクトル $|\Psi(\sigma + d\sigma)\rangle$ と $|\Psi(\sigma)\rangle$ の差は $\mathscr{H}_{\mathrm{I}}(x)d^3\boldsymbol{x}$ で決まるのだから，(I.99) は $i\,[\,|\Psi(\sigma + d\sigma)\rangle - |\Psi(\sigma)\rangle\,]/dt = \mathscr{H}_{\mathrm{I}}(x)d^3\boldsymbol{x}\,|\Psi(\sigma)\rangle$ を与える．この両辺を $d^3\boldsymbol{x}$ で割れば左辺分母は $dt\,d^3\boldsymbol{x}$ となるが，これは二つの超曲面が囲む微小領域の４次元的体積 −それを $d\omega(x)$ と表そう− である．そこで，$\delta|\Psi(\sigma)\rangle/\delta\sigma(x) \equiv \lim_{d\omega(x)\to 0}[\,|\Psi(\sigma + d\sigma)\rangle - |\Psi(\sigma)\rangle\,]/d\omega(x)$ と定義してやれば

$$i\frac{\delta}{\delta\sigma(x)}|\Psi(\sigma)\rangle = \mathscr{H}_{\mathrm{I}}(x)|\Psi(\sigma)\rangle \tag{I.104}$$

という方程式が得られる．これが朝永-シュヴィンガー方程式である．超曲面の形自体はローレンツ変換で変化するが「空間的」という面の性質は常に維持されることを思い出せば，上式が (I.99) の一般化になっていると理解できるだろう．なお，この方程式の不変性については，更に説明を要するので省略する．

☆☆☆ ☆☆☆

4. 三つの描像の比較

ここまで説明してきた３描像における，基底ベクトルと系を表現する状態ベクトル（物理的状態ベクトルと呼んでおこう）の時間発展記述について，読者の直感的な理解の助けになるよう，補足説明も兼ねた比較を行ってみよう．

シュレディンガー描像

この描像では，フォック基底は，時間に依存しない生成演算子から

$$|\{\boldsymbol{k}_{1,2,\cdots}\}\rangle \equiv |\boldsymbol{k}_1\boldsymbol{k}_2\cdots\rangle = a^\dagger(\boldsymbol{k}_1)a^\dagger(\boldsymbol{k}_2)\cdots|0\rangle$$

と作られる．この「時間発展しない基底」から「時間発展する物理的状態ベクトル $|\Psi(t)\rangle$」を観測するのが本描像である．しかし，上述の $|\{\boldsymbol{k}_{1,2,\cdots}\}\rangle$ は,「基底ベクトル」という特別な名を持ってはいるが，その性質は他の物理的状態ベクトルと同じであるから，やはり $e^{-iH(t-t_0)}|\{\boldsymbol{k}_{1,2,\cdots}\}\rangle$ という形で時間に依存するはずである．すると,〈基準である基底ベクトル〉も〈追跡される物理的状態ベクトル〉も，共に同じ演算子 $e^{-iH(t-t_0)}$ によって時間発展することになり，意味のある体系の時間変化記述など出来ないように思えてしまう．

このような（ある意味で“尤も”な）疑問が湧いた場合，慌てずに落ち着いて思い出して欲しい本描像の基本事項は,

- 全ての演算子（もちろん生成消滅演算子も含む）は時間発展しない

および，どの時刻においても

- 基底ベクトルは，時間発展しない生成演算子から構成される

という2点である．この規約は,「時刻 t_0 で導入された基底 $|\{\boldsymbol{k}_{1,2,\cdots}\}\rangle$ は時刻 t には $e^{-iH(t-t_0)}|\{\boldsymbol{k}_{1,2,\cdots}\}\rangle$ へと変化してしまうが，その時刻には基底 $|\{\boldsymbol{k}_{1,2,\cdots}\}\rangle$ が（新たに）が作られる」ことを意味する．つまり，運動量 $\boldsymbol{k}_1, \boldsymbol{k}_2, \cdots$ の粒子からなる物理的な系を記述する状態ベクトルは $e^{-iH(t-t_0)}$ により時間発展するが,「基底ベクトルとしての $|\{\boldsymbol{k}_{1,2,\cdots}\}\rangle$ は，実質的には時間に対して固定されている」と見なせる訳である．これにより，冒頭で述べた**「時間発展しない基底」から「時間発展する物理的状態ベクトル」を眺める**という構図が成り立つことになる．図 I.1 は，$\boldsymbol{k}_{1,2,\cdots}$ を離散的に扱って描いた模式図である．

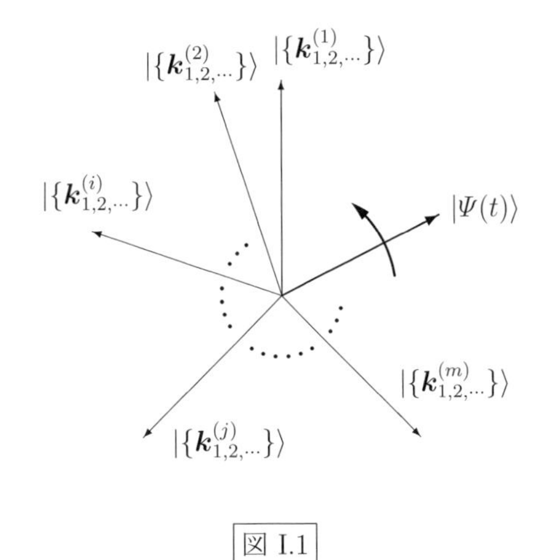

図 I.1

ハイゼンベルク描像

同様の注意は，ハイゼンベルク描像に対しても必要である．この描像では，時刻 t において運動量 $\boldsymbol{k}_1, \boldsymbol{k}_2, \cdots$ を持つ多粒子系の状態ベクトルは，時刻 t での場の演算子に含まれる生成演算子 $a_{\rm H}^\dagger(\boldsymbol{k},t)\,[=e^{iH(t-t_0)}a^\dagger(\boldsymbol{k})e^{-iH(t-t_0)}]$ から

$$|\{\boldsymbol{k}_{1,2,\cdots}\},t\rangle = a_{\rm H}^\dagger(\boldsymbol{k}_1,t)a_{\rm H}^\dagger(\boldsymbol{k}_2,t)\cdots|0\rangle = e^{iH(t-t_0)}a^\dagger(\boldsymbol{k}_1)a^\dagger(\boldsymbol{k}_2)\cdots|0\rangle$$

と作られる.[♯I.13] これは，一見すると $e^{iH(t-t_0)}$ に従う時間依存性を持っており「状態ベクトルは時間変化しない」という本描像の“定義”に反するように思えるが，その判断は正しくない．上記の $|\{\boldsymbol{k}_{1,2,\cdots}\},t\rangle$ は，あくまで（任意ではなく）指定された「t」という時刻の演算子 $a_{\rm H}^\dagger(\boldsymbol{k},t)$ から構成された状態ベクトルで，時間が $t\to t'$ と進行しても，これはそのまま $|\{\boldsymbol{k}_{1,2,\cdots}\},t\rangle$ に留まる．

すると，こんどはシュレディンガー描像とは逆に，基底ベクトルも物理的状態ベクトル $|\Psi\rangle$ も共に変化せず，またしても系の物理的な時間発展が記述できないという窮地に陥るようにも見えてくる．しかし，本描像でも，基底はいつでも“正に観測する時刻”の場の演算子（が含む生成演算子）から構成されることを忘れてはならない．つまり，時刻 t' における基底ベクトルは，$|\{\boldsymbol{k}_{1,2,\cdots}\},t\rangle$ ではなく

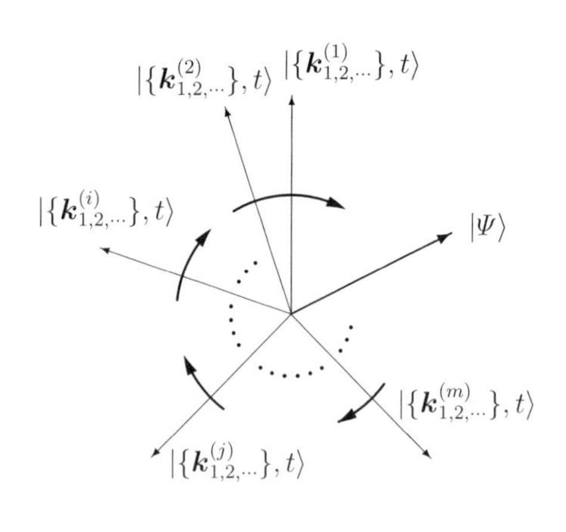

図 I.2

$$|\{\boldsymbol{k}_{1,2,\cdots}\},t'\rangle = a_{\rm H}^\dagger(\boldsymbol{k}_1,t')a_{\rm H}^\dagger(\boldsymbol{k}_2,t')\cdots|0\rangle$$

♯I.13 通常「生成演算子・消滅演算子」と言えば，ハイゼンベルク描像でも「時間発展因子を除いた $a^{(\dagger)}(\boldsymbol{p})$」を指すことが多く，$a_{\rm H}^{(\dagger)}(\boldsymbol{p},t)$ を用いての議論は少々形式的ではある．しかしながら，この描像のイメージ作りには $a_{\rm H}^{(\dagger)}(\boldsymbol{p},t)$ の活用も有効と思われる．

である．これより，状態ベクトルは不変な本描像でも「基底ベクトルだけは（実質的には）時間変化する」と捉えることができ，図 I.2 のように**「時間発展する基底」から「時間発展しない物理的状態ベクトル」を眺める**ことが可能となる．

朝永-ディラック描像

ここまで説明してくれば，シュレディンガー描像とハイゼンベルク描像の中間的な立場である朝永-ディラック描像については，特に詳述の必要もないだろう．本描像では，演算子（基底ベクトル）と物理的状態ベクトルが時間発展の役目を分担し合い，**「ハイゼンベルク描像的に時間発展する基底」から「シュレディンガー描像的に時間発展する物理的状態ベクトル」を描写する**のである（図 I.3）．

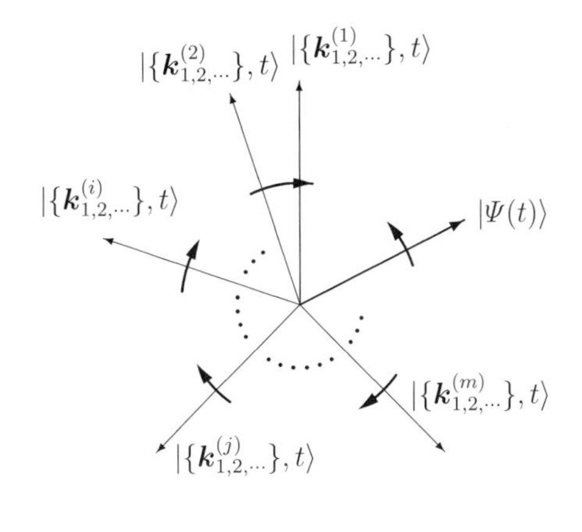

図 I.3

このように，どのベクトルがどのように動くのかは描像毎に異なっても，物理的状態を記述するベクトルと各基底ベクトルの相対的な関係は，どの描像でも同じである．物理的状態ベクトル $|\Psi\rangle$ の中に $|\Psi_f\rangle = |\boldsymbol{q}_1\boldsymbol{q}_2\cdots\rangle$ という成分がどれだけ含まれているかという割合が $|\Psi_i\rangle \to |\Psi_f\rangle$ という遷移の確率を決めることは各描像のところでも説明した通りだが，幾何学的なイメージでは，この割合は $|\Psi\rangle$ という“ベクトル”と“座標軸”を定める各基底ベクトル $|\{\boldsymbol{q}_{1,2,\cdots}\}\rangle$ の“空間的な位置関係”で決まる，ということは明らかだろう．それ故，どの描像でも両者の相対的位置関係が同じということは，まさしく「どの描像において計算しても，状態間の遷移確率は同じ値になる」という事実

$$\mathscr{A}_{\mathrm{S}}(\Psi_i \to \Psi_f) = \mathscr{A}_{\mathrm{H}}(\Psi_i \to \Psi_f) = \mathscr{A}_{\mathrm{T}}(\Psi_i \to \Psi_f)$$

を“視覚的に”表しているのである.

量子場・量子状態の時間発展を記述する３描像の比較表

- 場の演算子

$$\phi_{\mathrm{S}}(\boldsymbol{x}) = \phi_0(\boldsymbol{x}) = \int d^3\tilde{\boldsymbol{k}} \left[a(\boldsymbol{k})e^{-ikx} + a^\dagger(\boldsymbol{k})e^{ikx} \right]_{x^0=t_0}$$

$$\phi_{\mathrm{H}}(x) = \int d^3\tilde{\boldsymbol{k}} \left[a_{\mathrm{H}}(\boldsymbol{k},t)e^{-ikx} + a_{\mathrm{H}}^\dagger(\boldsymbol{k},t)e^{ikx} \right]_{x^0=t_0}$$
$$a_{\mathrm{H}}^{(\dagger)}(\boldsymbol{k},t) = e^{iH(t-t_0)}a^{(\dagger)}(\boldsymbol{k})e^{-iH(t-t_0)}$$

$$\begin{aligned}\phi_{\mathrm{T}}(x) &= \int d^3\tilde{\boldsymbol{k}} \left[a_{\mathrm{T}}(\boldsymbol{k},t)e^{-ikx} + a_{\mathrm{T}}^\dagger(\boldsymbol{k},t)e^{ikx} \right]_{x^0=t_0} \\ &= \int d^3\tilde{\boldsymbol{k}} \left[a(\boldsymbol{k})e^{-ikx} + a^\dagger(\boldsymbol{k})e^{ikx} \right]\end{aligned}$$
$$a_{\mathrm{T}}^{(\dagger)}(\boldsymbol{k},t) = e^{iH_0(t-t_0)}a^{(\dagger)}(\boldsymbol{k})e^{-iH_0(t-t_0)}$$

- 状態 Ψ_i（時刻 t_i）$\rightarrow$ 状態 Ψ_f（時刻 t_f）という遷移の確率振幅

$$\mathscr{A}_{\mathrm{S}}(\Psi_i \rightarrow \Psi_f) = {}_{\mathrm{S}}\langle\Psi_f|\Psi(t_f)\rangle_{\mathrm{S}} = {}_{\mathrm{S}}\langle\Psi_f|e^{-iH(t_f-t_i)}|\Psi_i\rangle_{\mathrm{S}}$$

$$\mathscr{A}_{\mathrm{H}}(\Psi_i \rightarrow \Psi_f) = {}_{\mathrm{H}}\langle\Psi_f|\Psi_i\rangle_{\mathrm{H}}$$

$$\begin{aligned}\mathscr{A}_{\mathrm{T}}(\Psi_i \rightarrow \Psi_f) &= {}_{\mathrm{T}}\langle\Psi_f|\Psi(t_f)\rangle_{\mathrm{T}} \\ &= {}_{\mathrm{T}}\langle\Psi_f|e^{iH_0(t_f-t_0)}e^{-iH(t_f-t_i)}e^{-iH_0(t_i-t_0)}|\Psi_i\rangle_{\mathrm{T}}\end{aligned}$$

但し,

$$\begin{aligned}|\Psi\rangle_{\mathrm{S}} &= a^\dagger(\boldsymbol{p}_1)\cdots a^\dagger(\boldsymbol{p}_n)\cdots|0\rangle \\ |\Psi\rangle_{\mathrm{H}} &= a_{\mathrm{H}}^\dagger(\boldsymbol{p}_1,t)\cdots a_{\mathrm{H}}^\dagger(\boldsymbol{p}_n,t)\cdots|0\rangle \\ |\Psi\rangle_{\mathrm{T}} &= a_{\mathrm{T}}^\dagger(\boldsymbol{p}_1,t)\cdots a_{\mathrm{T}}^\dagger(\boldsymbol{p}_n,t)\cdots|0\rangle\end{aligned}$$

II. 摂動計算の基礎と場の演算子

II.1 摂動論で計算する量

素粒子の世界を探るときに我々が取り組む課題は，**散乱**（Scattering）［または**衝突**（Collision）］過程や**束縛状態**（Bound state）の解析である．特に，高エネルギー加速器実験などは前者の典型的な研究手段であり，構造を持たない**レプトン**（Lepton）の**崩壊**（Decay）分析なども仲間に含めていいだろう．これは，二つの粒子 P_1 と P_2 が衝突し m 個の粒子 P'_1, P'_2, $\cdots$, P'_m を生成するような反応や，一つの粒子 P が n 個の粒子に壊れていくような現象（n 体崩壊）を通じて進められる．これに対し，後者は，陽子や中間子などの**ハドロン**（Hadron）が**クォーク**（Quark）からどのように構成されているか，といった問題の解明であり，また，ハドロンの散乱・崩壊もこの束縛問題と無関係ではない．

しかしながら，複合粒子の構造を調べる場合には I.6 節で述べた「$t \to \pm\infty$ で相互作用が消える」という仮定は許されず，結果としてその取り扱いは大変複雑で難しくなる．このような理由により，本書では「束縛問題が絡まない散乱ならびに崩壊過程の摂動計算」に話題を限定することとする．

実際の実験では，始状態に運動量が揃った粒子群を準備して衝突もしくは崩壊を起こさせ，反応後の終状態でもやはり運動量が確定した生成粒子群を追跡する，というのが標準的な流れである．そして，そこから重要な情報を抽出するためには，関与する量子場から生成演算子を抜き出し，反応記述に必要な全ての状態ベクトルを構成して始状態から終状態への遷移確率振幅 $\mathscr{A}(\Psi_i \to \Psi_f)$ を求め，それを実験データと詳細に比較し解析するという作業が必要となる．

II.2 場の理論でのS行列

上述の作業を系統的・定量的に進める上で極めて重要な役割を担うのが**S行列** (S matrix) という名の演算子である．$\mathscr{A}(\Psi_i \to \Psi_f)$ の計算は，時刻 $t = t_i = -\infty$ の始状態 Ψ_i［反応前の自由状態］が力の場との相互作用で時刻 $t = t_f = +\infty$ にどのような終状態 Ψ_f［反応後の自由状態］へ転換されるか，を調べる形で行われる.[♯II.1] そこで，量子化の時刻 t_0 を $t = t_i$ に採ることとすれば，散乱の始状態 $|P_1(\boldsymbol{p}_1)P_2(\boldsymbol{p}_2)\rangle$ は場 $\phi_0(\boldsymbol{x}) = \phi(\boldsymbol{x}, t_i)$ の生成演算子を用いて $a_1^\dagger(\boldsymbol{p}_1)a_2^\dagger(\boldsymbol{p}_2)|0\rangle$ と，また，崩壊の始状態 $|P(\boldsymbol{p})\rangle$ は $a^\dagger(\boldsymbol{p})|0\rangle$ と作られる．これらの状態が時刻 $t = +\infty$ で如何に変化しているかを定量的に表すのがS行列である．

はじめに，シュレディンガー描像で考えてみよう（但し，添字Sは略す）．すでに説明したように，この描像では，状態の変化を表す方程式は

$$i\frac{\partial}{\partial t}|\Psi(t)\rangle = H|\Psi(t)\rangle$$

である．これを $|\Psi(t = t_i)\rangle = |\Psi_i\rangle$ という境界条件で解くと，(形式的ながら）時刻 $t = t_f(= +\infty)$ における状態が

$$|\Psi(t_f)\rangle = e^{-iH(t_f - t_i)}|\Psi_i\rangle \tag{II.1}$$

と得られ，これより $\Psi_i \to \Psi_f$ という遷移の確率振幅は次のように与えられる：

$$\mathscr{A}(\Psi_i \to \Psi_f) = \langle\Psi_f|\Psi(t_f)\rangle = \langle\Psi_f|e^{-iH(t_f - t_i)}|\Psi_i\rangle \tag{II.2}$$

では，ここで仮に相互作用が全くなかったとしてみよう．すると，系が始めに定常状態にあれば，それ以後何の変化も起こらず $|\Psi_i\rangle \to |\Psi_f\rangle$ の確率振幅も単に $\langle\Psi_f|\Psi_i\rangle$ のはずだが，実際に上式において $H_\mathrm{I} = 0$ つまり $H = H_0$ とすると $|\Psi_i\rangle$ のエネルギーを E_i として

♯II.1 始めの時刻が $t = -\infty$ で終りの時刻が $t = +\infty$ と言っても，もちろん数学的な意味での無限大などではない．しかしながら，反応は正に一瞬のうちに起こるので，実質的には非常によい近似でこのように扱うことが出来る．

$$\langle\Psi_f|e^{-iH_0(t_f-t_i)}|\Psi_i\rangle = e^{-iE_i(t_f-t_i)}\langle\Psi_f|\Psi_i\rangle$$

となり，$e^{-iE_i(t_f-t_i)}$ という余計な因子が出てしまう．これは $|\langle\Psi_f|\Psi(t_f)\rangle|$ の計算には効かない単なる位相因子だが，それでも無い方が自然だろう．そこで，この因子を取り除くために，$e^{iH_0(t_f-t_i)}$ という演算子を用いて

$$S = e^{iH_0(t_f-t_i)}e^{-iH(t_f-t_i)} \tag{II.3}$$

と定義すれば，これは系の $|\Psi_i\rangle \to |\Psi(t_f)\rangle$ という時間発展を記述し，かつ $H_{\rm I}=0$ の時には

$$S = 1$$

つまり，上述の位相因子を出さない演算子となる．これが，摂動論的な場の理論で中心的な役割を果たすS行列演算子である．上の定義より，この S が

$$SS^\dagger = 1 \tag{II.4}$$

を満たす，つまりユニタリ演算子であることは明らかだろう．

このS行列は，**漸近場**（Asymptotic field）という概念に基づくなら，もっとエレガントに定式化できる．これについて簡単に説明しておこう．但し，厳密な議論には立ち入らないことにする．こんどの出発点はハイゼンベルク場 $\phi(x)$ である．時刻 $t\to\pm\infty$ では，束縛状態を考えない限り各粒子はお互い遠く離れ自由な状態になっている訳だから，$\phi(x)$ も，ある自由ハイゼンベルク場に一致するはずである．そのような自由ハイゼンベルク場を漸近場と呼び，$t\to-\infty$，$t\to+\infty$ に対応してそれぞれ $\phi_{\rm in}(x)$, $\phi_{\rm out}(x)$ と表す：

$$\lim_{t\to-\infty}[\,\phi(x)-\phi_{\rm in}(x)\,]=0, \quad \lim_{t\to+\infty}[\,\phi(x)-\phi_{\rm out}(x)\,]=0 \tag{II.5}$$

この漸近場を，時間因子を含まない生成消滅演算子で表現した (I.88) 式のように

$$\phi_{\rm in}(x) = \int d^3\tilde{\boldsymbol{p}}\,[\,a_{\rm in}(\boldsymbol{p})e^{-ipx} + a^\dagger_{\rm in}(\boldsymbol{p})e^{ipx}\,] \tag{II.6}$$

$$\phi_{\rm out}(x) = \int d^3\tilde{\boldsymbol{p}}\,[\,a_{\rm out}(\boldsymbol{p})e^{-ipx} + a^\dagger_{\rm out}(\boldsymbol{p})e^{ipx}\,] \tag{II.7}$$

と展開し，そこに含まれる生成演算子 $a^{\dagger}_{\rm in}(\boldsymbol{p})$ から構成される状態を $|\Psi,{\rm in}\rangle$，同様に $a^{\dagger}_{\rm out}(\boldsymbol{p})$ から成る状態を $|\Psi,{\rm out}\rangle$ のように書く．これを用いて $|\alpha,{\rm in}\rangle\to|\beta,{\rm out}\rangle$ という変化を記述するS行列，正確には その $(\beta\alpha)$ 成分が

$$S_{\beta\alpha}=\langle\beta,{\rm out}|\alpha,{\rm in}\rangle \tag{II.8}$$

と，また，S行列演算子が

$$\langle\beta,{\rm out}|=\langle\beta,{\rm in}|S \tag{II.9}$$

と定義されるのである．

では，このように導入されたS行列演算子は $S=e^{iH_0(t_f-t_i)}e^{-iH(t_f-t_i)}$ と同じものだろうか？ これを確かめるために，まず，$\phi_{\rm in}(x)$ と $\phi_{\rm out}(x)$ の関係を調べよう．ハイゼンベルク演算子の時間発展式

$$\phi(\boldsymbol{x},t_2)=e^{iH(t_2-t_1)}\phi(\boldsymbol{x},t_1)e^{-iH(t_2-t_1)}$$

の両辺で $t_1=t_i\,(=-\infty)$，$t_2=t_f\,(=+\infty)$ と置けば，$\phi_{\rm in,\,out}$ の定義より

$$\phi(\boldsymbol{x},t_i)=\phi_{\rm in}(\boldsymbol{x},t_i),\qquad \phi(\boldsymbol{x},t_f)=\phi_{\rm out}(\boldsymbol{x},t_f)$$

だから，両者は

$$\phi_{\rm out}(\boldsymbol{x},t_f)=e^{iH(t_f-t_i)}\phi_{\rm in}(\boldsymbol{x},t_i)e^{-iH(t_f-t_i)} \tag{II.10}$$

と結ばれる．一方，$\phi_{\rm in}(x)$ という自由ハイゼンベルク場自身の時間発展は H_0 で決まるから

$$\phi_{\rm in}(\boldsymbol{x},t_i)=e^{-iH_0(t_f-t_i)}\phi_{\rm in}(\boldsymbol{x},t_f)e^{iH_0(t_f-t_i)} \tag{II.11}$$

と書ける［ここでは $\phi_{\rm in}(\boldsymbol{x},t_f)$ を用いて $\phi_{\rm in}(\boldsymbol{x},t_i)$ を表していることに注意］．これを上の (II.10) 式右辺に代入すれば

$$\begin{aligned}\phi_{\rm out}(\boldsymbol{x},t_f)&=e^{iH(t_f-t_i)}e^{-iH_0(t_f-t_i)}\phi_{\rm in}(\boldsymbol{x},t_f)e^{iH_0(t_f-t_i)}e^{-iH(t_f-t_i)}\\&=\left[\,e^{iH_0(t_f-t_i)}e^{-iH(t_f-t_i)}\,\right]^{-1}\phi_{\rm in}(\boldsymbol{x},t_f)e^{iH_0(t_f-t_i)}e^{-iH(t_f-t_i)}\end{aligned}$$

これより 生成消滅演算子 $a_{\rm in}(\boldsymbol{p})$ と $a_{\rm out}(\boldsymbol{p})$ の関係

$$a_{\rm out}(\boldsymbol{p}) = [\, e^{iH_0(t_f-t_i)}e^{-iH(t_f-t_i)}\,]^{-1}a_{\rm in}(\boldsymbol{p})e^{iH_0(t_f-t_i)}e^{-iH(t_f-t_i)} \tag{II.12}$$

が導かれる．一方，漸近場によるS行列の定義 (II.9) に基づけば

- $\langle\beta,{\rm out}|a_{\rm out}(\boldsymbol{p})|\alpha,{\rm in}\rangle = \langle\beta,{\rm in}|Sa_{\rm out}(\boldsymbol{p})|\alpha,{\rm in}\rangle$
- $\langle\beta,{\rm out}|a_{\rm out}(\boldsymbol{p})|\alpha,{\rm in}\rangle = \langle\beta\,\boldsymbol{p},{\rm out}|\alpha,{\rm in}\rangle$

$$= \langle\beta\,\boldsymbol{p},{\rm in}|S|\alpha,{\rm in}\rangle = \langle\beta,{\rm in}|a_{\rm in}(\boldsymbol{p})S|\alpha,{\rm in}\rangle$$

より $\langle\beta,{\rm in}|Sa_{\rm out}(\boldsymbol{p})|\alpha,{\rm in}\rangle = \langle\beta,{\rm in}|a_{\rm in}(\boldsymbol{p})S|\alpha,{\rm in}\rangle$ という等式を得るが，ここで $|\alpha,{\rm in}\rangle$ も $|\beta,{\rm in}\rangle$ も任意の状態でよいのだから $Sa_{\rm out}(\boldsymbol{p}) = a_{\rm in}(\boldsymbol{p})S$，すなわち

$$a_{\rm out}(\boldsymbol{p}) = S^{-1}a_{\rm in}(\boldsymbol{p})S \tag{II.13}$$

従って，(II.12) 式と (II.13) 式を比べれば，確かに漸近場による定義においても

$$S = e^{iH_0(t_f-t_i)}e^{-iH(t_f-t_i)}$$

が成立していることが見て取れる.[♯II.2]

なお，$\langle\beta,{\rm in}|S|\alpha,{\rm in}\rangle$ においては $|\alpha,{\rm in}\rangle$, $|\beta,{\rm in}\rangle$ 共に $a_{\rm in}(\boldsymbol{p})$ から構成されているが，ここまでの説明からわかるように，それは実質的にはシュレディンガー描像の演算子 $a(\boldsymbol{p})$ に等しい．また，$a_{\rm out}(\boldsymbol{p})$ も $a_{\rm in}(\boldsymbol{p})$ とは S による変換の分だけの差はあるが，やはりその性質は $a(\boldsymbol{p})$ と同じであることは明らかである．従って，漸近場による議論と言っても特に緊張して身構える必要などはない．但し，(II.3) でS行列演算子を導入した時には，H_0 による時間因子を “手で” 持ち込んだのに対し，ここでは首尾一貫して漸近場を用いたお蔭で，自然な流れに乗って同じ定義に到達できたことは理解しておきたい．

これ以降は，$\Psi_i \to \Psi(t_f)$ という状態の時間発展および $\Psi_i \to \Psi_f$ という遷移の確率振幅 $\mathscr{A}$ としては，それぞれ (II.1) と (II.2) ではなく，そこから観測には全

♯II.2 例えば巻末に挙げた Greiner-Rheinhardt の教科書に従えば $S = e^{iH_0t_f}e^{-iH(t_f-t_i)}e^{-iH_0t_i}$ となるが，これは $t=0$ が基準（量子化の時刻）として選ばれているからである．本節のように $t=t_i$ を出発点とするなら，I.7 節 1 の末尾（34 頁）で述べた注意に従い 全ての時間変数 t（t_i, t_f なども含む）は $t-t_i$ で置き換えられ，その結果 本書と同じ式になる．

く影響を与えない位相因子を除いた

$$|\Psi(t_f)\rangle = S|\Psi_i\rangle\ (= e^{iH_0(t_f-t_i)}e^{-iH(t_f-t_i)}|\Psi_i\rangle\ ) \tag{II.14}$$

$$\mathscr{A}(\Psi_i \to \Psi_f) = \langle\Psi_f|\Psi(t_f)\rangle\ (= \langle\Psi_f|S|\Psi_i\rangle\ ) \tag{II.15}$$

を用いることにする【 $|\Psi_{i,f}\rangle$ は共に時間に依存しない $a(\boldsymbol{p})$ から構成される】. この変更は，勿論これまで考えてきた物理量には何の本質的影響も与えない.

II.3 伝播関数と時間順序積

摂動計算で不可欠な役割を果たすもう一つの量は，**ファインマン伝播関数** (Feynman propagator：以後「伝播関数」と略すが「プロパゲータ」とも呼ばれる）である．これは，スカラー場の場合には $\Delta_{\rm F}(x)$ と表され，

$$\Delta_{\rm F}(x-y) = i\langle 0|{\rm T}\phi(x)\phi(y)|0\rangle \tag{II.16}$$

と定義される.[♯II.3] ここで，$\phi(x)$ には相互作用を含めたハイゼンベルク場を用いることもあるが，摂動計算には不要なので本書は自由ハイゼンベルク場を採る．また,「T」は，それに続く時間依存演算子を時間順に並べ直して掛け合わせることを意味し，その積は**時間順序積**（Time-ordered product / Chronological product）あるいは**T積**と呼ばれる．例えば，三つの演算子 $A(x), B(y), C(z)$ において時間変数の間に $z^0 > y^0 > x^0$ という大小関係があるなら

$${\rm T}[\,A(x)B(y)C(z)\,] = C(z)B(y)A(x)$$

である．但し，これはボース統計に従う演算子の例であり，フェルミ統計演算子の場合には「順序を 1 回交換する度にマイナス符号を付与」という規則が加わるため（この例の場合なら）右辺は $-C(z)B(y)A(x)$ となる.

[♯II.3] $\Delta_{\rm F}$ の定義には逆符号や i を除く流儀もある. (II.16) の右辺が実際に $x-y$ にしか依存しないことは，$\phi(x)$ と $\phi(y)$ に (I.102) を代入することで確認できる［後述の (II.22) 式参照］.

このT積は，任意の x^0, y^0, z^0 に対しては階段関数 $\theta(x)$ を用いて

$$
\begin{aligned}
&\mathrm{T}[\,A(x)B(y)C(z)\,]\\
&\quad = A(x)B(y)C(z)\theta(x^0-y^0)\theta(y^0-z^0) + A(x)C(z)B(y)\theta(x^0-z^0)\theta(z^0-y^0)\\
&\quad + B(y)A(x)C(z)\theta(y^0-x^0)\theta(x^0-z^0) + B(y)C(z)A(x)\theta(y^0-z^0)\theta(z^0-x^0)\\
&\quad + C(z)A(x)B(y)\theta(z^0-x^0)\theta(x^0-y^0) + C(z)B(y)A(x)\theta(z^0-y^0)\theta(y^0-x^0)
\end{aligned}
$$

と表せ【階段関数は $\theta(x>0)=1$, $\theta(x=0)=1/2$, $\theta(x<0)=0$ と定義され，微分するとデルタ関数になるという性質を持つ（viii 頁の記法も参照）】，更に，これは任意個数の演算子積へと一般化することも出来る：

$$
\begin{aligned}
&\mathrm{T}[\,A_1(x_1)A_2(x_2)\cdots A_n(x_n)\,]\\
&\quad = \sum_P A_{p(1)}(x_{p(1)})A_{p(2)}(x_{p(2)})\cdots A_{p(n)}(x_{p(n)})\\
&\qquad \times \theta(x^0_{p(1)}-x^0_{p(2)})\theta(x^0_{p(2)}-x^0_{p(3)})\cdots\theta(x^0_{p(n-1)}-x^0_{p(n)}) \qquad (\mathrm{II}.17)
\end{aligned}
$$

ここで $\sum_P$ は (I.50) と同じ和を意味するが，この場合の $\{\,p(1), p(2), \cdots, p(n)\,\}$ は $\{1, 2, \cdots, n\}$ の並べ替えであり，従って項の総数は $n!$ である．

上で導入した $\Delta_{\mathrm{F}}(x)$ は，$\phi(x)$ がクライン-ゴルドン方程式 $(\Box+m^2)\phi(x)=0$ を満たす場なら，クライン-ゴルドン演算子 $(\Box+m^2)$ のグリーン（Green）関数にもなっている：

$$
(\Box+m^2)\Delta_{\mathrm{F}}(x) = \delta^4(x) \qquad (\mathrm{II}.18)
$$

実際，

$$
\begin{aligned}
\partial^\mu \mathrm{T}[\,\phi(x)\phi(0)\,] &= \partial^\mu[\,\phi(x)\phi(0)\theta(x^0) + \phi(0)\phi(x)\theta(-x^0)\,]\\
&= [\partial^\mu\phi(x)]\phi(0)\theta(x^0) + \phi(x)\phi(0)\partial^\mu\theta(x^0)\\
&\quad + \phi(0)[\partial^\mu\phi(x)]\theta(-x^0) + \phi(0)\phi(x)\partial^\mu\theta(-x^0)
\end{aligned}
$$

において，量子化条件の同時刻交換関係および $d\theta(x)/dx=\delta(x)$ を用いると

$$
\begin{aligned}
\text{右辺第2項}+\text{第4項} &= \delta_{\mu 0}[\,\phi(x)\phi(0)\delta(x^0) - \phi(0)\phi(x)\delta(x^0)\,]\\
&= \delta_{\mu 0}\delta(x^0)[\,\phi(x),\ \phi(0)\,] = 0
\end{aligned}
$$

となるので $\Box \mathrm{T}[\,\phi(x)\phi(0)\,]$ は

$$\begin{aligned}\Box \mathrm{T}[\,\phi(x)\phi(0)\,] &= \partial_\mu \partial^\mu \mathrm{T}[\,\phi(x)\phi(0)\,] \\ &= [\Box\phi(x)]\phi(0)\theta(x^0) + [\partial^\mu\phi(x)]\phi(0)\partial_\mu\theta(x^0) \\ &\quad + \phi(0)[\Box\phi(x)]\theta(-x^0) + \phi(0)[\partial^\mu\phi(x)]\partial_\mu\theta(-x^0)\end{aligned}$$

と変形でき，これより導かれる関係

$$\begin{aligned}&(\Box + m^2)\mathrm{T}[\,\phi(x)\phi(0)\,] \\ &= [(\Box + m^2)\phi(x)]\phi(0)\theta(x^0) + [\partial^\mu\phi(x)]\phi(0)\partial_\mu\theta(x^0) \\ &\quad + \phi(0)[(\Box + m^2)\phi(x)]\theta(-x^0) + \phi(0)[\partial^\mu\phi(x)]\partial_\mu\theta(-x^0) \\ &= [\partial^\mu\phi(x)]\phi(0)\partial_\mu\theta(x^0) + \phi(0)[\partial^\mu\phi(x)]\partial_\mu\theta(-x^0) \\ &= [\partial^0\phi(x)]\phi(0)\delta(x^0) - \phi(0)[\partial^0\phi(x)]\delta(x^0) = \dot\phi(x)\phi(0)\delta(x^0) - \phi(0)\dot\phi(x)\delta(x^0) \\ &= [\,\pi(x),\ \phi(0)\,]\delta(x^0) = -i\delta^3(\boldsymbol{x})\delta(x^0) = -i\delta^4(x)\end{aligned}$$

を真空状態で挟んで (Ⅱ.18) 式が得られる．

さて，摂動計算に頻繁に顔を出すのは，$\Delta_{\mathrm{F}}(x-y)$ よりもそのフーリエ展開

$$\Delta_{\mathrm{F}}(q) = \int d^4(x-y)\, e^{iq(x-y)} \Delta_{\mathrm{F}}(x-y) \tag{Ⅱ.19}$$

の方である．複素積分により，これは

$$\Delta_{\mathrm{F}}(q) = \frac{1}{m^2 - q^2 - i\varepsilon} \tag{Ⅱ.20}$$

となること，[♯Ⅱ.4] あるいは同じことだが

$$\Delta_{\mathrm{F}}(x-y) = \frac{1}{(2\pi)^4}\int d^4p\, \frac{e^{-ip(x-y)}}{m^2 - p^2 - i\varepsilon} \tag{Ⅱ.21}$$

が成立することを示すことが出来る．但し，$\varepsilon\,(>0)$ は，すべての計算が完了したら 0 と置く微小定数（無限小定数）である．[♯Ⅱ.5]

♯Ⅱ.4 ここの 4 元運動量 q には何の制限も付いていないため，一般には $q^2 \neq m^2$ である．このような状態はオフシェル（Off shell）と言われる．一方，直接観測にかかる粒子の運動量は当然 $q^2 = m^2$ を満たさなければならない．そのような状態はオンシェル（On shell）と呼ばれる．

♯Ⅱ.5 ε は無限小定数なので，これに有限の因子を掛けたものも同じく ε と書かれる．

それを実行するには，まず，(II.21) 左辺の Δ_{F} に（その定義式を通じて）ϕ の平面波展開を代入する．すると，真空状態で挟まれ aa, $a^\dagger a$, $a^\dagger a^\dagger$ 項は皆 0 になり

$$\begin{aligned}\Delta_{\mathrm{F}}(x-y) &= i\langle 0|\mathrm{T}\phi(x)\phi(y)|0\rangle \\ &= i\langle 0|\phi(x)\phi(y)|0\rangle\,\theta(x^0-y^0) + i\langle 0|\phi(y)\phi(x)|0\rangle\,\theta(y^0-x^0) \\ &= i\int d^3\tilde{\boldsymbol{p}}\,d^3\tilde{\boldsymbol{q}}\,\Big[\langle 0|a(\boldsymbol{p})a^\dagger(\boldsymbol{q})|0\rangle\,e^{-i(px-qy)}\theta(x^0-y^0) \\ &\qquad + \langle 0|a(\boldsymbol{q})a^\dagger(\boldsymbol{p})|0\rangle\,e^{i(px-qy)}\theta(y^0-x^0)\Big] \\ &= i\int d^3\tilde{\boldsymbol{p}}\,\Big[e^{-ip(x-y)}\theta(x^0-y^0) + e^{ip(x-y)}\theta(y^0-x^0)\Big] \end{aligned} \tag{II.22}$$

という 3 次元運動量積分の形になる．次に，(II.21) 右辺の被積分関数

$$e^{-ip(x-y)}/(m^2-p^2-i\varepsilon)$$

は，p^0 複素平面上で図 II.1 のような点 $p^0 = p^0_{1,2} \equiv \pm\sqrt{\boldsymbol{p}^2+m^2} \mp i\varepsilon$ に極を持ち，また，$x^0 < y^0$ ならその上半面［$\mathrm{Im}\,p^0 > 0$］，$x^0 > y^0$ なら下半面［$\mathrm{Im}\,p^0 < 0$］それぞれ（$x^0 = y^0$ なら両方）の無限遠方 $|p^0| \to +\infty$ で $|p^0|$ の逆数より速く 0 になる，ということを確認する．この性質のお蔭で，$x^0 - y^0$ の符号に応じ

$$\int \frac{d^4p}{(2\pi)^4}\,\frac{e^{-ip(x-y)}}{m^2-p^2-i\varepsilon} \equiv -\int \frac{d^3\boldsymbol{p}}{(2\pi)^4}\,e^{i\boldsymbol{p}(\boldsymbol{x}-\boldsymbol{y})}\int_{-\infty}^{+\infty} dp^0\,\frac{e^{-ip^0(x^0-y^0)}}{(p^0-p^0_1)(p^0-p^0_2)}$$

の p^0 積分路は（積分値は変えず）半径無限大の上半円・下半円一周へ拡張で

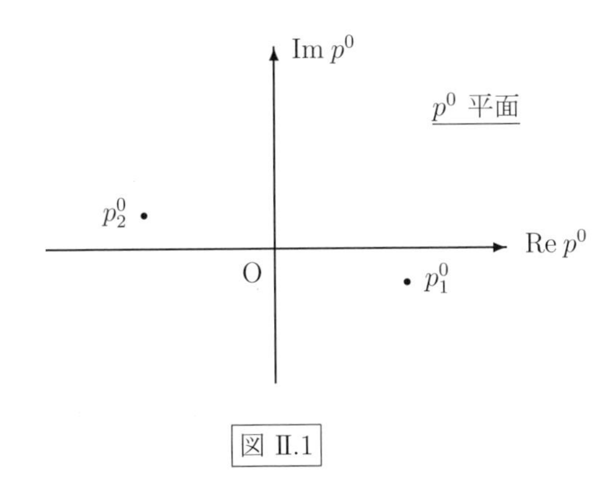

図 II.1

きる (図 II.2). あとは，そこに任意の解析関数 (f) が満たすコーシー (Cauchy) の積分公式

$$f(a) = \frac{1}{2\pi i} \oint_C dz \, \frac{f(z)}{z-a}$$

【a は f の定義域内の任意の点，積分路 C は a を囲む閉曲線で反時計回りが正の向き】を適用すればよい ($x^0 = y^0$ ならどちらの経路でも計算可能). 結果は (II.22) に一致する. それは正に (II.21) 式の両辺が等しいということである.

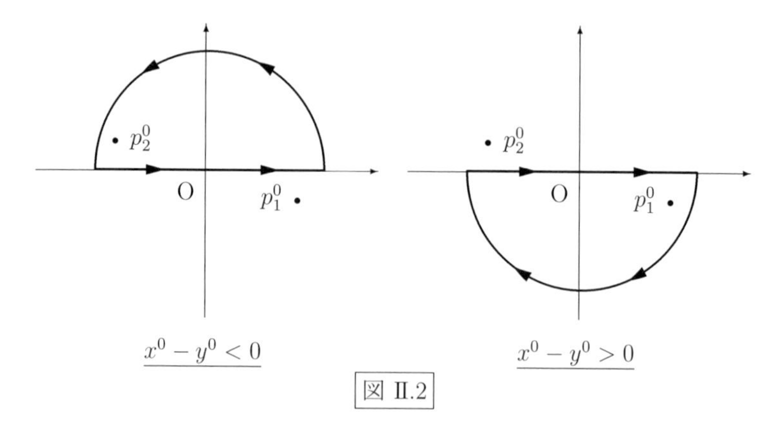

図 II.2

最後に，時間微分項を含む T 積についての注意をしておこう. この積の定義にそのまま従えば，例えば $\dot{A}(x)$ と $B(y)$ の T 積は

$$\mathrm{T}[\,\dot{A}(x)B(y)\,] = \dot{A}(x)B(y)\,\theta(x^0 - y^0) + B(y)\dot{A}(x)\,\theta(y^0 - x^0)$$

となる訳だが，これとは別に

$$\mathrm{T}^*[\,\dot{A}(x)B(y)\,] \equiv \frac{\partial}{\partial x^0}\mathrm{T}[\,A(x)B(y)\,] \tag{II.23}$$

として時間微分は T 積の左外側に出してしまう定義もある. これは，**共変的時間順序積** (Covariant time-ordered product) あるいは **T*積**と呼ばれることもあるが，明らかに両者間には階段関数の時間微分の有無による差が生じる. これだけの説明では読者は混乱するだろうが，しかし，実は T* 積の方が摂動計算に

は有用と後でわかるので，以後，特に断わらない限りT積はこのT^*積を指すものとする．但し，これが伝播関数の定義には影響しないことは明白だろう．

II.4 朝永-ディラック描像とS行列

S行列に話を戻そう．$S = e^{iH_0(t_f - t_i)}e^{-iH(t_f - t_i)}$ という式だけ得ても具体的な計算はどう進めたらいいのか見当もつかないので，手掛かりを求めて I.7 節 3 を見る．すると，朝永-ディラック描像において状態の時間発展を決める (I.97) 式

$$|\Psi(t)\rangle_{\mathrm{T}} = e^{iH_0(t-t_0)}e^{-iH(t-t_0)}|\Psi_0\rangle$$

これはS行列演算子による時間発展に一致していることがわかる．つまり，**朝永-ディラック描像は，この演算子にとり自然な描像**だった訳である．従って，同描像に基づいて状態の時間発展を調べることが，正にS行列による時間発展の記述方法を知ることに繋がる．そこで，上式は (I.99) で示した通り

$$i\frac{\partial}{\partial t}|\Psi(t)\rangle_{\mathrm{T}} = H_{\mathrm{I}}(t)|\Psi(t)\rangle_{\mathrm{T}}$$

という微分方程式に書き直せることを思い出し，この時間発展方程式に基づいてS行列の摂動論的な表現を導くこと，これを本節の主題とする．

では，はじめに同微分方程式を時刻 t_0 から t まで積分しよう．すると，

$$|\Psi(t)\rangle = |\Psi(t_0)\rangle + (-i)\int_{t_0}^{t} dt'\, H_{\mathrm{I}}(t')|\Psi(t')\rangle \tag{II.24}$$

という積分方程式が現れる．[♯II.6] 勿論，これで解が求まった訳ではないが，相互作用が強くない，つまり H_{I} が 微小定数×演算子項 といった形の場合には，これは**逐次近似法** (Successive approximation) で解くことが出来る：
まず，第0次近似として $H_{\mathrm{I}} = 0$ と置く．それにより，(II.24) 式は

$$|\Psi(t)\rangle = |\Psi(t_0)\rangle$$

[♯II.6] これ以降は特に断わらない限り，演算子も状態ベクトルも朝永-ディラック描像のものなので，添字 T は全て省略する．

となり，これを同じ (II.24) 右辺の $|\Psi(t')\rangle$ に代入して積分変数を t_1 に変えれば

$$|\Psi(t)\rangle = \Big[\, 1 + (-i)\int_{t_0}^{t} dt_1\, H_{\rm I}(t_1)\,\Big]|\Psi(t_0)\rangle$$

この $|\Psi(t)\rangle$ で再び (II.24) の $|\Psi(t')\rangle$ を置き換え，改めて積分変数を $t_{1,2}$ とすると

$$|\Psi(t)\rangle = \Big[\, 1 + (-i)\int_{t_0}^{t} dt_1\, H_{\rm I}(t_1) + (-i)^2\int_{t_0}^{t} dt_1\int_{t_0}^{t_1} dt_2\, H_{\rm I}(t_1)H_{\rm I}(t_2)\,\Big]|\Psi(t_0)\rangle$$

この作業を繰り返すのが逐次近似法であり，これによって次のような級数展開の形の解に達する：

$$\begin{aligned} |\Psi(t)\rangle = \Big[\, & 1 + (-i)\int_{t_0}^{t} dt_1\, H_{\rm I}(t_1) + (-i)^2\int_{t_0}^{t} dt_1\int_{t_0}^{t_1} dt_2\, H_{\rm I}(t_1)H_{\rm I}(t_2) \\ & + \cdots\cdots\cdots \\ & + (-i)^n\int_{t_0}^{t} dt_1\int_{t_0}^{t_1} dt_2\ \cdots\ \int_{t_0}^{t_{n-1}} dt_n\, H_{\rm I}(t_1)H_{\rm I}(t_2)\ \cdots\ H_{\rm I}(t_n) \\ & + \cdots\cdots\cdots\ \Big]|\Psi(t_0)\rangle \end{aligned} \tag{II.25}$$

この中で第 n 次の積分項に注目しよう．各積分の上端・下端から明らかなように，積分変数 $t_1, t_2, \cdots, t_n$ の大小関係は常に $t > t_1 > t_2 > \cdots > t_{n-1} > t_n > t_0$ である．従って，被積分関数に階段関数の積 $\theta(t_1 - t_2)\theta(t_2 - t_3)\cdots\theta(t_{n-1} - t_n)$ を掛けてやれば，積分値は変えることなく全積分の上限を t に揃えられる：

$$\begin{aligned} (-i)^n & \int_{t_0}^{t} dt_1\int_{t_0}^{t} dt_2\ \cdots\ \int_{t_0}^{t} dt_n\, H_{\rm I}(t_1)H_{\rm I}(t_2)\ \cdots\ H_{\rm I}(t_n) \\ & \times\theta(t_1 - t_2)\theta(t_2 - t_3)\cdots\theta(t_{n-1} - t_n) \end{aligned} \tag{II.26}$$

次に，定積分では，どんな文字を積分変数として使っても構わないので，$t_1, t_2, \cdots, t_n$ を $t_{p(1)}, t_{p(2)}, \cdots, t_{p(n)}$ に置き換える【$p(1), \cdots, p(n)$ は $1, \cdots, n$ を適当に並べ替えたもの】．但し，このような操作を施しても，すでに全ての積分の上端・下端は同じ t, t_0 に統一されているので各積分の順序は自由に交換でき，いつでも左から t_1 積分，t_2 積分，$\cdots$ と昇順に並ぶよう整えられる：

$$(-i)^n\int_{t_0}^{t} dt_{p(1)}\int_{t_0}^{t} dt_{p(2)}\ \cdots\ \int_{t_0}^{t} dt_{p(n)}\, H_{\rm I}(t_{p(1)})H_{\rm I}(t_{p(2)})\ \cdots\ H_{\rm I}(t_{p(n)})$$

$$\times\,\theta(t_{p(1)}-t_{p(2)})\theta(t_{p(2)}-t_{p(3)})\cdots\theta(t_{p(n-1)}-t_{p(n)})$$
$$=(-i)^n\int_{t_0}^{t}dt_1\int_{t_0}^{t}dt_2\ \cdots\ \int_{t_0}^{t}dt_n\,H_{\rm I}(t_{p(1)})H_{\rm I}(t_{p(2)})\ \cdots\ H_{\rm I}(t_{p(n)})$$
$$\times\,\theta(t_{p(1)}-t_{p(2)})\theta(t_{p(2)}-t_{p(3)})\cdots\theta(t_{p(n-1)}-t_{p(n)})$$

この並べ替え $\{1,2,\cdots,n\}\to\{\,p(1),p(2),\cdots,p(n)\,\}$ は全部で $n!$ 通りあるが，その一つ一つに対応する積分は勿論どれも同じ値なので，それらを全て足し合わせて全体を $n!$ で割ったものも元の積分の値 (II.26) に等しい．一方で，(II.17) 式と見比べれば明らかなように，そのように足し合わされた被積分関数の全体

$$\sum_P H_{\rm I}(t_{p(1)})H_{\rm I}(t_{p(2)})\ \cdots\ H_{\rm I}(t_{p(n)})$$
$$\times\,\theta(t_{p(1)}-t_{p(2)})\theta(t_{p(2)}-t_{p(3)})\cdots\theta(t_{p(n-1)}-t_{p(n)})$$

は，時間順序積 $\mathrm{T}[\,H_{\rm I}(t_1)H_{\rm I}(t_2)\ \cdots\ H_{\rm I}(t_n)\,]$ そのものである．[♯II.7] よって，n が任意であることも考え合わせ，解 (II.25) は次のように書き直せる：

$$\begin{aligned}|\Psi(t)\rangle=\Big[\,&1+(-i)\int_{t_0}^{t}dt_1\,H_{\rm I}(t_1)+\frac{(-i)^2}{2!}\int_{t_0}^{t}dt_1\int_{t_0}^{t}dt_2\,\mathrm{T}[\,H_{\rm I}(t_1)H_{\rm I}(t_2)\,]\\&+\ \cdots\cdots\cdots\\&+\frac{(-i)^n}{n!}\int_{t_0}^{t}dt_1\int_{t_0}^{t}dt_2\ \cdots\ \int_{t_0}^{t}dt_n\,\mathrm{T}[\,H_{\rm I}(t_1)H_{\rm I}(t_2)\ \cdots\ H_{\rm I}(t_n)\,]\\&+\ \cdots\cdots\cdots\ \Big]|\Psi(t_0)\rangle\end{aligned}\tag{II.27}$$

さて，ここでは $t=t_i=-\infty$ の初期状態が $t=t_f=+\infty$ で如何なる状態に遷移するか考察したいので，(II.27) 式で $t_0=-\infty, t=+\infty$ と置こう．すると，$|\Psi(+\infty)\rangle$ と $|\Psi(-\infty)\rangle$ は (II.14) により

$$|\Psi(+\infty)\rangle=S\,|\Psi(-\infty)\rangle\tag{II.28}$$

と関係づけられているのだから，S行列について

$$S=1+S^{(1)}+S^{(2)}+\cdots+S^{(n)}+\cdots$$

♯II.7 仮にフェルミオンが関与していても，通常の相互作用ではフェルミオン数は保存される，つまり $H_{\rm I}(t)$ の中に奇数個のフェルミ演算子の積が含まれることはないので，全体の符号はこのままでよい．

$$
\begin{aligned}
&= 1 + (-i)\int_{-\infty}^{+\infty} dt_1\, H_{\mathrm{I}}(t_1) + \frac{(-i)^2}{2!}\int_{-\infty}^{+\infty} dt_1 \int_{-\infty}^{+\infty} dt_2\, \mathrm{T}[\, H_{\mathrm{I}}(t_1) H_{\mathrm{I}}(t_2)\,] \\
&\quad + \cdots\cdots\cdots \\
&\quad + \frac{(-i)^n}{n!}\int_{-\infty}^{+\infty} dt_1 \int_{-\infty}^{+\infty} dt_2 \,\cdots \int_{-\infty}^{+\infty} dt_n\, \mathrm{T}[\, H_{\mathrm{I}}(t_1) H_{\mathrm{I}}(t_2) \,\cdots\, H_{\mathrm{I}}(t_n)\,] \\
&\quad + \cdots\cdots\cdots \qquad (\mathrm{II}.29)
\end{aligned}
$$

或いは，ハミルトニアン密度を用いて

$$
\begin{aligned}
S &= 1 + (-i)\int d^4x_1\, \mathscr{H}_{\mathrm{I}}(x_1) + \frac{(-i)^2}{2!}\int d^4x_1 \int d^4x_2\, \mathrm{T}[\, \mathscr{H}_{\mathrm{I}}(x_1) \mathscr{H}_{\mathrm{I}}(x_2)\,] \\
&\quad + \cdots\cdots\cdots \\
&\quad + \frac{(-i)^n}{n!}\int d^4x_1 \int d^4x_2 \,\cdots \int d^4x_n\, \mathrm{T}[\, \mathscr{H}_{\mathrm{I}}(x_1) \mathscr{H}_{\mathrm{I}}(x_2) \,\cdots\, \mathscr{H}_{\mathrm{I}}(x_n)\,] \\
&\quad + \cdots\cdots\cdots \qquad (\mathrm{II}.30)
\end{aligned}
$$

という**摂動展開**表現を得る．この時，4 次元積分の積分領域は全時空である．また，状態 $|\Psi(-\infty)\rangle$ と $|\Psi(+\infty)\rangle$ は，共に時間に依存しない生成演算子 $a^\dagger(\boldsymbol{p})$ から構成されるのだから，$H_{\mathrm{I}}(t)$ に含まれる場の演算子も，(I.102) で与えたように $a^{(\dagger)}(\boldsymbol{p})$ による表現

$$
\phi_{\mathrm{T}}(x) = \int d^3\tilde{\boldsymbol{k}}\, \left[\, a(\boldsymbol{k}) e^{-ikx} + a^\dagger(\boldsymbol{k}) e^{ikx}\,\right]
$$

を用いるのが適切である．

ここで，相互作用が $\partial^\mu\phi$ のような場の微分は含まない場合を考えてみよう．すると，I.2 節で与えた古典場のラグランジュ形式に従い

$$
\mathscr{L}(\phi, \partial_\mu\phi) = \mathscr{L}_0(\phi, \partial_\mu\phi) + \mathscr{L}_{\mathrm{I}}(\phi), \quad \pi = \frac{\partial\mathscr{L}}{\partial\dot{\phi}} = \frac{\partial\mathscr{L}_0}{\partial\dot{\phi}}
$$

より

$$
\mathscr{H} = \pi\dot{\phi} - \mathscr{L} = \frac{\partial\mathscr{L}_0}{\partial\dot{\phi}}\dot{\phi} - \mathscr{L}_0 - \mathscr{L}_{\mathrm{I}} = \mathscr{H}_0 - \mathscr{L}_{\mathrm{I}}
$$

となるから，

$$
\mathscr{H}_{\mathrm{I}}(x) = -\mathscr{L}_{\mathrm{I}}(x) \qquad (\mathrm{II}.31)
$$

よって，S行列は，スカラー量である $\mathscr{L}_{\mathrm{I}}(x)$ を用いて

$$S = 1 + i\int d^4x_1\, \mathscr{L}_{\mathrm{I}}(x_1) + \frac{i^2}{2!}\int d^4x_1 \int d^4x_2\, \mathrm{T}[\, \mathscr{L}_{\mathrm{I}}(x_1)\mathscr{L}_{\mathrm{I}}(x_2)\,] + \cdots$$
$$\equiv \mathrm{T}\exp[\, i\int d^4x\, \mathscr{L}_{\mathrm{I}}(x)\,] \tag{II.32}$$

とローレンツ不変性が明白な形に書き換えることが出来る．但し，指数関数の形をした第2の式は，第1の式を形式的にまとめて表したものである．

一方，もし $\mathscr{L}_{\mathrm{I}}$ が場の微分も含む形［**微分結合**（Derivative coupling）］なら

$$\pi = \partial\mathscr{L}_0/\partial\dot{\phi} + \partial\mathscr{L}_{\mathrm{I}}/\partial\dot{\phi}$$

となるため，$\mathscr{H}_{\mathrm{I}}$ と $\mathscr{L}_{\mathrm{I}}$ の関係も (II.31) とは異なり

$$\mathscr{H}_{\mathrm{I}}(x) \neq -\mathscr{L}_{\mathrm{I}}(x)$$

となってしまい，上式のようにSを $\mathscr{L}_{\mathrm{I}}(x)$ で表すことは出来ないように思われる．しかし，実際には，相互作用が繰り込み可能（Renormalizable）で摂動展開が有効になる場合には「T積を T^*積のことと約束」しておけば，やはり

$$S = \mathrm{T}\exp[\, i\int d^4x\, \mathscr{L}_{\mathrm{I}}(x)\,]$$

が成立することが知られている．[♯II.8]

積分方程式 (II.24) を解き始めるときに相互作用は微小ということを前提とした．事実，$\mathscr{L}_{\mathrm{I}}$ が十分に小さい定数に比例する形をしているなら，摂動展開 $S = 1 + S^{(1)} + S^{(2)} + \cdots$ の初めの2～3項の寄与を調べるだけで高精度の近似解が得られると期待できる．このような摂動技法は非相対論的量子力学にも現れる

♯II.8 $\mathscr{H}_{\mathrm{I}} = -\mathscr{L}_{\mathrm{I}} + [\,$差額$\,]$ とすると，この「差額」およびT積を T^*積 と読み替える時に現れる「差額」の寄与が打ち消し合ってしまうのである．詳しくは，例えば「Quantum Field Theory」（C. Itzykson, J-B. Zuber 著： McGraw-Hill Inc.）の 6-1-4 節参照．
また，「Introduction to the Theory of Quantized Fields」（N.N. Bogoliubov, D.V. Shirkov 著：Wiley Inc.）III-18 節では，状態変化 $|\Psi(-\infty)\rangle \to |\Psi(+\infty)\rangle = S|\Psi(-\infty)\rangle$ に対し［共変性・ユニタリ性・因果性］を要請することで，$\mathscr{H}_{\mathrm{I}}$ を経由せず (II.32) が導出されている．

が，本書の対象は相対論的量子論なので，**共変摂動論**（Covariant perturbation theory）とも呼ばれる．これを具体的に実行するのが第III章の主題である．

II.5 散乱断面積と崩壊幅

ここまでの解説により，粒子反応に関する種々の理論計算を進める枠組みが整ってきた．その中で実際に確率振幅などが求まれば，それに基づく実験データ分析を通じて関与する相互作用の諸性質も解明されるだろう．ただ，例えば散乱実験では，粒子1・2のビーム同士あるいは粒子1のビームと多数の固定標的（粒子2）が作用し合う訳で，決して1回限りの衝突を観測するのではない．よって，ビーム強度なども適切に考慮しないと正確な情報は引き出せない．つまり，散乱でも崩壊でも，様々な実験条件を含めより厳密に反応発生の確率を定義する必要がある．そこに登場する重要な量が，**散乱（衝突）断面積**（Scattering cross section：しばしば**断面積**と略される）と**崩壊幅**（Decay width）である．

散乱断面積の定義

まず初めに，実際に実験で用いられる粒子ビームについて，幾つか注意すべき点を列挙しておく：

(1) ビームは，我々には非常に細く絞り込まれているように見えても，一つ一つの粒子の特徴的サイズに比較すると，無限大と言えるほどに拡がっている．

また，

(2) ビーム内部では，個々の粒子は互いに十分離れた状態で運動しており，その間の相互作用は無視できる．

従って，ビーム同士（あるいはビームと固定標的）が衝突している瞬間を除けば，どの粒子も自由粒子として記述できる．更に，

(3) 入射する始状態粒子も飛び去る終状態粒子も共に超高速であるため，我々には全過程が一瞬で終わるように見えても，やはり微視的スケール（反応その

ものの時間スケール）で見れば無限の長さとして扱える．∎

これにより，時刻 $t = t_i\,(= -\infty)$ で自由だった二つの状態が相互作用し，そのあと時刻 $t = t_f\,(= +\infty)$ で再び自由状態になる，という一連の過程を記述するＳ行列演算子が適用可能となる．

これで準備はできた．ある**散乱過程の断面積とは，単位体積および単位時間当りの反応回数を粒子1･2の個数密度と両者の相対的な速さで割った量**である．従って，両粒子のビーム内個数密度を ρ_1 及び ρ_2, その相対速度の大きさを $v_{\rm rel}$ とし，体積 V の空間内で時間 T の間に衝突が N 回起こったとすると，この場合の散乱断面積 σ は

$$\sigma = N/(VT\rho_1\rho_2\,v_{\rm rel}) \tag{II.33}$$

で与えられる．また，終状態として特別な状態 – 例えば入射粒子がビーム方向に対して角度 θ と $\theta + d\theta$ の間に散乱された状態– のみに着目する場合には，反応回数も微小になるはずなので，N と σ をそれぞれ dN 及び $d\sigma$ と書き改め

$$d\sigma = dN/(VT\rho_1\rho_2\,v_{\rm rel}) \tag{II.34}$$

として，この $d\sigma$ 或いは $d\sigma/d\theta$ を（この方向への）**微分断面積**（Differential cross section）と呼ぶ．

断面積は，(II.33) 式が示す通り（通常の単位系では）面積の次元を持ち,「標的（粒子２）１個に対し，それを含む面に垂直に，単位面積当り１個の粒子（粒子１）が入射した時に衝突が起こる確率」を表す．実際，これは次のように確認できる：時間 T の間に各単位面に達するのは，《当該単位面を断面とする長さ $v_{\rm rel}\,T$ の立体領域》（図 II.3）の内部にいる

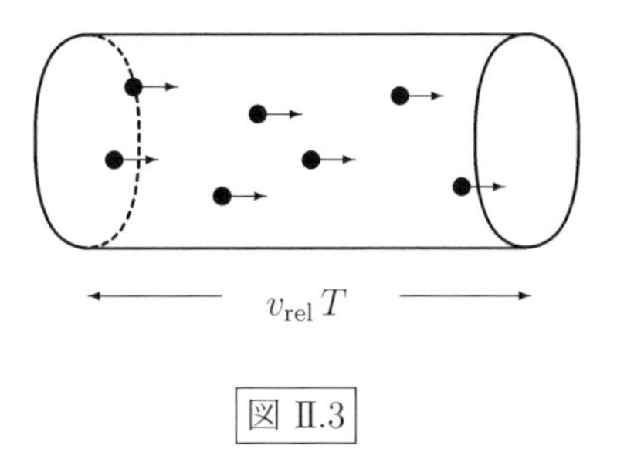

図 II.3

粒子１で，その数は個数密度 $= \rho_1$ より $\rho_1 v_{\rm rel} T$ 個．すると，上記の確率を σ' と書けば，粒子２（標的）１個当り衝突は $\rho_1 v_{\rm rel} T\sigma'$ 回起こることになるが，体積 V の空間内には粒子２も $\rho_2 V$ 個存在するから全衝突回数は $N = \rho_1\rho_2\, v_{\rm rel} VT\sigma'$．これを断面積 σ の定義 (II.33) と比べれば，正に $\sigma' = \sigma$ という訳である．

こうして導入した断面積を，「$|\boldsymbol{p}_1\boldsymbol{p}_2\rangle$ という始状態」および「質量が M_i で運動量が微小区間 $[\,\boldsymbol{q}_i,\, \boldsymbol{q}_i + d\boldsymbol{q}_i\,]$ にある粒子（$i = 1 \sim n$）からなる終状態」に適用し，S行列ならびに実際に測定されるエネルギー・運動量で表現しよう．

そのために，まず $v_{\rm rel}$ を粒子1・2の運動量 $p^\mu_{1,2} = (p^0_{1,2},\, \boldsymbol{p}_{1,2})$ と質量 $m_{1,2}$ で書き表そう．一般には両者の速度 $\boldsymbol{v}_{1,2}$ の関係には何の制限もないが，ここでは実用上 特に重要な重心系および粒子２が静止している実験室系に話を限る．すると，$\boldsymbol{v}_1$ と $\boldsymbol{v}_2$ は互いに（反）平行（$\boldsymbol{v}_2 = 0$ の場合も含む）となるので，

$$v_{\rm rel} = |\boldsymbol{v}_1 - \boldsymbol{v}_2| = |\boldsymbol{p}_1/p^0_1 - \boldsymbol{p}_2/p^0_2| = \sqrt{(p_1 p_2)^2 - m_1^2 m_2^2}/(p^0_1 p^0_2) \qquad \text{(II.35)}$$

を得る．[♯II.9]

問題 II.1　$\boldsymbol{p}_{1,2}$ が平行（または反平行）なら $(\boldsymbol{p}_1\boldsymbol{p}_2)^2 = \boldsymbol{p}_1^2\boldsymbol{p}_2^2$ が成り立つことに注意して，(II.35) の関係を確かめよ．

次に，始状態の表現に必要な個数密度 ρ について考える．$\langle\boldsymbol{p}|\boldsymbol{p}\rangle$ は，１粒子波動関数を用いて

$$\langle\boldsymbol{p}|\boldsymbol{p}\rangle = \int d^3\boldsymbol{x}\, \psi^*_{\boldsymbol{p}}(\boldsymbol{x})\psi_{\boldsymbol{p}}(\boldsymbol{x}) = \int d^3\boldsymbol{x}\, |\psi_{\boldsymbol{p}}(\boldsymbol{x})|^2$$

と表せることからもわかるように，全空間内に存在する粒子の総数を与えるから，$|\boldsymbol{p}\rangle$ で記述される状態においては $\int d^3\boldsymbol{x} = V_{\text{全空間}}$ と書けば

$$\rho = \langle\boldsymbol{p}|\boldsymbol{p}\rangle/V_{\text{全空間}}$$

である．ここで，本書での規格化 $\langle\boldsymbol{p}|\boldsymbol{p}'\rangle = (2\pi)^3\, 2p^0\delta^3(\boldsymbol{p} - \boldsymbol{p}')$ を思い出せば，

$$\langle\boldsymbol{p}|\boldsymbol{p}\rangle = (2\pi)^3\, 2p^0\delta^3(0) = 2p^0\int d^3\boldsymbol{x}\, e^{i\boldsymbol{p}\boldsymbol{x}}|_{\boldsymbol{p}=0} = 2p^0\int d^3\boldsymbol{x} = 2p^0 V_{\text{全空間}}$$

[♯II.9] 実は，一般の場合には逆に (II.35) 式の右辺が $v_{\rm rel}$ の「定義」として用いられる．

と変形できるので，最終的に

$$\rho = 2p^0 \tag{II.36}$$

が得られる．

他方，終状態の表現のためには一般の多粒子状態について考察する必要がある．まず，本書で採用している規格化方式では，フォック基底の完全性条件は，(I.65) 式のところでも触れたように

$$\sum_n \int \prod_i^n d^3\tilde{\boldsymbol{p}}_i \, |\boldsymbol{p}_1 \cdots \boldsymbol{p}_n\rangle\langle \boldsymbol{p}_1 \cdots \boldsymbol{p}_n| = 1 \tag{II.37}$$

で与えられることを確認しよう【但し，この左辺は，関与する全ての物理的粒子状態に亙る和とその運動量についての積分を表すが，$n = 0$ の場合には 左辺 $= |0\rangle\langle 0|$ であると約束する．また，状態の中に m 個の同種粒子がある場合には，積分において同じ状態を重複して数えないよう，対応する項全体を $m!$ で割るものとする】．事実，この両辺がどのような物理的状態ベクトルとの内積に対しても等しくなることを示すのは難しくない．

問題 II.2　(II.37) 式の両辺を $\langle \boldsymbol{k}_1 \cdots \boldsymbol{k}_l|$ と $|\boldsymbol{k}'_1 \cdots \boldsymbol{k}'_m\rangle$ で挟んで等号が成立することを確かめよ．

この完全性条件により，任意の状態 $|\varPsi\rangle$ は

$$|\varPsi\rangle = \sum_n \int \prod_i^n d^3\tilde{\boldsymbol{p}}_i \, |\boldsymbol{p}_1 \cdots \boldsymbol{p}_n\rangle\langle \boldsymbol{p}_1 \cdots \boldsymbol{p}_n|\varPsi\rangle \tag{II.38}$$

と展開され，そのノルムは

$$\langle\varPsi|\varPsi\rangle = \sum_n \int \prod_i^n d^3\tilde{\boldsymbol{p}}_i \, |\langle \boldsymbol{p}_1 \cdots \boldsymbol{p}_n|\varPsi\rangle|^2 \tag{II.39}$$

と表される．1粒子状態 $|\boldsymbol{p}\rangle$ の場合は，前述のように $\langle\boldsymbol{p}|\boldsymbol{p}\rangle =$ 粒子の総数 だったが，一般の状態においては，$\langle\varPsi|\varPsi\rangle$ は $|\varPsi\rangle$ が記述する状態の総数を与える．それが上式右辺のように表されるということは，その中で各粒子の運動量がそれ

ぞれ $[\boldsymbol{p}_i, \boldsymbol{p}_i+d\boldsymbol{p}_i]$ という微小な区間に入っている n 粒子状態の数が

$$\prod_i^n d^3\tilde{\boldsymbol{p}}_i \, |\langle \boldsymbol{p}_1 \cdots \boldsymbol{p}_n | \Psi \rangle|^2$$

であることを意味する．故に，この $|\Psi\rangle$ として始状態 $|\alpha\rangle$ $(= |\boldsymbol{p}_1\boldsymbol{p}_2\rangle)$ の時間発展した形 $S|\alpha\rangle$ をとり，想定中の終状態 $|\boldsymbol{q}_1 \cdots \boldsymbol{q}_n\rangle$ と組み合わせれば，衝突が生むこの終状態の数，すなわち，断面積の定義 (II.34) における反応回数 dN は

$$dN = \prod_{i=1}^n d^3\tilde{\boldsymbol{q}}_i \, |\langle \beta | S | \alpha \rangle|^2 \tag{II.40}$$

であることがわかる．但し，簡単のため，終状態 $|\boldsymbol{q}_1 \cdots \boldsymbol{q}_n\rangle$ は $|\beta\rangle$ と表した．

ここで一つ補足しておく：S は，あらゆる可能な時間発展を記述する演算子なので，その中には「無反応」という場合も含まれる．これは，S の摂動展開

$$S = 1 + S^{(1)} + S^{(2)} + \cdots + S^{(n)} + \cdots$$

では右辺の「1」に対応する．よって，厳密に言えば $S-1$ が反応を記述する演算子ということになろうが，$\alpha \neq \beta$ なら勿論この 1 は S 行列要素 $\langle \beta | S | \alpha \rangle$ には寄与しないので，これ以降もこのまま S を用いて話を進めることにする．

では本題に戻ろう．どんな反応においても全エネルギー・運動量 P は常に保存されるから，上に現れた $\langle \beta | S | \alpha \rangle$ は，$\delta^4(P_\beta - P_\alpha)$ という因子を含むはずである．そこで，それを（標準的に用いられる定数因子と一緒に）陽に抜き出して

$$\langle \beta | S | \alpha \rangle = i(2\pi)^4 \delta^4(P_\beta - P_\alpha) \mathscr{M}_{\beta\alpha} \tag{II.41}$$

と書き，核となる $\mathscr{M}_{\beta\alpha}$ を**不変散乱振幅**（Invariant scattering amplitude）と呼ぶ．また，この $\langle \beta | S | \alpha \rangle$ が記述する遷移の舞台は全時空であり，その体積は

$$[VT]_{\text{全時空}} = \int d^3\boldsymbol{x} \int dt = \int d^4x$$

で与えられる．従って，これらの表現を用いると

$$|\langle \beta | S | \alpha \rangle|^2 = |(2\pi)^4 \delta^4(P_\beta - P_\alpha) \mathscr{M}_{\beta\alpha}|^2$$

の右辺で $\mathscr{M}_{\beta\alpha}$ を除く部分は

$$(2\pi)^4\delta^4(P_\beta - P_\alpha)(2\pi)^4\delta^4(P_\beta - P_\alpha) = (2\pi)^4\delta^4(P_\beta - P_\alpha)(2\pi)^4\delta^4(0)$$
$$= (2\pi)^4\delta^4(P_\beta - P_\alpha)\int d^4x = [VT]_{\text{全時空}}(2\pi)^4\delta^4(P_\beta - P_\alpha)$$

となり，反応回数 dN は

$$dN = [VT]_{\text{全時空}}\prod_{i=1}^{n} d^3\tilde{\boldsymbol{q}}_i\,(2\pi)^4\delta^4(P_\beta - P_\alpha)\,|\mathcal{M}_{\beta\alpha}|^2 \tag{II.42}$$

と表される．これは，うまい具合に $[VT]_{\text{全時空}}$ に比例する形になっている．このお蔭で単位体積・単位時間当りの反応回数も直ちに得られ，それを，すでに調べた相対速度の大きさ (II.35) や個数密度の表現 (II.36) と共に (II.34) 式に代入すれば，最終的に $\alpha \to \beta$ という反応の微分断面積として

$$d\sigma = \prod_{i=1}^{n} d^3\tilde{\boldsymbol{q}}_i\,\frac{1}{4F}\,(2\pi)^4\delta^4(P_\beta - P_\alpha)\,|\mathcal{M}_{\beta\alpha}|^2 \tag{II.43}$$
$$\left(\ F \equiv [\,(p_1p_2)^2 - m_1^2m_2^2\,]^{1/2}\ \right)$$

が，更に，これを積分することにより**全断面積**（Total cross section）

$$\sigma = \int_{-\infty}^{+\infty}\prod_{i=1}^{n} d^3\tilde{\boldsymbol{q}}_i\,\frac{1}{4F}\,(2\pi)^4\delta^4(P_\beta - P_\alpha)\,|\mathcal{M}_{\beta\alpha}|^2 \tag{II.44}$$

が得られる．但し，この積分を実行する際には，完全性条件 (II.37) の下で述べた注意は忘れないようにしよう．すなわち，終状態の中に同種粒子が n_1 個，n_2 個，$\cdots$ ある場合には，この右辺全体を $n_1!\,n_2!\,\cdots$ で割ることが必要である．これは，例えば 1 と 2 が同種である場合，それぞれの運動量が $\boldsymbol{q}, \boldsymbol{q}'$ である場合と $\boldsymbol{q}', \boldsymbol{q}$ である場合が原理的に区別不可能（不可弁別性）で全く同じ終状態を与えるため，$\boldsymbol{q}_{1,2}$ 両方について全ての積分領域で積分を行うと，その同じ状態を 2 度数えてしまうことになるからである．[♯II.10]

さて，断面積の基礎事項は以上だが，実用的な観点から有用な公式も幾つか導いておこう．実際の実験では，全ての終状態粒子を同時に追いかけることは簡単ではない．特に，多数のクォーク（ハドロン）が生成される場合などは，それ

[♯II.10] 実は，多くの教科書は，すでに微分断面積の段階で $1/(n_1!n_2!\cdots)$ を含めている．定義の問題だから深く議論してもあまり意味はないが，少なくとも筆者の個人的な見解では，この因子［**統計因子**（Statistical factor）］は含めない方が微分断面積の本来の意味に合致すると思う．

は不可能なことも珍しくはない．むしろ，終状態の特定の粒子一つか二つに焦点を絞り，その他の粒子については全ての状態を含める（積分する）といった分析の方が普通である．例えば，上の式で終状態の粒子1が $[\boldsymbol{q}_1, \boldsymbol{q}_1+d\boldsymbol{q}_1]$ という微小な運動量区間に生成される微分断面積は次のようになる：

$$\frac{d\sigma}{d^3\tilde{\boldsymbol{q}}_1} = \int_{-\infty}^{+\infty} \prod_{i=2}^{n} d^3\tilde{\boldsymbol{q}}_i \frac{1}{4F} (2\pi)^4 \delta^4(P_\beta - P_\alpha) \, |\mathscr{M}_{\beta\alpha}|^2 \tag{II.45}$$

この式は，$e^+e^- \to \mu^+\mu^-$ といった2体反応を重心系で記述する場合には特に簡単な形になる．実際，$\boldsymbol{q}_2$ 積分は，4次元デルタ関数の空間部分 $\delta^3(\boldsymbol{P}_\beta - \boldsymbol{P}_\alpha)$ $\Rightarrow$ $\delta^3(\boldsymbol{q}_1 + \boldsymbol{q}_2 - \boldsymbol{P}_\alpha) = \delta^3(\boldsymbol{q}_2 - (\boldsymbol{p}_1 + \boldsymbol{p}_2 - \boldsymbol{q}_1))$ の助けで直ちに完了する：

$$\frac{d\sigma}{d^3\tilde{\boldsymbol{q}}_1} = \frac{1}{(2\pi)^3\, 2q_2^0} \frac{1}{4F} (2\pi)^4 \delta(P_\beta^0 - P_\alpha^0) \, |\mathscr{M}_{\beta\alpha}|^2 \tag{II.46}$$

ここで，$P_\beta^0 = q_1^0 + q_2^0 = \sqrt{\boldsymbol{q}_1^2 + M_1^2} + \sqrt{\boldsymbol{q}_2^2 + M_2^2}$ であり，また，q_2^0 及び $\mathscr{M}_{\beta\alpha}$ の中の全ての $\boldsymbol{q}_2$ は，実行した3次元デルタ関数積分により $\boldsymbol{q}_2 = \boldsymbol{P}_\alpha - \boldsymbol{q}_1 = -\boldsymbol{q}_1$（重心系では $\boldsymbol{P}_\alpha = 0$ だから）と置き換えられる．更に，極座標を用いると $d^3\boldsymbol{q}_1 = \boldsymbol{q}_1^2 d|\boldsymbol{q}_1| d\Omega$ となるが，このうち，$|\boldsymbol{q}_1|$ の値は残っているデルタ関数のため固定されてしまうので，$|\boldsymbol{q}_1|$ 積分も簡単に実行できる．すなわち，

$$\begin{aligned}\frac{d\sigma}{d\Omega} &= \int_0^{+\infty} d|\boldsymbol{q}_1| \frac{d\sigma}{d|\boldsymbol{q}_1| d\Omega} \\ &= \int_0^{+\infty} |\boldsymbol{q}_1| d|\boldsymbol{q}_1| \frac{|\boldsymbol{q}_1|}{64\pi^2 q_1^0 q_2^0} \frac{1}{F} \delta(\sqrt{s} - q_1^0 - q_2^0) \, |\mathscr{M}_{\beta\alpha}|^2\end{aligned}$$

（ 但し，$s \equiv (p_1 + p_2)^2 = (p_1^0 + p_2^0)^2$ ）

の中で，$|\boldsymbol{q}_1|^2 = (q_1^0)^2 - M_1^2 = (q_2^0)^2 - M_2^2$ から $|\boldsymbol{q}_1| d|\boldsymbol{q}_1| = q_1^0 dq_1^0 = q_2^0 dq_2^0$ が得られることを利用し積分変数を $|\boldsymbol{q}_1|$ から $q_1^0 + q_2^0$ に変換する．すると上式は

$$\begin{aligned}&\int_{M_1+M_2}^{+\infty} d(q_1^0 + q_2^0) \frac{q_1^0 q_2^0}{q_1^0 + q_2^0} \frac{|\boldsymbol{q}_1|}{64\pi^2 q_1^0 q_2^0} \frac{1}{F} \delta(\sqrt{s} - q_1^0 - q_2^0) \, |\mathscr{M}_{\beta\alpha}|^2 \\ &\quad = \frac{|\boldsymbol{q}_1|}{64\pi^2 \sqrt{s}} \frac{1}{F} |\mathscr{M}_{\beta\alpha}|^2\end{aligned}$$

となり，$F \equiv \sqrt{(p_1 p_2)^2 - m_1^2 m_2^2} = |p_2^0 \boldsymbol{p}_1 - p_1^0 \boldsymbol{p}_2| = (p_2^0 + p_1^0)\,|\boldsymbol{p}_1| = \sqrt{s}\,|\boldsymbol{p}_1|$ を用いて コンパクトな形

$$\frac{d\sigma}{d\Omega} = \frac{|\boldsymbol{q}_1|}{64\pi^2 s|\boldsymbol{p}_1|}\,|\mathscr{M}_{\beta\alpha}|^2 \tag{II.47}$$

を得るという訳である．ここで，$|\boldsymbol{p}_1|$ と $|\boldsymbol{q}_1|$ は $s = (p_1^0 + p_2^0)^2 = (q_1^0 + q_2^0)^2$ から

$$|\boldsymbol{p}_1| = \sqrt{(p_1^0)^2 - m_1^2}, \qquad p_1^0 = (s + m_1^2 - m_2^2)/(2\sqrt{s})$$
$$|\boldsymbol{q}_1| = \sqrt{(q_1^0)^2 - M_1^2}, \qquad q_1^0 = (s + M_1^2 - M_2^2)/(2\sqrt{s})$$

である．(II.47) 式は，生成粒子 1 の角分布を与える公式であり，素粒子反応の解析においてよく利用される．

崩壊幅の定義

電子 (Electron)，光子やニュートリノ (Neutrino) 等ごく少数の例外を除き大多数の素粒子は不安定で，時間の経過に伴い（外部から作用がなくても自発的に）より軽い素粒子群に変化していく．これが崩壊現象である．これも，衝突過程と同じく素粒子相互作用の性質を調べるために頻繁に分析される反応で，断面積に対応して崩壊幅という量で記述される．これは，**1 個の粒子の単位時間当りの崩壊確率**を表す．数式的には断面積とほとんど同じように取り扱うことが出来るが，初期状態 $|\alpha\rangle$ としては，通常は崩壊する粒子の静止状態を考える．

散乱過程と同様に，質量 m の粒子が状態 $|\beta\rangle$ へ崩壊し，終状態粒子の各運動量が $[\,\boldsymbol{q}_i,\, \boldsymbol{q}_i + d\boldsymbol{q}_i\,]\,(i = 1 \sim n)$ という微小区間に入るとしよう．すると，そのような崩壊過程の全時間・空間における発生回数は (II.42) と同じく

$$dN = [VT]_{\text{全時空}} \prod_{i=1}^{n} d^3\tilde{\boldsymbol{q}}_i\,(2\pi)^4 \delta^4(P_\beta - P_\alpha)\,|\mathscr{M}_{\beta\alpha}|^2 \tag{II.48}$$

となる．但し，ここの始状態 α は，上記のように全運動量 $P_\alpha^\mu = (m, 0, 0, 0)$ の 1 粒子状態で，それは，散乱での $|\boldsymbol{p}\rangle$ の個数密度算出（65 頁）に倣えば，全空間に $2P_\alpha^0 V_{\text{全空間}} (= 2mV_{\text{全空間}})$ 個の粒子が存在する状態を表すことになる．よって，

上述の定義に従えば，この過程の**微分崩壊幅**（Differential decay width）は

$$d\Gamma = \frac{dN}{2m[VT]_{\text{全時空}}} = \prod_{i=1}^{n} d^3\tilde{\boldsymbol{q}}_i \frac{1}{2m}(2\pi)^4\delta^4(P_\beta - P_\alpha)\,|\mathcal{M}_{\beta\alpha}|^2 \tag{II.49}$$

で与えられることがわかる．これも，断面積と同様に終状態が２体の場合には

$$\frac{d\Gamma}{d\Omega} = \frac{|\boldsymbol{q}|}{32\pi^2 m^2}|\mathcal{M}_{\beta\alpha}|^2 \tag{II.50}$$

と簡単な形にまとめられる．

この $d\Gamma$ を全ての運動量領域に亙り積分した量 Γ は（考察中の終状態への）**部分崩壊幅**（Partial decay width），更に，この Γ をあらゆる可能な終状態について足し上げた和 Γ_{tot} は**全崩壊幅**（Total decay width）と呼ばれる：

$$\Gamma_{\text{tot}} = \sum_{\text{全終状態}} \Gamma = \sum_{\text{全終状態}} \int_{-\infty}^{+\infty} \prod_{i=1}^{n} d^3\tilde{\boldsymbol{q}}_i \frac{1}{2m}(2\pi)^4\delta^4(P_\beta - P_\alpha)\,|\mathcal{M}_{\beta\alpha}|^2 \tag{II.51}$$

また，**分岐比**（Branching ratio）とは，両者の比 $Br \equiv \Gamma/\Gamma_{\text{tot}}$ を意味する．

全崩壊幅は，始状態粒子の「単位時間当りの全崩壊確率」を表しており，それが Γ_{tot} ということは，この粒子は平均時間 $\tau = 1/\Gamma_{\text{tot}}$ で崩壊するということである．つまり，Γ_{tot} の逆数は，崩壊粒子の**平均寿命**（Mean lifetime，あるいは略して**寿命**）を与える．但し，崩壊粒子の非静止系（$P_\alpha^0 \neq m$）では上記公式の $2m$ が $2P_\alpha^0$ で置き換わるため，寿命は P_α^0/m 倍に延びる．これは，よく知られた「相対論効果による時間の遅れ」を表す．

全断面積と全崩壊幅

この節を終える前に，少々細かい用語の注意をしておこう．同じ「全」で始まる量でも，全断面積と全崩壊幅を比べると両者の使い方には微妙な違いが見られる．全断面積の方は，生成される粒子の種類を固定して，その反応が起こる全確率を表すのに使われることが多い．従って，$|\Psi_A\rangle \to |\Psi_B\rangle$ の全断面積，$|\Psi_A\rangle \to |\Psi_C\rangle$ の全断面積，$\cdots$ というように，散乱の種類毎に全断面積が現れる．一方，全崩壊幅は，すべての終状態について足し合わせた全崩壊確率を指

す方が普通である．上でも一応そのように説明しておいた．これは，全崩壊確率の逆数が「平均寿命」という特別な意味を持つこととも無関係ではないだろう．但し，この使い分けには確立された規則がある訳ではないので，多少面倒でも「過程A $\to$ Bの全断面積・全崩壊幅」のように明記するのが安全だろう．

II.6 場の演算子のまとめ

ここまでは，場の量子論，とりわけ共変摂動論の基本事項を簡潔にまとめるという目的のために，場の演算子としては実スカラー場 (Real scalar field) のみに話を限定してきた．しかし，実際の素粒子の多くは0でないスピンや電荷を持ち，その記述のためには異なる幾種類かの場が必要になる．具体的には，**電子**，**ミューオン** (Muon)，**タウオン** (Tauon)，**ニュートリノ**や**クォーク**は，スピン 1/2 のフェルミ粒子であって**ディラックスピノル** (Spinor) 場で表される．♯II.11 一方，力の媒介粒子 (Intermediate particle) である**光子** [**電磁相互作用** (Electromagnetic interaction)]，**Wボソン** [**荷電弱相互作用** (Charged weak interaction)]，**Zボソン** [**中性弱相互作用** (Neutral weak interaction)] や**グルオン** (Gluon) [**強相互作用** (Strong interaction)] は，スピン1のボース粒子であり，実もしくは複素ベクトル場によって記述される．ただ，これらの場の量子化その他の詳細な解説は，本書の目的ではないので巻末に挙げた教科書に任せ，本節では摂動計算に必要な各場の基本的性質のみをまとめておく．♯II.12

以下に与える場の演算子は，すべて朝永-ディラック描像での表現，つまり自

♯II.11 ミューオンとタウオンは，それぞれ**ミュー粒子**および**タウ粒子**とも呼ばれる．ニュートリノに関しては，その質量も含め興味深い話題が多いが本書のレベルを超えてしまうので，ここでは他のレプトンと同様に扱う．また，簡単のため質量も0と置く．

♯II.12 ラグランジアンと運動方程式の形は，(メトリックが共通なら) どんなテキストでも同じだが，それ以外の多くの量は，規格化・記法その他の習慣により少しずつ異なる．例えば，生成消滅演算子の規格化には幾つかの流儀があるし，伝播関数も i を除いて定義されることもある (52頁の脚注参照)．また，量子論では，しばしばある量の値自体ではなくその絶対値 (の2乗) のみが意味を持つため，任意の位相因子もよく現れる．但し，どんな基準を採ろうとも，そこで首尾一貫して計算をする限りは，物理的な結果には何の影響も出ないことは勿論である．

由なハイゼンベルク場であり，朝永-ディラック描像における相互作用ハミルトニアン $H_{\mathrm{I}}(t)$ そしてS行列の中で使われるものであることを強調しておこう．なお，生成消滅演算子の（反）交換関係については0でないもののみを示す．

1. 実スカラー場

電荷を持たないスカラー粒子（スピン0粒子）を記述する場である．この場においては，反粒子は粒子自身に等しい．

- 自由場のラグランジアンと運動方程式［クライン-ゴルドン方程式］

$$\mathscr{L}(x) = \frac{1}{2}\partial_\mu \phi(x) \partial^\mu \phi(x) - \frac{1}{2} m^2 \phi^2(x) \tag{II.52}$$

$$(\Box + m^2)\phi(x) = 0 \tag{II.53}$$

- 伝播関数

$$\begin{aligned} \varDelta_{\mathrm{F}}(q) &\equiv i \int d^4 x\, e^{iqx} \langle 0|\mathrm{T}\, \phi(x)\phi(0)\,|0\rangle \\ &= \frac{1}{m^2 - q^2 - i\varepsilon} \end{aligned} \tag{II.54}$$

- $\phi(x)$ の運動量展開（フーリエ展開）

$$\phi(x) = \int \frac{d^3\boldsymbol{p}}{(2\pi)^3\, 2p^0} \left[\, a(\boldsymbol{p}) e^{-ipx} + a^\dagger(\boldsymbol{p}) e^{ipx} \,\right] \tag{II.55}$$

但し，$p^0 = \sqrt{\boldsymbol{p}^2 + m^2}$.

- 生成消滅演算子の交換関係

$$[\, a(\boldsymbol{p}),\ a^\dagger(\boldsymbol{p}')\,] = (2\pi)^3\, 2p^0 \delta^3(\boldsymbol{p} - \boldsymbol{p}') \tag{II.56}$$

2. 複素スカラー場

実スカラー場と同じくスピン0の粒子を記述するが，電気的には中性ではなく，粒子・反粒子の区別がある．

• 自由場のラグランジアンと運動方程式［クライン-ゴルドン方程式］

$$\mathscr{L}(x) = \partial_\mu \phi^\dagger(x) \partial^\mu \phi(x) - m^2 \phi^\dagger(x)\phi(x) \tag{II.57}$$

$$(\Box + m^2)\phi(x) = 0 \tag{II.58}$$

• 伝播関数

$$\begin{aligned} \Delta_{\mathrm{F}}(q) &\equiv i \int d^4x \, e^{iqx} \langle 0| \mathrm{T}\, \phi(x)\phi^\dagger(0)\, |0\rangle \\ &= \frac{1}{m^2 - q^2 - i\varepsilon} \end{aligned} \tag{II.59}$$

• $\phi(x)$ の運動量展開（フーリエ展開）

$$\phi(x) = \int \frac{d^3\boldsymbol{p}}{(2\pi)^3\, 2p^0} \left[\, a(\boldsymbol{p}) e^{-ipx} + b^\dagger(\boldsymbol{p}) e^{ipx} \,\right] \tag{II.60}$$

但し，$p^0 = \sqrt{\boldsymbol{p}^2 + m^2}$.

ここで，$a^{(\dagger)}(\boldsymbol{p})$ と $b^{(\dagger)}(\boldsymbol{p})$ は，それぞれ粒子および反粒子についての生成・消滅演算子.

• 生成消滅演算子の交換関係

$$[\, a(\boldsymbol{p}),\ a^\dagger(\boldsymbol{p}')\,] = [\, b(\boldsymbol{p}),\ b^\dagger(\boldsymbol{p}')\,] = (2\pi)^3\, 2p^0 \delta^3(\boldsymbol{p} - \boldsymbol{p}') \tag{II.61}$$

3. ディラック場

スピン 1/2 のフェルミ粒子（レプトン及びクォーク）を記述する．この場は，ディラック スピノルと呼ばれる 4 成分の量

$$\psi(x) = (\, \psi_1(x),\, \psi_2(x),\, \psi_3(x),\, \psi_4(x)\,)^t$$

（t: 転置）で表される．また，そのエルミート共役と γ^0 行列（付録 3 参照）の積［**ディラック共役**（Dirac adjoint / Dirac conjugate)］は $\bar{\psi}$ と書かれる：

$$\bar{\psi}(x) \equiv \psi^\dagger(x)\gamma^0$$

この２種のスピノルもしくは両者と γ 行列の組み合わせ

$$\bar{\psi}(x)\psi(x),\quad \bar{\psi}(x)\gamma_5\psi(x),\quad \bar{\psi}(x)\gamma^\mu\psi(x),\quad \bar{\psi}(x)\gamma^\mu\gamma_5\psi(x),\quad \bar{\psi}(x)\sigma^{\mu\nu}\psi(x)$$

$$[\text{ 但し, } \sigma^{\mu\nu} \equiv i(\gamma^\mu\gamma^\nu - \gamma^\nu\gamma^\mu)/2\ ]$$

は，ローレンツ変換の下でそれぞれ スカラー，擬スカラー，ベクトル，軸性ベクトル，（２階）テンソルとして振る舞う．

- 自由場のラグランジアンと運動方程式［ディラック方程式］

$$\mathscr{L}(x) = i\bar{\psi}(x)\gamma_\mu\partial^\mu\psi(x) - m\,\bar{\psi}(x)\psi(x) \tag{II.62}$$

$$i\gamma_\mu\partial^\mu\psi(x) - m\,\psi(x) = 0,\quad i\partial^\mu\bar{\psi}(x)\gamma_\mu + m\,\bar{\psi}(x) = 0 \tag{II.63}$$

- 伝播関数

$$\begin{aligned} S_{\mathrm{F}}(q) &\equiv i\int d^4x\, e^{iqx}\langle 0|\mathrm{T}\,\psi(x)\bar{\psi}(0)\,|0\rangle \\ &= \frac{1}{m - \not{q} - i\varepsilon}\left(= \frac{m + \not{q}}{m^2 - q^2 - i\varepsilon}\right) \end{aligned} \tag{II.64}$$

- $\psi(x)$ の運動量展開（フーリエ展開）

$$\psi(x) = \int \frac{d^3\boldsymbol{p}}{(2\pi)^3\, 2p^0}\sum_{s=\pm1}[\, c(\boldsymbol{p},s)u(\boldsymbol{p},s)e^{-ipx} + d^\dagger(\boldsymbol{p},s)v(\boldsymbol{p},s)e^{ipx}\,] \tag{II.65}$$

但し，$p^0 = \sqrt{\boldsymbol{p}^2 + m^2}$.

ここで，$c^{(\dagger)}(\boldsymbol{p},s)$ と $d^{(\dagger)}(\boldsymbol{p},s)$ は，それぞれ粒子および反粒子の生成・消滅演算子．引数 s は，スピン z 成分の２倍またはヘリシティ（Helicity）を表す．

- 生成消滅演算子の反交換関係

$$\{c(\boldsymbol{p},s), c^\dagger(\boldsymbol{p}',s')\} = \{d(\boldsymbol{p},s), d^\dagger(\boldsymbol{p}',s')\} = (2\pi)^3\, 2p^0\delta_{ss'}\delta^3(\boldsymbol{p} - \boldsymbol{p}') \tag{II.66}$$

- スピノル $u(\boldsymbol{p},s)$, $v(\boldsymbol{p},s)$ の性質

$$\begin{aligned} (\not{p} - m)u(\boldsymbol{p},s) &= 0, &\quad \bar{u}(\boldsymbol{p},s)(\not{p} - m) &= 0 \\ (\not{p} + m)v(\boldsymbol{p},s) &= 0, &\quad \bar{v}(\boldsymbol{p},s)(\not{p} + m) &= 0 \end{aligned} \tag{II.67}$$

$$\begin{aligned} &\bar{u}(\boldsymbol{p},s)u(\boldsymbol{p},s') = +2m\delta_{ss'}, \qquad \bar{v}(\boldsymbol{p},s)v(\boldsymbol{p},s') = -2m\delta_{ss'} \\ &\bar{u}(\boldsymbol{p},s)v(\boldsymbol{p},s') = 0, \qquad \bar{v}(\boldsymbol{p},s)u(\boldsymbol{p},s') = 0 \end{aligned} \tag{II.68}$$

- 射影（Projection）演算子（有質量の場合）

$$u(\boldsymbol{p},s)\bar{u}(\boldsymbol{p},s) = \frac{1+\gamma_5 \not{s}}{2}(\not{p}+m), \quad v(\boldsymbol{p},s)\bar{v}(\boldsymbol{p},s) = \frac{1+\gamma_5 \not{s}}{2}(\not{p}-m) \tag{II.69}$$

但し，s^μ はスピンベクトルで，$s_\mu p^\mu = 0$ を満たす．粒子の静止系では

$$s^\mu = (0, \boldsymbol{s}), \quad \boldsymbol{s}\boldsymbol{s} = 1 \tag{II.70}$$

任意の系での形は，これをローレンツ変換すれば得られるが，特に，運動量 $\boldsymbol{p}$ 方向の偏極の場合は

$$s^\mu = h\,(|\boldsymbol{p}|,\, p^0\boldsymbol{n})/m \qquad (\boldsymbol{n} \equiv \boldsymbol{p}/|\boldsymbol{p}|) \tag{II.71}$$

ここで，$h = \pm 1$ はヘリシティを表す．スピン和をとると

$$\sum_{s=\pm 1} u(\boldsymbol{p},s)\bar{u}(\boldsymbol{p},s) = \not{p}+m, \quad \sum_{s=\pm 1} v(\boldsymbol{p},s)\bar{v}(\boldsymbol{p},s) = \not{p}-m \tag{II.72}$$

- 射影演算子（無質量の場合）

$$u(\boldsymbol{p},s)\bar{u}(\boldsymbol{p},s) = \frac{1+h\gamma_5}{2}\not{p}, \quad v(\boldsymbol{p},s)\bar{v}(\boldsymbol{p},s) = \frac{1-h\gamma_5}{2}\not{p} \tag{II.73}$$

但し，現実に存在するニュートリノ（u）は左巻き（left-handed: $h=-1$），反ニュートリノ（v）は右巻き（right-handed: $h=+1$）．

- ゴルドン分解（Gordon decomposition）

$$\begin{aligned} &\bar{u}(\boldsymbol{p}_1,s_1)\gamma^\mu u(\boldsymbol{p}_2,s_2) \\ &\qquad = \frac{1}{2m}\bar{u}(\boldsymbol{p}_1,s_1)[\,(p_1+p_2)^\mu + i\sigma^{\mu\nu}(p_1-p_2)_\nu\,]u(\boldsymbol{p}_2,s_2) \end{aligned} \tag{II.74}$$

$$\begin{aligned} &\bar{u}(\boldsymbol{p}_1,s_1)\gamma^\mu\gamma_5 u(\boldsymbol{p}_2,s_2) \\ &\qquad = \frac{1}{2m}\bar{u}(\boldsymbol{p}_1,s_1)[\,(p_1-p_2)^\mu + i\sigma^{\mu\nu}(p_1+p_2)_\nu\,]\gamma_5 u(\boldsymbol{p}_2,s_2) \end{aligned} \tag{II.75}$$

4. 実ベクトル場（無質量）

電気的に中性なスピン1の粒子を記述する．具体的には光子とグルオンが該当する．この場は4元ベクトルなので，四つの独立な4元ベクトル $\varepsilon^\mu(\boldsymbol{p}, \lambda = 0 \sim 3)$ で展開される．この四つのベクトルが粒子の偏極を表す．但し，質量が0ということから来る制限などにより実際の物理的な自由度は2となり，これが二通りの横偏極（Transverse polarization）に対応する．また，実スカラー場と同じく粒子＝反粒子である．

この系には「ゲージ不変性（Gauge invariance）」という自由度があり，そのために量子論的取り扱いが複雑になっている．量子化に際しては，まずこの自由度を固定する操作［**ゲージ固定**（Gauge fixing）］が必要で，そのための項がラグランジアンに導入される．

- 自由場のラグランジアン（＋ゲージ固定項：Gauge fixing term）と運動方程式

$$\mathscr{L}(x) = -\frac{1}{4}F_{\mu\nu}(x)F^{\mu\nu}(x) - \frac{1}{2\alpha}\partial_\mu A^\mu(x)\partial_\nu A^\nu(x) \tag{II.76}$$

$$(g_{\mu\nu}\Box - \partial_\mu\partial_\nu)A^\nu(x) + \frac{1}{\alpha}\partial_\mu\partial_\nu A^\nu(x) = 0 \tag{II.77}$$

$$(\ F^{\mu\nu}(x) \equiv \partial^\mu A^\nu(x) - \partial^\nu A^\mu(x)\ )$$

- 伝播関数

$$\begin{aligned} D_{\mathrm{F}}^{\mu\nu}(q) &\equiv i\int d^4x\, e^{iqx}\langle 0|\mathrm{T}\, A^\mu(x)A^\nu(0)\,|0\rangle \\ &= \frac{1}{q^2+i\varepsilon}\Big[\, g^{\mu\nu} - (1-\alpha)\frac{q^\mu q^\nu}{q^2+i\varepsilon}\,\Big] \end{aligned} \tag{II.78}$$

以後，ファインマン（Feynman）ゲージ（$\alpha = 1$）で考える．この場合は

$$\Box A^\mu(x) = 0, \qquad D_{\mathrm{F}}^{\mu\nu}(q) = g^{\mu\nu}/(q^2+i\varepsilon) \tag{II.79}$$

- $A^\mu(x)$ の運動量展開（フーリエ展開）

$$A^\mu(x) = \int\frac{d^3\boldsymbol{p}}{(2\pi)^3\,2p^0}\sum_{\lambda=0}^{3}\big[\, a(\boldsymbol{p},\lambda)\varepsilon^\mu(\boldsymbol{p},\lambda)e^{-ipx} + a^\dagger(\boldsymbol{p},\lambda)\varepsilon^{\mu *}(\boldsymbol{p},\lambda)e^{ipx}\,\big] \tag{II.80}$$

但し，$p^0 = |\boldsymbol{p}|$.

$\varepsilon^\mu(\boldsymbol{p},\lambda)$ は偏極ベクトル（Polarization vector）．$\boldsymbol{p}$ の向きに z 軸をとれば

$$\begin{aligned} &\varepsilon^\mu(\boldsymbol{p},0) = (1,0,0,0), \quad \varepsilon^\mu(\boldsymbol{p},1) = (0,1,0,0), \\ &\varepsilon^\mu(\boldsymbol{p},2) = (0,0,1,0), \quad \varepsilon^\mu(\boldsymbol{p},3) = (0,0,0,1) \end{aligned} \tag{II.81}$$

これらは次の条件を満たす：

$$\varepsilon^*_\mu(\boldsymbol{p},\lambda)\varepsilon^\mu(\boldsymbol{p},\lambda') = g^{\lambda\lambda'} \tag{II.82}$$

- 生成消滅演算子の交換関係

$$[\,a(\boldsymbol{p},\lambda),\ a^\dagger(\boldsymbol{p}',\lambda')\,] = -(2\pi)^3\,2p^0 g^{\lambda\lambda'}\delta^3(\boldsymbol{p}-\boldsymbol{p}') \tag{II.83}$$

また，任意の物理的状態 $|\Psi\rangle$ に対して

$$[\,a(\boldsymbol{p},0) - a(\boldsymbol{p},3)\,]|\Psi\rangle = 0 \tag{II.84}$$

- 物理的成分（横偏極）

横偏極ベクトル $\varepsilon^\mu(\boldsymbol{p},\lambda=1,2)$ は [♯II.13]

$$p_\mu\varepsilon^\mu(\boldsymbol{p},\lambda) = 0, \quad \varepsilon^*_\mu(\boldsymbol{p},\lambda)\varepsilon^\mu(\boldsymbol{p},\lambda') = -\delta_{\lambda\lambda'} \tag{II.85}$$

$$\sum_{\lambda=1}^{2}\varepsilon^{\mu*}(\boldsymbol{p},\lambda)\varepsilon^\nu(\boldsymbol{p},\lambda) = -g^{\mu\nu} + \frac{p^\mu n^\nu + p^\nu n^\mu}{pn} - \frac{p^\mu p^\nu}{(pn)^2} \tag{II.86}$$

を満たす.[♯II.14] 但し，$n^\mu = \varepsilon^\mu(\boldsymbol{p},0) = (1,0,0,0)$.

$\varepsilon^\mu(\boldsymbol{p},i) = (0,\boldsymbol{\varepsilon}(\boldsymbol{p},i))$ $(i = 1 \sim 3)$ と表すと $\boldsymbol{\varepsilon}(\boldsymbol{p},1), \boldsymbol{\varepsilon}(\boldsymbol{p},2), \boldsymbol{\varepsilon}(\boldsymbol{p},3)$ は右手系を構成する．そこで，$\boldsymbol{p}\to-\boldsymbol{p}$ の場合にもこの関係が保たれるよう

$$\boldsymbol{\varepsilon}(-\boldsymbol{p},1) = -\boldsymbol{\varepsilon}(\boldsymbol{p},1), \quad \boldsymbol{\varepsilon}(-\boldsymbol{p},2) = \boldsymbol{\varepsilon}(\boldsymbol{p},2) \tag{II.87}$$

[♯II.13] [**注意**] 電子などスピノル場においては「偏極」はスピンの向きを示すが，ベクトル場では少し意味が異なる： 以下に与えるように，「横」偏極ベクトル（$\boldsymbol{p}$ に垂直）の組み合わせでヘリシティ$=\pm1$ つまりスピンが $\boldsymbol{p}$ に平行または反平行な状態が構成されるが，そのようなスピン状態は，スピノル場なら「縦」偏極と呼ばれる．両者を混同しないように．

[♯II.14] 実際に物理的過程において $\sum\varepsilon^{\mu*}\varepsilon^\nu$ を考える時には，p^μ が保存カレント j_μ に結合して0となってしまうことも多く，その場合には $\sum\varepsilon^{\mu*}\varepsilon^\nu = -g^{\mu\nu}$ と簡単になる．

と決める［$\boldsymbol{\varepsilon}(\boldsymbol{p},3)$ は $\boldsymbol{p}$ の向きだから，明らかに $\boldsymbol{\varepsilon}(-\boldsymbol{p},3)=-\boldsymbol{\varepsilon}(\boldsymbol{p},3)$］.

• ヘリシティ $h=\pm1$ の偏極ベクトル

$$\varepsilon^{\mu}(\boldsymbol{p},h=\pm1)=\frac{1}{\sqrt{2}}\left[\,\varepsilon^{\mu}(\boldsymbol{p},1)\pm i\varepsilon^{\mu}(\boldsymbol{p},2)\,\right] \tag{II.88}$$

これに対応する生成消滅演算子は

$$a(\boldsymbol{p},h=\pm1)=\frac{1}{\sqrt{2}}\left[\,a(\boldsymbol{p},1)\mp ia(\boldsymbol{p},2)\,\right] \tag{II.89}$$

(II.87) のように $\boldsymbol{\varepsilon}(-\boldsymbol{p},i)$ $(i=1,2)$ を決めたので $\boldsymbol{\varepsilon}(-\boldsymbol{p},\pm1)=-\boldsymbol{\varepsilon}(\boldsymbol{p},\mp1)$ となり，これより

$$\varepsilon^{\mu}(-\boldsymbol{p},h)=\varepsilon_{\mu}(\boldsymbol{p},-h)\quad(h=\pm1) \tag{II.90}$$

但し，以下ではこの関係を用いるが，これには絶対的な意味はない．実際，$\boldsymbol{p}$ の逆転に対して $\boldsymbol{\varepsilon}(\boldsymbol{p},2)$ の方が符号を変えると決めてもよいが，その場合には $\varepsilon^{\mu}(-\boldsymbol{p},h)=\varepsilon^{\mu}(\boldsymbol{p},-h)$ である．

5. 実ベクトル場（有質量）

数学的な構造は質量０の実ベクトル場に似ているが，質量を持つことにより物理的な自由度が１増え，その結果，縦偏極（Longitudinal polarization）も物理的な成分となる．中性弱相互作用を媒介するＺボソンがこの場で記述される．また，この場においても粒子・反粒子の区別はない．

初めから質量項を含めるなら系のゲージ不変性はなくなりゲージ固定項も不要だが，実際には「ゲージ不変な理論＋対称性の自発的破れ（Spontaneous symmetry breakdown)」という形式以外に有質量ベクトル場の繰り込み可能な理論は作れないことが知られており，ここでもゲージ固定項が導入される．

• 自由場のラグランジアン(＋ゲージ固定項）と運動方程式

$$\mathscr{L}(x)=-\frac{1}{4}F_{\mu\nu}(x)F^{\mu\nu}(x)+\frac{1}{2}m^{2}A_{\mu}(x)A^{\mu}(x)-\frac{1}{2\alpha}\partial_{\mu}A^{\mu}(x)\partial_{\nu}A^{\nu}(x) \tag{II.91}$$

$$[\,g_{\mu\nu}(\Box+m^2)-\partial_\mu\partial_\nu\,]A^\nu(x)+\frac{1}{\alpha}\partial_\mu\partial_\nu A^\nu(x)=0 \tag{II.92}$$

- 伝播関数

$$\begin{aligned}D_{\mathrm{F}}^{\mu\nu}(q)&\equiv i\int d^4x\,e^{iqx}\langle 0|\mathrm{T}\,A^\mu(x)A^\nu(0)\,|0\rangle\\&=\frac{1}{q^2-m^2+i\varepsilon}\Big[\,g^{\mu\nu}-(1-\alpha)\frac{q^\mu q^\nu}{q^2-\alpha m^2+i\varepsilon}\,\Big]\end{aligned} \tag{II.93}$$

ファインマンゲージ（$\alpha=1$）では

$$(\Box+m^2)A^\mu(x)=0,\qquad D_{\mathrm{F}}^{\mu\nu}(q)=g^{\mu\nu}/(q^2-m^2+i\varepsilon) \tag{II.94}$$

- $A^\mu(x)$ の運動量展開（フーリエ展開）

$$A^\mu(x)=\int\frac{d^3\boldsymbol{p}}{(2\pi)^3\,2p^0}\sum_{\lambda=0}^{3}[\,a(\boldsymbol{p},\lambda)\varepsilon^\mu(\boldsymbol{p},\lambda)e^{-ipx}+a^\dagger(\boldsymbol{p},\lambda)\varepsilon^{\mu*}(\boldsymbol{p},\lambda)e^{ipx}\,] \tag{II.95}$$

但し，$p^0=\sqrt{\boldsymbol{p}^2+m^2}$.

$\varepsilon^\mu(\boldsymbol{p},\lambda)$ は偏極ベクトルで，粒子の静止系［$p^\mu=(m,0,0,0)$］では

$$\begin{aligned}&\varepsilon^\mu(\boldsymbol{p},0)=(1,0,0,0)\,(=p^\mu/m), &&\varepsilon^\mu(\boldsymbol{p},1)=(0,1,0,0),\\&\varepsilon^\mu(\boldsymbol{p},2)=(0,0,1,0), &&\varepsilon^\mu(\boldsymbol{p},3)=(0,0,0,1)\end{aligned} \tag{II.96}$$

任意の系での形はローレンツ変換すれば得られる．但し，$\varepsilon^\mu(\boldsymbol{p},0)=p^\mu/m$ の関係は不変.

- 生成消滅演算子の交換関係

$$[\,a(\boldsymbol{p},\lambda),\ a^\dagger(\boldsymbol{p}',\lambda')\,]=-(2\pi)^3\,2p^0g^{\lambda\lambda'}\delta^3(\boldsymbol{p}-\boldsymbol{p}') \tag{II.97}$$

- 物理的成分（スピン＝１成分）

物理的過程でループを考えない計算では,

$$\partial_\mu A^\mu(x)=0 \tag{II.98}$$

という条件［ローレンツ条件］を $A^\mu(x)$ に課すことで，物理的成分（スピン＝１成分）を取り出すことが出来る．以下はその物理成分について：

$$p_\mu\varepsilon^\mu(\boldsymbol{p},\lambda)=0,\quad \varepsilon^*_\mu(\boldsymbol{p},\lambda)\varepsilon^\mu(\boldsymbol{p},\lambda')=-\delta_{\lambda\lambda'} \tag{II.99}$$

$$\sum_{\lambda=1}^{3} \varepsilon^{\mu *}(\boldsymbol{p}, \lambda)\varepsilon^{\nu}(\boldsymbol{p}, \lambda) = -g^{\mu\nu} + p^{\mu}p^{\nu}/m^2 \tag{II.100}$$

• 横偏極（$h = \pm 1$）ならびに縦偏極（$h = 0$）ベクトル

$$\varepsilon^{\mu}(\boldsymbol{p}, h = \pm 1) = \frac{1}{\sqrt{2}}[\,\varepsilon^{\mu}(\boldsymbol{p}, 1) \pm i\varepsilon^{\mu}(\boldsymbol{p}, 2)\,] \tag{II.101}$$

$$\varepsilon^{\mu}(\boldsymbol{p}, h = 0) = \varepsilon^{\mu}(\boldsymbol{p}, 3) = \Big(\frac{|\boldsymbol{p}|}{m}, \frac{p^0}{m}\boldsymbol{n}\Big) = \frac{p^{\mu}}{m} + O\Big(\frac{m}{p^0}\Big) \tag{II.102}$$

$$(\,\boldsymbol{n} \equiv \boldsymbol{p}/|\boldsymbol{p}|\,)$$

それに対応する生成消滅演算子は

$$a(\boldsymbol{p}, h = \pm 1) = \frac{1}{\sqrt{2}}[\,a(\boldsymbol{p}, 1) \mp ia(\boldsymbol{p}, 2)\,] \tag{II.103}$$

$$a(\boldsymbol{p}, h = 0) = a(\boldsymbol{p}, 3) \tag{II.104}$$

$\boldsymbol{p} \to -\boldsymbol{p}$ に対する偏極ベクトルの性質を (II.87) と同じようにとると

$$\varepsilon^{\mu}(-\boldsymbol{p}, h) = \varepsilon_{\mu}(\boldsymbol{p}, -h) \quad (h = \pm 1,\ 0) \tag{II.105}$$

6. 複素ベクトル場

電荷・質量を持つスピン 1 の粒子を記述する．この場合も，有質量の実ベクトル場と同じ理由で，一見不要なゲージ固定項がラグランジアンに加えられる．荷電弱相互作用を媒介するWボソンがこの場で表される．

• 自由場のラグランジアン(＋ゲージ固定項) と運動方程式

$$\mathscr{L}(x) = -\frac{1}{2}F^{\dagger}_{\mu\nu}(x)F^{\mu\nu}(x) + m^2 A^{\dagger}_{\mu}(x)A^{\mu}(x) - \frac{1}{\alpha}\partial_{\mu}A^{\mu\dagger}(x)\partial_{\nu}A^{\nu}(x) \tag{II.106}$$

$$[\,g_{\mu\nu}(\Box + m^2) - \partial_{\mu}\partial_{\nu}\,]A^{\nu}(x) + \frac{1}{\alpha}\partial_{\mu}\partial_{\nu}A^{\nu}(x) = 0 \tag{II.107}$$

● 伝播関数

$$D_{\mathrm{F}}^{\mu\nu}(q) \equiv i\int d^4x\, e^{iqx}\langle 0|\mathrm{T}\, A^\mu(x)A^{\nu\dagger}(0)\,|0\rangle$$
$$= \frac{1}{q^2-m^2+i\varepsilon}\Big[\, g^{\mu\nu} - (1-\alpha)\frac{q^\mu q^\nu}{q^2-\alpha m^2+i\varepsilon}\,\Big] \qquad (\mathrm{II}.108)$$

ファインマンゲージ（$\alpha=1$）では

$$(\Box + m^2)A^\mu(x) = 0, \qquad D_{\mathrm{F}}^{\mu\nu}(q) = g^{\mu\nu}/(q^2-m^2+i\varepsilon) \qquad (\mathrm{II}.109)$$

● $A^\mu(x)$ の運動量展開（フーリエ展開）

$$A^\mu(x) = \int \frac{d^3\boldsymbol{p}}{(2\pi)^3\,2p^0}\sum_{\lambda=0}^{3}\big[\, a(\boldsymbol{p},\lambda)\varepsilon^\mu(\boldsymbol{p},\lambda)e^{-ipx} + b^\dagger(\boldsymbol{p},\lambda)\varepsilon^{\mu *}(\boldsymbol{p},\lambda)e^{ipx}\,\big] \quad (\mathrm{II}.110)$$

但し，$p^0 = \sqrt{\boldsymbol{p}^2+m^2}$.

ここで，$a^{(\dagger)}(\boldsymbol{p},\lambda)$ と $b^{(\dagger)}(\boldsymbol{p},\lambda)$ は，それぞれ粒子および反粒子の生成・消滅演算子．$\varepsilon^\mu(\boldsymbol{p},\lambda)$ は偏極ベクトル で，粒子の静止系［$p^\mu=(m,0,0,0)$］では

$$\begin{aligned}&\varepsilon^\mu(\boldsymbol{p},0) = (1,0,0,0)\,(=p^\mu/m), \qquad &&\varepsilon^\mu(\boldsymbol{p},1) = (0,1,0,0),\\ &\varepsilon^\mu(\boldsymbol{p},2) = (0,0,1,0), &&\varepsilon^\mu(\boldsymbol{p},3) = (0,0,0,1)\end{aligned} \qquad (\mathrm{II}.111)$$

任意の系での形はローレンツ変換すれば得られる．但し，$\varepsilon^\mu(\boldsymbol{p},0)=p^\mu/m$ の関係は不変.

● 生成消滅演算子の交換関係

$$[\, a(\boldsymbol{p},\lambda),\ a^\dagger(\boldsymbol{p}',\lambda')\,] = [\, b(\boldsymbol{p},\lambda),\ b^\dagger(\boldsymbol{p}',\lambda')\,] = -(2\pi)^3\,2p^0 g^{\lambda\lambda'}\delta^3(\boldsymbol{p}-\boldsymbol{p}') \quad (\mathrm{II}.112)$$

ここでも以下は $\partial_\mu A^\mu(x)=0$ を満たす物理成分について：

$$p_\mu\varepsilon^\mu(\boldsymbol{p},\lambda) = 0, \quad \varepsilon^*_\mu(\boldsymbol{p},\lambda)\varepsilon^\mu(\boldsymbol{p},\lambda') = -\delta_{\lambda\lambda'} \qquad (\mathrm{II}.113)$$

$$\sum_{\lambda=1}^{3}\varepsilon^{\mu *}(\boldsymbol{p},\lambda)\varepsilon^\nu(\boldsymbol{p},\lambda) = -g^{\mu\nu} + p^\mu p^\nu/m^2 \qquad (\mathrm{II}.114)$$

● 横偏極（$h=\pm1$）ならびに縦偏極（$h=0$）ベクトル

$$\varepsilon^\mu(\boldsymbol{p},h=\pm1) = \frac{1}{\sqrt{2}}[\,\varepsilon^\mu(\boldsymbol{p},1) \pm i\varepsilon^\mu(\boldsymbol{p},2)\,] \qquad (\mathrm{II}.115)$$

$$\varepsilon^\mu(\boldsymbol{p}, h=0) = \varepsilon^\mu(\boldsymbol{p}, 3) = \Big(\frac{|\boldsymbol{p}|}{m}, \frac{p^0}{m}\boldsymbol{n}\Big) = \frac{p^\mu}{m} + O\Big(\frac{m}{p^0}\Big) \qquad (\text{II}.116)$$

$$(\,\boldsymbol{n} \equiv \boldsymbol{p}/|\boldsymbol{p}|\,)$$

$$\varepsilon^\mu(-\boldsymbol{p}, h) = \varepsilon_\mu(\boldsymbol{p}, -h) \quad (h = \pm 1,\, 0) \qquad (\text{II}.117)$$

$h = \pm 1,\, 0$ に対応する生成消滅演算子は

$$a(\boldsymbol{p}, h=\pm 1) = \frac{1}{\sqrt{2}}[\,a(\boldsymbol{p}, 1) \mp i a(\boldsymbol{p}, 2)\,] \qquad (\text{II}.118)$$

$$a(\boldsymbol{p}, h=0) = a(\boldsymbol{p}, 3) \qquad (\text{II}.119)$$

$$b(\boldsymbol{p}, h=\pm 1) = \frac{1}{\sqrt{2}}[\,b(\boldsymbol{p}, 1) \mp i b(\boldsymbol{p}, 2)\,] \qquad (\text{II}.120)$$

$$b(\boldsymbol{p}, h=0) = b(\boldsymbol{p}, 3) \qquad (\text{II}.121)$$

♠♠ ちょっと息抜き：　摂動計算は辛いよ　♠♠

筆者が博士課程の院生の頃，ループ（複数の伝播関数から成る閉じた図）も含めた計算に，集中的に取り組んだことがあった．百個近いファインマン図の寄与の評価だった．本書では全く触れていないが，一般にループを含む図からは無限大の発散項が現れるため，それらを「繰り込み」という操作で除去しなければならない．現 金沢大学・名誉教授の青木健一氏といっしょに，毎日深夜まで一つ一つ処理していったのだが，ある一つの発散項がどうしても消えない．数日間あれこれやってみても解決できず,『これは，繰り込み可能性の自発的破れに違いない』などという大発見（？）にも到りかけた（^_^;）．まあ，予想がつくように，その後，一つのグラフの評価の仕方にミスがあることがわかり，一件落着した．我々は，もしかすると発散に救われたのかも知れない．もし，初めから有限な項だけを扱っていたら，間違いに気付かなかったかも知れないんだから．

ともかく，どんな計算でも最終結果を公表する時には神経を使うものである … 中にはそれ程気にしない豪傑もいるが … ．

III. ファインマン則と計算の具体例

III.1 共変摂動論での不変散乱振幅

共変摂動論において不変散乱振幅がどのように導かれるかを具体的に示すため，幾つかの反応を摂動の第1次（最低次）近似で扱ってみよう．

1. スカラー粒子散乱

最初の例として，最も簡単な中性スカラー粒子同士の散乱 $\phi\phi \to \phi\phi$ を取り上げる．ここで，反応を引き起こす相互作用は，I.6 節で紹介した $\lambda\phi^4$ 模型の

$$\mathscr{L}_{\mathrm{I}}(x) = -\frac{\lambda}{4!} :\phi^4(x): \tag{III.1}$$

であるとする．この場に対応する演算子 $\phi(x)$ は (II.55) 式で与えられている．

S行列の摂動展開 $S = 1 + S^{(1)} + S^{(2)} + \cdots$ において，最低次の近似で寄与するのは

$$S^{(1)} = i\int d^4x\, \mathscr{L}_{\mathrm{I}}(x) = -\frac{i\lambda}{4!}\int d^4x :\phi^4(x): \tag{III.2}$$

であり，散乱前の粒子の運動量を $\boldsymbol{p}_1, \boldsymbol{p}_2$, 散乱後の運動量を $\boldsymbol{p}_3, \boldsymbol{p}_4$ とすると，その行列要素は

$$\begin{aligned}&\langle\phi(\boldsymbol{p}_3)\phi(\boldsymbol{p}_4)|S^{(1)}|\phi(\boldsymbol{p}_1)\phi(\boldsymbol{p}_2)\rangle\\ &\quad = -\frac{i\lambda}{4!}\int d^4x\, \langle 0|a(\boldsymbol{p}_3)a(\boldsymbol{p}_4) :\phi^4(x): a^\dagger(\boldsymbol{p}_1)a^\dagger(\boldsymbol{p}_2)|0\rangle\end{aligned} \tag{III.3}$$

と与えられる．この過程では，始状態と終状態で粒子数は変化していないから，$\phi(x)$ をその生成演算子部分 $\phi^{(c)}(x)$（c = creation）と消滅演算子部分 $\phi^{(a)}(x)$

($a=$ annihilation) に分けて[♯III.1] $:\phi^4(x):$ を展開した時，各項の中で生成・消滅演算子が二つずつ含まれているものだけが効く．四つ並んだ $\phi(x)$ の中から生成演算子２個と消滅演算子２個を抜き出す方法は ${}_4C_2=6$ 通りあるから

$$\begin{aligned}
\text{上式} &= -\frac{6i\lambda}{4!}\int d^4x\,\langle 0|a(\boldsymbol{p}_3)a(\boldsymbol{p}_4)\phi^{(c)}(x)\phi^{(c)}(x)\phi^{(a)}(x)\phi^{(a)}(x)a^\dagger(\boldsymbol{p}_1)a^\dagger(\boldsymbol{p}_2)|0\rangle \\
&= -\frac{i\lambda}{4}\int d^4x\int\prod_{i=1}^4 d^3\tilde{\boldsymbol{q}}_i\,e^{i(q_1+q_2-q_3-q_4)x} \\
&\qquad\times\langle 0|a(\boldsymbol{p}_3)a(\boldsymbol{p}_4)a^\dagger(\boldsymbol{q}_1)a^\dagger(\boldsymbol{q}_2)a(\boldsymbol{q}_3)a(\boldsymbol{q}_4)a^\dagger(\boldsymbol{p}_1)a^\dagger(\boldsymbol{p}_2)|0\rangle
\end{aligned}$$

ここで，まず $a(\boldsymbol{q}_3)a(\boldsymbol{q}_4)a^\dagger(\boldsymbol{p}_1)a^\dagger(\boldsymbol{p}_2)|0\rangle$ 部分に注目しよう．これは

$$\begin{aligned}
&a(\boldsymbol{q}_3)a(\boldsymbol{q}_4)a^\dagger(\boldsymbol{p}_1)a^\dagger(\boldsymbol{p}_2)|0\rangle \\
&= a(\boldsymbol{q}_3)[\,a(\boldsymbol{q}_4),\ a^\dagger(\boldsymbol{p}_1)\,]a^\dagger(\boldsymbol{p}_2)|0\rangle + a(\boldsymbol{q}_3)a^\dagger(\boldsymbol{p}_1)a(\boldsymbol{q}_4)a^\dagger(\boldsymbol{p}_2)|0\rangle \\
&= a(\boldsymbol{q}_3)(2\pi)^3\,2q_4^0\,\delta^3(\boldsymbol{q}_4-\boldsymbol{p}_1)a^\dagger(\boldsymbol{p}_2)|0\rangle + a(\boldsymbol{q}_3)a^\dagger(\boldsymbol{p}_1)[\,a(\boldsymbol{q}_4),\ a^\dagger(\boldsymbol{p}_2)\,]|0\rangle \\
&\quad + a(\boldsymbol{q}_3)a^\dagger(\boldsymbol{p}_1)a^\dagger(\boldsymbol{p}_2)a(\boldsymbol{q}_4)|0\rangle
\end{aligned}$$

と変形していけるが，最後の項は，消滅演算子が直接 $|0\rangle$ に作用するため０となる．更に同様の計算を続けると

$$\begin{aligned}
&= (2\pi)^3\,2q_4^0\,\delta^3(\boldsymbol{q}_4-\boldsymbol{p}_1)[\,a(\boldsymbol{q}_3),\ a^\dagger(\boldsymbol{p}_2)\,]|0\rangle \\
&\quad + (2\pi)^3\,2q_4^0\,\delta^3(\boldsymbol{q}_4-\boldsymbol{p}_2)[\,a(\boldsymbol{q}_3),\ a^\dagger(\boldsymbol{p}_1)\,]|0\rangle \\
&= (2\pi)^6\,(2q_3^0)(2q_4^0)\Big[\,\delta^3(\boldsymbol{q}_3-\boldsymbol{p}_2)\delta^3(\boldsymbol{q}_4-\boldsymbol{p}_1)+\delta^3(\boldsymbol{q}_3-\boldsymbol{p}_1)\delta^3(\boldsymbol{q}_4-\boldsymbol{p}_2)\,\Big]|0\rangle
\end{aligned}$$

となって演算子は姿を消してしまう．すると，残る $a(\boldsymbol{p}_3)a(\boldsymbol{p}_4)a^\dagger(\boldsymbol{q}_1)a^\dagger(\boldsymbol{q}_2)$ も直接 $|0\rangle$ に掛かるようになるので，上と全く同じ操作によって

$$\begin{aligned}
&a(\boldsymbol{p}_3)a(\boldsymbol{p}_4)a^\dagger(\boldsymbol{q}_1)a^\dagger(\boldsymbol{q}_2)|0\rangle \\
&= (2\pi)^6\,(2q_1^0)(2q_2^0)\Big[\,\delta^3(\boldsymbol{q}_1-\boldsymbol{p}_4)\delta^3(\boldsymbol{q}_2-\boldsymbol{p}_3)+\delta^3(\boldsymbol{q}_1-\boldsymbol{p}_3)\delta^3(\boldsymbol{q}_2-\boldsymbol{p}_4)\,\Big]|0\rangle
\end{aligned}$$

[♯III.1] 通常は $\phi^{(c)}(x)$ は負の振動数部分ということで $\phi^{(-)}(x)$ と，また $\phi^{(a)}(x)$ は正振動数部分ということで $\phi^{(+)}(x)$ と記される．しかしながら，少なくとも筆者にはどうしても $\phi^{(+)}(x)$ の方が $(+)$ に惑わされて生成部分に見えてしまうので，ここでは (c), (a) を用いることにする．

となり，残った $\langle 0|$ と $|0\rangle$ は直接結合して $\langle 0|0\rangle = 1$ となる．また，$e^{i(q_1+q_2-q_3-q_4)x}$ の x 積分はデルタ関数になるので，結局

$$
\begin{aligned}
&\langle \phi(\boldsymbol{p}_3)\phi(\boldsymbol{p}_4)|S^{(1)}|\phi(\boldsymbol{p}_1)\phi(\boldsymbol{p}_2)\rangle \\
&= -\frac{i\lambda}{4}\int (2\pi)^{12}\prod_{i=1}^{4}(2q_i^0)\,d^3\tilde{\boldsymbol{q}}_i\,(2\pi)^4\,\delta^4(q_1+q_2-q_3-q_4) \\
&\qquad\qquad \times\Big[\,\delta^3(\boldsymbol{q}_3-\boldsymbol{p}_2)\delta^3(\boldsymbol{q}_4-\boldsymbol{p}_1)+\delta^3(\boldsymbol{q}_3-\boldsymbol{p}_1)\delta^3(\boldsymbol{q}_4-\boldsymbol{p}_2)\,\Big] \\
&\qquad\qquad \times\Big[\,\delta^3(\boldsymbol{q}_1-\boldsymbol{p}_4)\delta^3(\boldsymbol{q}_2-\boldsymbol{p}_3)+\delta^3(\boldsymbol{q}_1-\boldsymbol{p}_3)\delta^3(\boldsymbol{q}_2-\boldsymbol{p}_4)\,\Big] \\
&= -i\lambda\,(2\pi)^4\,\delta^4(p_1+p_2-p_3-p_4)
\end{aligned}
\tag{Ⅲ.4}
$$

に達する．これを不変散乱振幅の定義 (Ⅱ.41) と比較してみると，この場合は

$$
\mathscr{M}(\phi\phi \to \phi\phi) = -\lambda \tag{Ⅲ.5}
$$

であることがわかる．

このように計算を進めれば，考察対象の相互作用ラグランジアンから出発して必要な不変散乱振幅を導き出すことは常に可能である．しかし，上の例はスカラー粒子のみが関与したからまだ易しかったが，以下で見るようにスピノルやベクトルが絡む反応はもっと複雑なので，毎回それを行うのは面倒である．

ところが幸いなことに，このような作業を必要な分だけ予め済ませて一定の規則さえ導いておけば，後は，いかなる過程の散乱振幅も，**ファインマン図** (Feynman diagram) と呼ぶ図形との対応から求まることが知られており，その規則は**ファインマン則**（Feynman rule）と名付けられている．ただ，上記の $\mathscr{M}(\phi\phi \to \phi\phi)$ は，見ての通り余りにも簡単なので，ファインマン則を説明する最初の例にするのは適切とは言い難い．そこで，ひとまずスカラー粒子を扱うのは保留して，より現実的な反応に進もう．

2. 電子・陽電子対消滅

電子と陽電子が衝突・消滅して光子になり，その光子が更にミューオン・反ミューオン対に転換される反応を考えよう．始状態・終状態の粒子それぞれの

運動量とスピン変数を

$$e(\boldsymbol{p}_1, s_1) + \bar{e}(\boldsymbol{p}_2, s_2) \to \mu(\boldsymbol{p}_3, s_3) + \bar{\mu}(\boldsymbol{p}_4, s_4)$$

ととる．電磁相互作用ラグランジアンの中で，この過程に寄与する項は

$$\mathscr{L}_{\mathrm{I}}(x) = -e :\bar{\psi}_e(x)\gamma_\alpha\psi_e(x): A^\alpha(x) - e :\bar{\psi}_\mu(x)\gamma_\alpha\psi_\mu(x): A^\alpha(x) \qquad (Ⅲ.6)$$

（e は素電荷：電子電荷 = ミューオン電荷 = $-e$，陽子電荷 = $+e$）である.[♯Ⅲ.2]

参考までに付け加えると，この相互作用ラグランジアンはしばしば

$$\mathscr{L}_{\mathrm{I}}(x) = eJ_\alpha(x)A^\alpha(x) \quad \left(J_\alpha = -\sum_{\ell=e,\mu} :\bar{\psi}_\ell\gamma_\alpha\psi_\ell: \right) \qquad (Ⅲ.7)$$

と表され，J_α は**電磁カレント**（Electromagnetic current）と呼ばれる．また，電子やミューオンと光子の相互作用をこの $\mathscr{L}_{\mathrm{I}}$ で記述する体系は，**量子電磁力学**（Quantum Electrodynamics 略して QED）という名称で知られている．場の量子論においては，相互作用の多くは，このようにカレント（厳密に言えばカレント密度）と力の場および結合定数（この場合は e）の積で表現される．

話を本題に戻そう．S 行列の摂動展開の中で，ここでの計算に必要なのは

$$S^{(2)} = \frac{i^2}{2!}\int d^4x\, d^4y\, \mathrm{T}[\mathscr{L}_{\mathrm{I}}(x)\mathscr{L}_{\mathrm{I}}(y)] \qquad (Ⅲ.8)$$

である．

問題 Ⅲ.1　何故 $S^{(1)}$ は寄与しないのか理由を考えてみよ．

この $S^{(2)}$ を，始状態・終状態ベクトル

$$|e(\boldsymbol{p}_1, s_1)\bar{e}(\boldsymbol{p}_2, s_2)\rangle = c_e^\dagger(\boldsymbol{p}_1, s_1)d_e^\dagger(\boldsymbol{p}_2, s_2)|0\rangle \qquad (Ⅲ.9)$$

$$\langle\mu(\boldsymbol{p}_3, s_3)\bar{\mu}(\boldsymbol{p}_4, s_4)| = \langle 0|d_\mu(\boldsymbol{p}_4, s_4)c_\mu(\boldsymbol{p}_3, s_3) \qquad (Ⅲ.10)$$

[♯Ⅲ.2] 実際の反応では，光子の替りに Z ボソンが結合する中性弱相互作用も関与するが，ここでは，話を簡潔にするため光子の寄与のみを考える．中性弱相互作用の効果についてはⅢ.2 節 7 で触れる．

で挟めば

$$\begin{aligned}
&\langle \mu(\boldsymbol{p}_3, s_3)\bar{\mu}(\boldsymbol{p}_4, s_4)|S^{(2)}|e(\boldsymbol{p}_1, s_1)\bar{e}(\boldsymbol{p}_2, s_2)\rangle \\
&= -\frac{1}{2}\int d^4x\, d^4y\, \langle \mu(\boldsymbol{p}_3, s_3)\bar{\mu}(\boldsymbol{p}_4, s_4)|\mathrm{T}\,\mathscr{L}_{\mathrm{I}}(x)\mathscr{L}_{\mathrm{I}}(y)\,|e(\boldsymbol{p}_1, s_1)\bar{e}(\boldsymbol{p}_2, s_2)\rangle \\
&= -\frac{1}{2}e^2\Big[\int d^4x\, d^4y\, \langle \mu(\boldsymbol{p}_3, s_3)\bar{\mu}(\boldsymbol{p}_4, s_4)|\mathrm{T}[:\bar{\psi}_\mu(x)\gamma_\alpha\psi_\mu(x):A^\alpha(x) \\
&\qquad\qquad \times :\bar{\psi}_e(y)\gamma_\beta\,\psi_e(y):A^\beta(y)\,]|e(\boldsymbol{p}_1, s_1)\bar{e}(\boldsymbol{p}_2, s_2)\rangle \\
&\qquad + \int d^4x\, d^4y\, \langle \mu(\boldsymbol{p}_3, s_3)\bar{\mu}(\boldsymbol{p}_4, s_4)|\mathrm{T}[:\bar{\psi}_e(x)\gamma_\alpha\psi_e(x):A^\alpha(x) \\
&\qquad\qquad \times :\bar{\psi}_\mu(y)\gamma_\beta\,\psi_\mu(y):A^\beta(y)\,]|e(\boldsymbol{p}_1, s_1)\bar{e}(\boldsymbol{p}_2, s_2)\rangle\,\Big]
\end{aligned}$$

(第2項で積分変数 x と y，ベクトル A の成分添字 α と β を入れ換えて)

$$\begin{aligned}
&= -e^2\int d^4x\, d^4y\, \langle \mu(\boldsymbol{p}_3, s_3)\bar{\mu}(\boldsymbol{p}_4, s_4)|\mathrm{T}[:\bar{\psi}_\mu(x)\gamma_\alpha\psi_\mu(x):A^\alpha(x) \\
&\qquad\qquad \times :\bar{\psi}_e(y)\gamma_\beta\,\psi_e(y):A^\beta(y)\,]|e(\boldsymbol{p}_1, s_1)\bar{e}(\boldsymbol{p}_2, s_2)\rangle
\end{aligned}$$

ここで，正規積の定義により，ψ_e と ψ_μ いずれに対しても

$$\begin{aligned}
&:\bar{\psi}(x)\gamma_*\psi(x): \\
&=:\int d^3\tilde{\boldsymbol{k}}_1 d^3\tilde{\boldsymbol{k}}_2 \sum_{\sigma_1=\pm1}[\,c^\dagger(\boldsymbol{k}_1,\sigma_1)\bar{u}(\boldsymbol{k}_1,\sigma_1)e^{ik_1x} + d(\boldsymbol{k}_1,\sigma_1)\bar{v}(\boldsymbol{k}_1,\sigma_1)e^{-ik_1x}\,] \\
&\qquad \times\gamma_* \sum_{\sigma_2=\pm1}[\,c(\boldsymbol{k}_2,\sigma_2)u(\boldsymbol{k}_2,\sigma_2)e^{-ik_2x} + d^\dagger(\boldsymbol{k}_2,\sigma_2)v(\boldsymbol{k}_2,\sigma_2)e^{ik_2x}\,]: \\
&= \int d^3\tilde{\boldsymbol{k}}_1 d^3\tilde{\boldsymbol{k}}_2 \sum_{\sigma_1,\sigma_2=\pm1}\Big[\,c^\dagger(\boldsymbol{k}_1,\sigma_1)c(\boldsymbol{k}_2,\sigma_2)\bar{u}(\boldsymbol{k}_1,\sigma_1)\gamma_* u(\boldsymbol{k}_2,\sigma_2)e^{i(k_1-k_2)x} \\
&\qquad + c^\dagger(\boldsymbol{k}_1,\sigma_1)d^\dagger(\boldsymbol{k}_2,\sigma_2)\bar{u}(\boldsymbol{k}_1,\sigma_1)\gamma_* v(\boldsymbol{k}_2,\sigma_2)e^{i(k_1+k_2)x} \\
&\qquad + d(\boldsymbol{k}_1,\sigma_1)c(\boldsymbol{k}_2,\sigma_2)\bar{v}(\boldsymbol{k}_1,\sigma_1)\gamma_* u(\boldsymbol{k}_2,\sigma_2)e^{-i(k_1+k_2)x} \\
&\qquad - d^\dagger(\boldsymbol{k}_2,\sigma_2)d(\boldsymbol{k}_1,\sigma_1)\bar{v}(\boldsymbol{k}_1,\sigma_1)\gamma_* v(\boldsymbol{k}_2,\sigma_2)e^{-i(k_1-k_2)x}\,\Big]
\end{aligned} \tag{Ⅲ.11}$$

(この中で γ_* は γ_α または γ_β を表す) である.

これで計算の準備は整った. $\langle\mu\bar{\mu}|S^{(2)}|e\bar{e}\rangle$ の中で，まず，電子・陽電子の演算子に着目すると，$:\bar{\psi}_e\gamma_\beta\,\psi_e:$ の右側には $c_e^\dagger d_e^\dagger$ があるが左側には何もない，つま

り，$:\bar{\psi}_e\gamma_\beta\psi_e:$ は直接 $\langle 0|$ に掛かる．だから，(III.11) を $\langle\mu\bar{\mu}|S^{(2)}|e\bar{e}\rangle$ に代入すれば $d_e(\boldsymbol{k}_1,\sigma_1)c_e(\boldsymbol{k}_2,\sigma_2)$ を含む第３項以外は全て消える．そうして残った項の中，はじめに電子の生成消滅演算子 c_e, $c_e^\dagger$ を処理しよう．第 II.6 節の (II.66) 式

$$\{c(\boldsymbol{p},s),c^\dagger(\boldsymbol{p}',s')\}=\{d(\boldsymbol{p},s),d^\dagger(\boldsymbol{p}',s')\}=(2\pi)^3\,2p^0\delta_{ss'}\delta^3(\boldsymbol{p}-\boldsymbol{p}')$$

に従えば，上述の $c_e(\boldsymbol{k}_2,\sigma_2)$ と始状態の $c_e^\dagger(\boldsymbol{p}_1,s_1)$ の積は

$$c_e(\boldsymbol{k}_2,\sigma_2)c_e^\dagger(\boldsymbol{p}_1,s_1)=(2\pi)^3\,2k_2^0\,\delta_{\sigma_2 s_1}\delta^3(\boldsymbol{k}_2-\boldsymbol{p}_1)-c_e^\dagger(\boldsymbol{p}_1,s_1)c_e(\boldsymbol{k}_2,\sigma_2)$$

となるが，右辺第２項は $\langle\mu\bar{\mu}|S^{(2)}|e\bar{e}\rangle$ の中では $|0\rangle$ に掛かって０になるため

$$(2\pi)^3\,2k_2^0\,\delta_{\sigma_2 s_1}\delta^3(\boldsymbol{k}_2-\boldsymbol{p}_1)$$

だけが生き残る．これを，この左側にある

$$\int d^3\tilde{\boldsymbol{k}}_2\sum_{\sigma_2=\pm1}u_e(\boldsymbol{k}_2,\sigma_2)e^{-ik_2y}$$

と合わせ，電子項として $u_e(\boldsymbol{p}_1,s_1)e^{-ip_1y}$ を得る．これに倣えば，陽電子部分 d_e, $d_e^\dagger$ も同様に扱えて $\bar{v}_e(\boldsymbol{p}_2,s_2)e^{-ip_2y}$ となるので，両者の寄与をまとめれば

$$\bar{v}_e(\boldsymbol{p}_2,s_2)\gamma_\beta\,u_e(\boldsymbol{p}_1,s_1)e^{-i(p_1+p_2)y} \tag{III.12}$$

もう一方のミューオン・反ミューオン項も計算方法は同じで

$$\bar{u}_\mu(\boldsymbol{p}_3,s_3)\gamma_\alpha v_\mu(\boldsymbol{p}_4,s_4)e^{i(p_3+p_4)x} \tag{III.13}$$

よって，

$$\begin{aligned}\langle\mu\bar{\mu}|S^{(2)}|e\bar{e}\rangle=-e^2\int d^4x\,d^4y\;e^{i(p_3+p_4)x}e^{-i(p_1+p_2)y}\langle 0|\mathrm{T}\,A^\alpha(x)A^\beta(y)\,|0\rangle\\ \times\,\bar{u}_\mu(\boldsymbol{p}_3,s_3)\gamma_\alpha v_\mu(\boldsymbol{p}_4,s_4)\bar{v}_e(\boldsymbol{p}_2,s_2)\gamma_\beta\,u_e(\boldsymbol{p}_1,s_1)\end{aligned} \tag{III.14}$$

最後に，光子の伝播関数は

$$D_{\mathrm{F}}^{\mu\nu}(x-y)\equiv i\langle 0|\mathrm{T}\,A^\mu(x)A^\nu(y)\,|0\rangle \tag{III.15}$$

と定義されたから，

$$\langle\mu\bar{\mu}|S^{(2)}|e\bar{e}\rangle = ie^2 \int d^4x\, d^4y\, e^{i(p_3+p_4)x} e^{-i(p_1+p_2)y} D_{\mathrm{F}}^{\alpha\beta}(x-y) \\ \times \bar{u}_\mu(\boldsymbol{p}_3, s_3)\gamma_\alpha v_\mu(\boldsymbol{p}_4, s_4)\bar{v}_e(\boldsymbol{p}_2, s_2)\gamma_\beta\, u_e(\boldsymbol{p}_1, s_1)$$

ここに $D_{\mathrm{F}}^{\alpha\beta}(x-y) = \int d^4q\, D_{\mathrm{F}}^{\alpha\beta}(q) e^{-iq(x-y)}/(2\pi)^4$ を代入して

$$= ie^2 \int \frac{d^4q}{(2\pi)^4} \int d^4x\, d^4y\, e^{i(p_3+p_4-q)x} e^{-i(p_1+p_2-q)y} D_{\mathrm{F}}^{\alpha\beta}(q) \\ \times \bar{u}_\mu(\boldsymbol{p}_3, s_3)\gamma_\alpha v_\mu(\boldsymbol{p}_4, s_4)\bar{v}_e(\boldsymbol{p}_2, s_2)\gamma_\beta\, u_e(\boldsymbol{p}_1, s_1)$$

$$= ie^2 \int d^4q\, (2\pi)^4\, \delta^4(p_3+p_4-q)\delta^4(p_1+p_2-q) D_{\mathrm{F}}^{\alpha\beta}(q) \\ \times \bar{u}_\mu(\boldsymbol{p}_3, s_3)\gamma_\alpha v_\mu(\boldsymbol{p}_4, s_4)\bar{v}_e(\boldsymbol{p}_2, s_2)\gamma_\beta\, u_e(\boldsymbol{p}_1, s_1)$$

$$= ie^2 (2\pi)^4\, \delta^4(p_3+p_4-p_1-p_2) D_{\mathrm{F}}^{\alpha\beta}(p_1+p_2) \\ \times \bar{u}_\mu(\boldsymbol{p}_3, s_3)\gamma_\alpha v_\mu(\boldsymbol{p}_4, s_4)\bar{v}_e(\boldsymbol{p}_2, s_2)\gamma_\beta\, u_e(\boldsymbol{p}_1, s_1)$$

すなわち，求める $S^{(2)}$ 行列要素は

$$\langle\mu\bar{\mu}|S^{(2)}|e\bar{e}\rangle = i(2\pi)^4\, \delta^4(p_3+p_4-p_1-p_2) \\ \times e^2\, \bar{u}_\mu(\boldsymbol{p}_3, s_3)\gamma_\alpha v_\mu(\boldsymbol{p}_4, s_4) D_{\mathrm{F}}^{\alpha\beta}(p_1+p_2)\bar{v}_e(\boldsymbol{p}_2, s_2)\gamma_\beta\, u_e(\boldsymbol{p}_1, s_1) \quad (\mathrm{III}.16)$$

となり，この反応の不変散乱振幅は

$$\mathscr{M}(e\bar{e} \to \mu\bar{\mu}) = e^2\, \bar{u}_\mu(\boldsymbol{p}_3, s_3)\gamma_\alpha v_\mu(\boldsymbol{p}_4, s_4) D_{\mathrm{F}}^{\alpha\beta}(q)\bar{v}_e(\boldsymbol{p}_2, s_2)\gamma_\beta\, u_e(\boldsymbol{p}_1, s_1) \quad (\mathrm{III}.17)$$

（$q = p_1 + p_2 = p_3 + p_4$）であることがわかる．

これで読者も同種の計算課題には自信を持って臨めるだろうが，実は，上の結果は，次のような規則を認めれば直ちに書き下すことも出来る：

- 始状態のディラック粒子　（運動量 $\boldsymbol{p}$，スピン変数 s）には　$u(\boldsymbol{p}, s)$
- 始状態の反ディラック粒子（運動量 $\boldsymbol{p}$，スピン変数 s）には　$\bar{v}(\boldsymbol{p}, s)$
- 終状態のディラック粒子　（運動量 $\boldsymbol{p}$，スピン変数 s）には　$\bar{u}(\boldsymbol{p}, s)$

- 終状態の反ディラック粒子（運動量 $\boldsymbol{p}$，スピン変数 s）には　$v(\boldsymbol{p}, s)$
- 内部（中間状態）を走る光子（4元運動量 q）には光子伝播関数　$D_{\mathrm{F}}^{\alpha\beta}(q)$
- ディラック粒子（電荷 Q）またはその反粒子（電荷 $-Q$）と光子（A^{α}）の結合部には　$Q\gamma_{\alpha}$

をそれぞれ対応させる．そして，それらを，反応の進む順序を考えながら全体がスカラーになるように組み合わせる．なお，伝播関数の運動量は，その端点（結合部）での4元運動量保存則に従って決められる． ∎

更に，この規則は図形化も出来る．つまり，始状態のディラック粒子と終状態の反ディラック粒子はそれぞれの光子との結合部［**頂点**（Vertex)］に向かう実線（矢印付），始状態の反ディラック粒子と終状態のディラック粒子はそれらの頂点から離れる実線で，また，内部（中間状態）の光子（伝播関数）は二つの頂点を結ぶ波線で表すことにすれば，この反応は，次のような図で表されることになる：

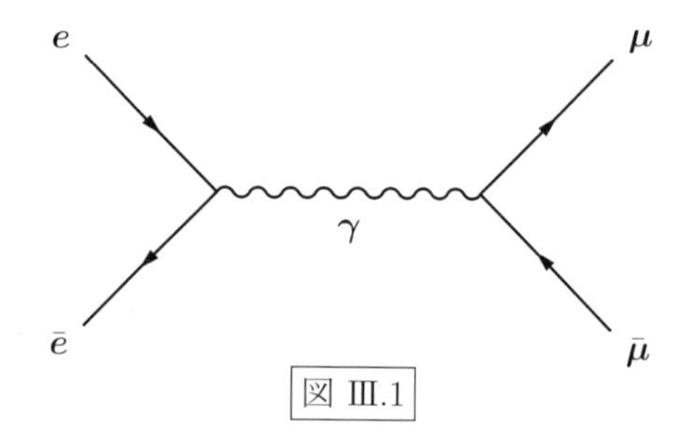

図 III.1

この図は，正に「いったん電子 e と陽電子 $\bar{e}$ が対消滅して光子 γ に変わり，それが直後にミューオン・反ミューオン対 $\mu\bar{\mu}$ を生成する」という過程を視覚的に表している．これが (III.17) の振幅に対応するファインマン図である．[♯III.3]

この例だけから一般規則を導くことは勿論できないが，実際には，**あらゆる不変散乱振幅の各項それぞれに一対一で固有のファインマン図が対応する**ことが知られている．従って，逆に**反応進行を思い浮かべながら幾何学的に可能な**

♯III.3 この図は，あたかも反応が左側の始状態から右側の終状態に進むかのように描かれているが，全体を反時計回りに 90° 回転させ，下から上へ向けて描かれることも少なくない．

図を全て描き，それに上述の規則を適用して不変散乱振幅を書き下すことが出来る．この規則が前述のファインマン則という訳である．なお，ファインマン図の中では，始・終状態の粒子・反粒子を表す線は**外線**（External line）と，また中間状態（伝播関数）を表す線は**内線**（Internal line）と総称される．

ここで，一時保留にしておいた $\lambda\phi^4$ 模型での中性スカラー粒子散乱も考えてみよう．(Ⅲ.5) を同じように規則化するなら，

- 始状態・終状態のスカラー粒子には 1
- 四つのスカラー粒子の結合部（頂点）には $-\lambda$

を対応させるというものになる．また，始状態・終状態や中間状態のスカラー粒子を表す外線・内線には破線が標準的に用いられるので，この場合のファインマン図は次のようになる：

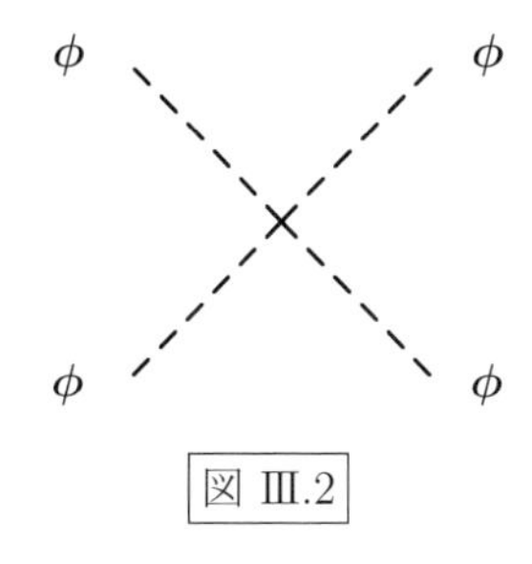

図 Ⅲ.2

ファインマン図はともかく，不変散乱振幅の構成は実に簡単である．電子や光子の話をする前にいきなりスカラー場に対し上掲の規則を持ち出しても理解は難しいということで，説明を後回しにした理由がこれでわかって貰えるだろう．

では，ファインマン則の重要性を紹介したところで，ここまでにS行列要素の計算について学んだことを一度復習・整理しておこう．我々が扱うのは

$$\langle 0|a(\boldsymbol{q}_1)\cdots a(\boldsymbol{q}_m)\mathrm{T}[\,\phi(x_1)\phi(x_2)\cdots\phi(x_N)\,]a^\dagger(\boldsymbol{p}_1)\cdots a^\dagger(\boldsymbol{p}_n)|0\rangle \tag{Ⅲ.18}$$

という形の量である（簡単のため，関与する場は１種類のみとする）．ここで，$\phi(x)$ を生成演算子部分 $\phi^{(c)}(x)$ と消滅演算子部分 $\phi^{(a)}(x)$ に分けると，上式は

全部で 2^N 個の

$$\langle 0|a(\boldsymbol{q}_1)\cdots a(\boldsymbol{q}_m)\mathrm{T}\,[\phi^{(c)}(x_1)\phi^{(a)}(x_2)\phi^{(a)}(x_3)\cdots\phi^{(c)}(x_N)\,] \times a^\dagger(\boldsymbol{p}_1)\cdots a^\dagger(\boldsymbol{p}_n)|0\rangle \tag{III.19}$$

という項の和となる．ここでまず行うことは，どの項においても交換（或いは反交換）関係を使って $\phi^{(a)}$ はどんどん右の方へ，$\phi^{(c)}$ はどんどん左の方へ移動させる，つまり全体を正規積の形

$$\phi^{(c)}\phi^{(c)}\cdots\phi^{(c)}\phi^{(a)}\phi^{(a)}\cdots\phi^{(a)}$$

に整えることである【これは付録２にまとめた**ウィックの定理**（Wick's theorem）により系統的に進められる】．次に，$\phi^{(a)}$ と $a^\dagger$ との（反）交換関係で更に $\phi^{(a)}$ を右に移動させる．これを，$\phi^{(a)}$ が直接 $|0\rangle$ に作用する位置に来るまで続ける．同様に，$\phi^{(c)}$ は $\langle 0|$ に直接掛かるようになるまで左に移動させていく．この作業が全演算子について完了した時に行列要素が求まる訳で，それを正しく実行することが，信頼できるファインマン則の導出にも繋がるのである．

3. 電子・電子散乱

こんどは電子同士の散乱を考える．この場合には，関係する相互作用項は

$$\mathscr{L}_{\mathrm{I}}(x) = -e : \bar{\psi}_e(x)\gamma_\alpha\psi_e(x) : A^\alpha(x) \tag{III.20}$$

のみ（ここでも中性弱相互作用の寄与は含めない）で，求めるべきＳ行列要素は

$$\begin{aligned}&\langle e(\boldsymbol{p}_3,s_3)e(\boldsymbol{p}_4,s_4)|S^{(2)}|e(\boldsymbol{p}_1,s_1)e(\boldsymbol{p}_2,s_2)\rangle\\ &= -\frac{1}{2!}e^2\int d^4x\,d^4y\,\langle e(\boldsymbol{p}_3,s_3)e(\boldsymbol{p}_4,s_4)|\mathrm{T}[:\bar{\psi}(x)\gamma_\alpha\psi(x):A^\alpha(x)\\ &\qquad \times :\bar{\psi}(y)\gamma_\beta\psi(y):A^\beta(y)\,]|e(\boldsymbol{p}_1,s_1)e(\boldsymbol{p}_2,s_2)\rangle\end{aligned} \tag{III.21}$$

（関与するディラック場は電子場だけなので，ψ_e の添字 e は落とした）であるが，その中には $\bar{\psi}$ と ψ が二つずつあるので計算には少し注意が必要である．

はじめにT積部分にウィックの定理（付録２参照）を適用すると

$$\begin{aligned}
&\mathrm{T}[\,:\bar{\psi}(x)\gamma_\alpha\psi(x):\,A^\alpha(x)\,:\bar{\psi}(y)\gamma_\beta\,\psi(y):\,A^\beta(y)\,]\\
&=\sum_{i,j,k,l}\mathrm{T}[\,:\bar{\psi}_i(x)(\gamma_\alpha)_{ij}\,\psi_j(x):\,:\bar{\psi}_k(y)(\gamma_\beta)_{kl}\,\psi_l(y):\,]\mathrm{T}[\,A^\alpha(x)A^\beta(y)\,]\\
&=\sum_{i,j,k,l}\Big[\,:\bar{\psi}_i(x)\psi_j(x)\bar{\psi}_k(y)\psi_l(y):-\langle 0|\mathrm{T}\,\bar{\psi}_i(x)\psi_l(y)\,|0\rangle\,:\bar{\psi}_k(y)\psi_j(x):\\
&\qquad -\,:\bar{\psi}_i(x)\psi_l(y):\,\langle 0|\mathrm{T}\,\bar{\psi}_k(y)\psi_j(x)\,|0\rangle\\
&\qquad -\langle 0|\mathrm{T}\,\bar{\psi}_i(x)\psi_l(y)\,|0\rangle\langle 0|\mathrm{T}\,\bar{\psi}_k(y)\psi_j(x)\,|0\rangle\,\Big]\\
&\qquad\qquad\qquad \times(\gamma_\alpha)_{ij}(\gamma_\beta)_{kl}\,\mathrm{T}[\,A^\alpha(x)A^\beta(y)\,]
\end{aligned}\tag{III.22}$$

となる．これを $\langle ee|$ と $|ee\rangle$ で挟むと $:\bar{\psi}\psi\bar{\psi}\psi:$ を含む第１項のみが生き残ることは明らかだから，評価すべき項は

$$\begin{aligned}
&\langle ee|S^{(2)}|ee\rangle\\
&=-\frac{1}{2}e^2\sum_{i,j,k,l}\int d^4x\,d^4y\,(\gamma_\alpha)_{ij}(\gamma_\beta)_{kl}\langle 0|\mathrm{T}\,A^\alpha(x)A^\beta(y)\,|0\rangle\\
&\quad\times\langle e(\boldsymbol{p}_3,s_3)e(\boldsymbol{p}_4,s_4)|\,:\bar{\psi}_i(x)\psi_j(x)\bar{\psi}_k(y)\psi_l(y):\,|e(\boldsymbol{p}_1,s_1)e(\boldsymbol{p}_2,s_2)\rangle\\
&=-\frac{1}{2}e^2\int d^4x\,d^4y\,\langle 0|\mathrm{T}\,A^\alpha(x)A^\beta(y)\,|0\rangle\\
&\quad\times\langle e(\boldsymbol{p}_3,s_3)e(\boldsymbol{p}_4,s_4)|\,:\bar{\psi}(x)\gamma_\alpha\psi(x)\bar{\psi}(y)\gamma_\beta\,\psi(y):\,|e(\boldsymbol{p}_1,s_1)e(\boldsymbol{p}_2,s_2)\rangle
\end{aligned}\tag{III.23}$$

ここでは陽電子は無関係なので，$\bar{\psi},\psi$ の中で必要なのは $c^\dagger, c$ の項だけである：

$$\begin{aligned}
&:\bar{\psi}(x)\gamma_\alpha\psi(x)\bar{\psi}(y)\gamma_\beta\,\psi(y):\\
&\quad\to\quad -\int d^3\tilde{\boldsymbol{k}}_1 d^3\tilde{\boldsymbol{k}}_2 d^3\tilde{\boldsymbol{k}}_3 d^3\tilde{\boldsymbol{k}}_4\sum_{\sigma_{1,2,3,4}=\pm1}e^{i(k_1-k_2)x}e^{i(k_3-k_4)y}\\
&\qquad\qquad\times\bar{u}(\boldsymbol{k}_1,\sigma_1)\gamma_\alpha u(\boldsymbol{k}_2,\sigma_2)\bar{u}(\boldsymbol{k}_3,\sigma_3)\gamma_\beta\,u(\boldsymbol{k}_4,\sigma_4)\\
&\qquad\qquad\qquad\times c^\dagger(\boldsymbol{k}_1,\sigma_1)c^\dagger(\boldsymbol{k}_3,\sigma_3)c(\boldsymbol{k}_2,\sigma_2)c(\boldsymbol{k}_4,\sigma_4)
\end{aligned}$$

まず $c(\boldsymbol{k},\sigma)$ の処理から始めよう：

$$c(\boldsymbol{k}_2,\sigma_2)c(\boldsymbol{k}_4,\sigma_4)|e(\boldsymbol{p}_1,s_1)e(\boldsymbol{p}_2,s_2)\rangle$$

$$
\begin{aligned}
&= c(\boldsymbol{k}_2,\sigma_2)c(\boldsymbol{k}_4,\sigma_4)c^\dagger(\boldsymbol{p}_1,s_1)c^\dagger(\boldsymbol{p}_2,s_2)|0\rangle \\
&= c(\boldsymbol{k}_2,\sigma_2)[\,(2\pi)^3\,2k_4^0\,\delta_{\sigma_4 s_1}\delta^3(\boldsymbol{k}_4-\boldsymbol{p}_1)-c^\dagger(\boldsymbol{p}_1,s_1)c(\boldsymbol{k}_4,\sigma_4)\,]c^\dagger(\boldsymbol{p}_2,s_2)|0\rangle \\
&= (2\pi)^3\,2k_4^0\,\delta_{\sigma_4 s_1}\delta^3(\boldsymbol{k}_4-\boldsymbol{p}_1)c(\boldsymbol{k}_2,\sigma_2)c^\dagger(\boldsymbol{p}_2,s_2)|0\rangle \\
&\qquad\qquad -c(\boldsymbol{k}_2,\sigma_2)c^\dagger(\boldsymbol{p}_1,s_1)c(\boldsymbol{k}_4,\sigma_4)c^\dagger(\boldsymbol{p}_2,s_2)|0\rangle \\
&= (2\pi)^6\,(2k_2^0)(2k_4^0)[\,\delta_{\sigma_4 s_1}\delta_{\sigma_2 s_2}\delta^3(\boldsymbol{k}_4-\boldsymbol{p}_1)\delta^3(\boldsymbol{k}_2-\boldsymbol{p}_2) \\
&\qquad\qquad\qquad -\delta_{\sigma_2 s_1}\delta_{\sigma_4 s_2}\delta^3(\boldsymbol{k}_2-\boldsymbol{p}_1)\delta^3(\boldsymbol{k}_4-\boldsymbol{p}_2)\,]|0\rangle
\end{aligned}
$$

まったく同様に $c^\dagger(\boldsymbol{k},\sigma)$ については

$$
\begin{aligned}
&\langle e(\boldsymbol{p}_3,s_3)e(\boldsymbol{p}_4,s_4)|c^\dagger(\boldsymbol{k}_1,\sigma_1)c^\dagger(\boldsymbol{k}_3,\sigma_3) \\
&\quad= (2\pi)^6\,(2k_1^0)(2k_3^0)[\,\delta_{\sigma_1 s_3}\delta_{\sigma_3 s_4}\delta^3(\boldsymbol{k}_1-\boldsymbol{p}_3)\delta^3(\boldsymbol{k}_3-\boldsymbol{p}_4) \\
&\qquad\qquad\qquad -\delta_{\sigma_3 s_3}\delta_{\sigma_1 s_4}\delta^3(\boldsymbol{k}_3-\boldsymbol{p}_3)\delta^3(\boldsymbol{k}_1-\boldsymbol{p}_4)\,]\langle 0|
\end{aligned}
$$

あとは，電子・陽電子消滅反応の場合と同じ計算をすればよい．結果は

$$
\begin{aligned}
\mathscr{M}(ee\to ee) &= e^2\,\bar{u}(\boldsymbol{p}_3,s_3)\gamma_\alpha u(\boldsymbol{p}_1,s_1)D_{\mathrm{F}}^{\alpha\beta}(q)\bar{u}(\boldsymbol{p}_4,s_4)\gamma_\beta\,u(\boldsymbol{p}_2,s_2) \\
&\quad -e^2\,\bar{u}(\boldsymbol{p}_4,s_4)\gamma_\alpha u(\boldsymbol{p}_1,s_1)D_{\mathrm{F}}^{\alpha\beta}(q')\bar{u}(\boldsymbol{p}_3,s_3)\gamma_\beta\,u(\boldsymbol{p}_2,s_2) \qquad (\mathrm{III}.24)
\end{aligned}
$$

（$q=p_1-p_3$，$q'=p_3-p_2$）となる．これが電子・電子散乱の不変散乱振幅であり，第１項・第２項は，それぞれ下図の (1)・(2) に対応している（第２項の符号に注意！）．二つの図を同時に考慮しなければならないということは，両者が全く識別できないこと，つまり，電子同士の不可弁別性 を表している．

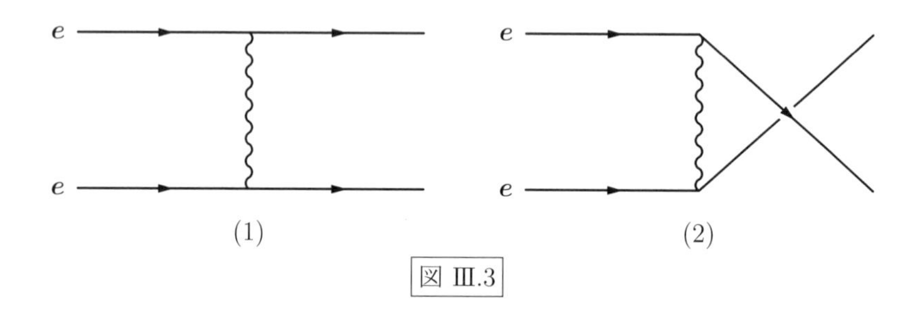

図 III.3

ここでファインマン則の追加：

- ディラック粒子が交叉する図に対応する項には（相対符号）-1 が掛かる

問題 Ⅲ.2　電子・ミューオン散乱の不変散乱振幅を求めよ．

問題 Ⅲ.3　電子・電子散乱の不変散乱振幅を e^4 の項まで含めて求めようとすると，(Ⅲ.6) 式の右辺第２項のミューオン・光子結合など電子以外の粒子の相互作用項も寄与するようになる．これは何故か考えてみよ．

なお，ここで調べた電子同士の弾性散乱は，**メラー散乱**（Mϕller scattering）という固有名称も持っている．

4. 電子・光子散乱

始・終状態（外線）にベクトル粒子が現れる典型例の一つは電子・光子散乱［**コンプトン散乱**（Compton scattering）］だろう．関与する $\mathscr{L}_{\mathrm{I}}$ は電子・電子散乱と同じで，やはり $S^{(2)}$ が評価対象となる．ここでも ψ_e の添字は省略すれば

$$
\begin{aligned}
&\langle\gamma(\boldsymbol{p}_3, s_3)e(\boldsymbol{p}_4, s_4)|S^{(2)}|\gamma(\boldsymbol{p}_1, s_1)e(\boldsymbol{p}_2, s_2)\rangle \\
&= -\frac{1}{2!}e^2\int d^4x\, d^4y\, \langle\gamma(\boldsymbol{p}_3, s_3)e(\boldsymbol{p}_4, s_4)|\mathrm{T}[\,:\bar{\psi}(x)\gamma_\alpha\psi(x):\,A^\alpha(x) \\
&\qquad\qquad \times :\bar{\psi}(y)\gamma_\beta\,\psi(y):\,A^\beta(y)\,]|\gamma(\boldsymbol{p}_1, s_1)e(\boldsymbol{p}_2, s_2)\rangle
\end{aligned}
\tag{Ⅲ.25}
$$

電子と光子の演算子は独立に扱えるので，まず光子部分を計算しよう．そこは，ウィックの定理により

$$
\mathrm{T}[\,A^\alpha(x)A^\beta(y)\,] = :A^\alpha(x)A^\beta(y): + \langle 0|\mathrm{T}\,A^\alpha(x)A^\beta(y)\,|0\rangle \tag{Ⅲ.26}
$$

と書き直せるが，この散乱では始・終状態に光子が存在するので，右辺第１項（正規積）のみが効く．更に，その正規積の中で光子演算子を運動量展開すると四つの項が現れるが，反応の前後で光子数は変化しないから，

$$
\begin{aligned}
\int d^3\tilde{\boldsymbol{q}}_1 d^3\tilde{\boldsymbol{q}}_2 \sum_{\lambda_1,\lambda_2=1}^{2}\Big[& a^\dagger(\boldsymbol{q}_1, \lambda_1)a(\boldsymbol{q}_2, \lambda_2)\varepsilon^{\alpha*}(\boldsymbol{q}_1, \lambda_1)\varepsilon^\beta(\boldsymbol{q}_2, \lambda_2)e^{i(q_1x-q_2y)} \\
&+ a^\dagger(\boldsymbol{q}_2, \lambda_2)a(\boldsymbol{q}_1, \lambda_1)\varepsilon^\alpha(\boldsymbol{q}_1, \lambda_1)\varepsilon^{\beta*}(\boldsymbol{q}_2, \lambda_2)e^{-i(q_1x-q_2y)}\Big]
\end{aligned}
$$

だけを考えればよい.[♯III.4] だから,求めるべき行列要素は

$$\langle 0|a(\boldsymbol{p}_3, s_3)a^\dagger(\boldsymbol{q}_1, \lambda_1)a(\boldsymbol{q}_2, \lambda_2)a^\dagger(\boldsymbol{p}_1, s_1)|0\rangle \tag{III.27}$$

$$\langle 0|a(\boldsymbol{p}_3, s_3)a^\dagger(\boldsymbol{q}_2, \lambda_2)a(\boldsymbol{q}_1, \lambda_1)a^\dagger(\boldsymbol{p}_1, s_1)|0\rangle \tag{III.28}$$

の二つである.これは直ちに計算できて

$$\text{第 1 項} = (2\pi)^6\,(2q_1^0)(2q_2^0)\,\delta_{\lambda_1 s_3}\delta_{\lambda_2 s_1}\delta^3(\boldsymbol{q}_1 - \boldsymbol{p}_3)\delta^3(\boldsymbol{q}_2 - \boldsymbol{p}_1)$$
$$\text{第 2 項} = (2\pi)^6\,(2q_1^0)(2q_2^0)\,\delta_{\lambda_1 s_1}\delta_{\lambda_2 s_3}\delta^3(\boldsymbol{q}_1 - \boldsymbol{p}_1)\delta^3(\boldsymbol{q}_2 - \boldsymbol{p}_3)$$

となり,ここに偏極ベクトルを掛けて $\boldsymbol{q}_{1,2}$ 積分を済ませれば

$$\varepsilon^{\alpha *}(\boldsymbol{p}_3, s_3)\varepsilon^{\beta}(\boldsymbol{p}_1, s_1)e^{i(p_3 x - p_1 y)} + \varepsilon^{\alpha}(\boldsymbol{p}_1, s_1)\varepsilon^{\beta *}(\boldsymbol{p}_3, s_3)e^{-i(p_1 x - p_3 y)} \tag{III.29}$$

が得られる.

では,次に電子部分を評価しよう.具体的に,各スピノル及び γ 行列の成分を表す添字まで陽に書くと,対応する項は

$$\sum_{i,j,k,l}\langle 0|c(\boldsymbol{p}_4, s_4)\mathrm{T}[\,:\bar{\psi}_i(x)(\gamma_\alpha)_{ij}\psi_j(x):\,:\bar{\psi}_k(y)(\gamma_\beta)_{kl}\,\psi_l(y):\,]c^\dagger(\boldsymbol{p}_2, s_2)|0\rangle$$

となり,この中の T 積をウィックの定理に従い展開した結果として生まれてくる幾つかの項の中では

$$(\gamma_\alpha)_{ij}(\gamma_\beta)_{kl}\Big[:\bar{\psi}_i(x)\psi_l(y):\,\langle 0|\mathrm{T}\,\psi_j(x)\bar{\psi}_k(y)\,|0\rangle + :\bar{\psi}_k(y)\psi_j(x):\,\langle 0|\mathrm{T}\,\psi_l(y)\bar{\psi}_i(x)\,|0\rangle\Big]$$

のみが振幅に寄与する.これに対応する行列要素は

$$\langle 0|c(\boldsymbol{p}_4, s_4)\,:\bar{\psi}_i(x)\psi_l(y):\,c^\dagger(\boldsymbol{p}_2, s_2)|0\rangle \tag{III.30}$$

$$\langle 0|c(\boldsymbol{p}_4, s_4)\,:\bar{\psi}_k(y)\psi_j(x):\,c^\dagger(\boldsymbol{p}_2, s_2)|0\rangle \tag{III.31}$$

[♯III.4] 外線の光子は,偏極ベクトルの物理的成分($\lambda_{1,2} = 1, 2$)のみを持つことに注意.

だが，必要な計算は，特に難しくはないだろう：

$$第1項 = \sum_{\sigma_1,\sigma_2}\int d^3\tilde{\boldsymbol{k}}_1 d^3\tilde{\boldsymbol{k}}_2 \,\langle 0|c(\boldsymbol{p}_4,s_4)c^\dagger(\boldsymbol{k}_1,\sigma_1)c(\boldsymbol{k}_2,\sigma_2)c^\dagger(\boldsymbol{p}_2,s_2)|0\rangle$$
$$\times\, \bar{u}_i(\boldsymbol{k}_1,\sigma_1)e^{ik_1x}u_l(\boldsymbol{k}_2,\sigma_2)e^{-ik_2y}$$
$$= \bar{u}_i(\boldsymbol{p}_4,s_4)u_l(\boldsymbol{p}_2,s_2)e^{i(p_4x-p_2y)}$$

まったく同様に

$$第2項 = \bar{u}_k(\boldsymbol{p}_4,s_4)u_j(\boldsymbol{p}_2,s_2)e^{-i(p_2x-p_4y)}$$

それ故，光子項も含めた全体は

$$-\frac{1}{2}e^2\sum_{i,j,k,l}\int d^4x\,d^4y\,(\gamma_\alpha)_{ij}(\gamma_\beta)_{kl}$$
$$\times\Big[\,\bar{u}_i(\boldsymbol{p}_4,s_4)u_l(\boldsymbol{p}_2,s_2)e^{i(p_4x-p_2y)}\langle 0|\mathrm{T}\,\psi(x)\bar{\psi}(y)\,|0\rangle_{jk}$$
$$+\,\bar{u}_k(\boldsymbol{p}_4,s_4)u_j(\boldsymbol{p}_2,s_2)e^{-i(p_2x-p_4y)}\langle 0|\mathrm{T}\,\psi(y)\bar{\psi}(x)\,|0\rangle_{li}\Big]$$
$$\times[\,\varepsilon^{\alpha*}(\boldsymbol{p}_3,s_3)\varepsilon^{\beta}(\boldsymbol{p}_1,s_1)e^{i(p_3x-p_1y)}+\varepsilon^{\alpha}(\boldsymbol{p}_1,s_1)\varepsilon^{\beta*}(\boldsymbol{p}_3,s_3)e^{-i(p_1x-p_3y)}\,]$$
$$= -\frac{1}{2}e^2\int d^4x\,d^4y\,\Big[\,\bar{u}(\boldsymbol{p}_4,s_4)\gamma_\alpha\langle 0|\mathrm{T}\,\psi(x)\bar{\psi}(y)\,|0\rangle\gamma_\beta\,u(\boldsymbol{p}_2,s_2)e^{i(p_4x-p_2y)}$$
$$+\,\bar{u}(\boldsymbol{p}_4,s_4)\gamma_\beta\langle 0|\mathrm{T}\,\psi(y)\bar{\psi}(x)\,|0\rangle\gamma_\alpha u(\boldsymbol{p}_2,s_2)e^{-i(p_2x-p_4y)}\,\Big]$$
$$\times\,[\,\varepsilon^{\alpha*}(\boldsymbol{p}_3,s_3)\varepsilon^{\beta}(\boldsymbol{p}_1,s_1)e^{i(p_3x-p_1y)}+\varepsilon^{\alpha}(\boldsymbol{p}_1,s_1)\varepsilon^{\beta*}(\boldsymbol{p}_3,s_3)e^{-i(p_1x-p_3y)}\,]$$
$$= \frac{i}{2}e^2\int d^4x\,d^4y$$
$$\times\Big[\,\bar{u}(\boldsymbol{p}_4,s_4)\not{\varepsilon}^*(\boldsymbol{p}_3,s_3)S_{\mathrm{F}}(x-y)\not{\varepsilon}(\boldsymbol{p}_1,s_1)u(\boldsymbol{p}_2,s_2)e^{i(p_3x-p_1y)}e^{i(p_4x-p_2y)}$$
$$+\,\bar{u}(\boldsymbol{p}_4,s_4)\not{\varepsilon}(\boldsymbol{p}_1,s_1)S_{\mathrm{F}}(x-y)\not{\varepsilon}^*(\boldsymbol{p}_3,s_3)u(\boldsymbol{p}_2,s_2)e^{-i(p_1x-p_3y)}e^{i(p_4x-p_2y)}$$
$$+\,\bar{u}(\boldsymbol{p}_4,s_4)\not{\varepsilon}(\boldsymbol{p}_1,s_1)S_{\mathrm{F}}(y-x)\not{\varepsilon}^*(\boldsymbol{p}_3,s_3)u(\boldsymbol{p}_2,s_2)e^{i(p_3x-p_1y)}e^{-i(p_2x-p_4y)}$$
$$+\,\bar{u}(\boldsymbol{p}_4,s_4)\not{\varepsilon}^*(\boldsymbol{p}_3,s_3)S_{\mathrm{F}}(y-x)\not{\varepsilon}(\boldsymbol{p}_1,s_1)u(\boldsymbol{p}_2,s_2)e^{-i(p_1x-p_3y)}e^{-i(p_2x-p_4y)}\Big]$$

$S_{\mathrm{F}}(x-y)=\int d^4q\,S_{\mathrm{F}}(q)e^{-iq(x-y)}/(2\pi)^4$ を用いると

$$= \frac{ie^2}{2(2\pi)^4}\int d^4x\,d^4y\int d^4q$$

$$
\begin{aligned}
\times\Big[\, &\bar{u}(\boldsymbol{p}_4, s_4)\not\varepsilon^*(\boldsymbol{p}_3, s_3) S_{\mathrm{F}}(q) \not\varepsilon(\boldsymbol{p}_1, s_1) u(\boldsymbol{p}_2, s_2) e^{-i(q-p_3-p_4)x} e^{i(q-p_1-p_2)y} \\
&+ \bar{u}(\boldsymbol{p}_4, s_4)\not\varepsilon(\boldsymbol{p}_1, s_1) S_{\mathrm{F}}(q) \not\varepsilon^*(\boldsymbol{p}_3, s_3) u(\boldsymbol{p}_2, s_2) e^{-i(q+p_1-p_4)x} e^{i(q+p_3-p_2)y} \\
&+ \bar{u}(\boldsymbol{p}_4, s_4)\not\varepsilon(\boldsymbol{p}_1, s_1) S_{\mathrm{F}}(q) \not\varepsilon^*(\boldsymbol{p}_3, s_3) u(\boldsymbol{p}_2, s_2) e^{i(q+p_3-p_2)x} e^{-i(q+p_1-p_4)y} \\
&+ \bar{u}(\boldsymbol{p}_4, s_4)\not\varepsilon^*(\boldsymbol{p}_3, s_3) S_{\mathrm{F}}(q) \not\varepsilon(\boldsymbol{p}_1, s_1) u(\boldsymbol{p}_2, s_2) e^{i(q-p_1-p_2)x} e^{-i(q-p_3-p_4)y} \Big]
\end{aligned}
$$

但し，ここで $\not\varepsilon \equiv \varepsilon_\mu \gamma^\mu = \varepsilon^\mu \gamma_\mu$ という記法を用いた（付録３参照）．この中で，x および y 積分を行うと各項にデルタ関数が二つずつ現れるが，そのうちの一つは q 積分で消えてしまい，最後に次のような結果に達する：

$$
\begin{aligned}
&\langle \gamma(\boldsymbol{p}_3, s_3) e(\boldsymbol{p}_4, s_4) | S^{(2)} | \gamma(\boldsymbol{p}_1, s_1) e(\boldsymbol{p}_2, s_2) \rangle \\
&= i(2\pi)^4 \delta^4(p_1 + p_2 - p_3 - p_4) \\
&\quad \times e^2 \big[\, \bar{u}(\boldsymbol{p}_4, s_4)\not\varepsilon^*(\boldsymbol{p}_3, s_3) S_{\mathrm{F}}(p_2 + p_1) \not\varepsilon(\boldsymbol{p}_1, s_1) u(\boldsymbol{p}_2, s_2) \\
&\qquad + \bar{u}(\boldsymbol{p}_4, s_4)\not\varepsilon(\boldsymbol{p}_1, s_1) S_{\mathrm{F}}(p_2 - p_3) \not\varepsilon^*(\boldsymbol{p}_3, s_3) u(\boldsymbol{p}_2, s_2) \big]
\end{aligned}
$$

従って，この場合の不変散乱振幅は

$$
\begin{aligned}
\mathscr{M}(\gamma e \to \gamma e) &= e^2\, \bar{u}(\boldsymbol{p}_4, s_4)\not\varepsilon^*(\boldsymbol{p}_3, s_3) S_{\mathrm{F}}(q) \not\varepsilon(\boldsymbol{p}_1, s_1) u(\boldsymbol{p}_2, s_2) \\
&\quad + e^2\, \bar{u}(\boldsymbol{p}_4, s_4)\not\varepsilon(\boldsymbol{p}_1, s_1) S_{\mathrm{F}}(q') \not\varepsilon^*(\boldsymbol{p}_3, s_3) u(\boldsymbol{p}_2, s_2) \qquad \text{(III.32)}
\end{aligned}
$$

（$q = p_1 + p_2$，$q' = p_2 - p_3$）である．これから，外線に光子がある場合には偏極ベクトル ε^α (始状態), $\varepsilon^{\alpha *}$ (終状態) が，また中間状態に電子（一般にはディラック粒子）があるとその伝播関数 S_{F} が，それぞれ振幅に現れることがわかる．

ファインマン則の追加：

- 始状態の光子　（運動量 $\boldsymbol{p}$，スピン変数 s）には　　$\varepsilon^\alpha(\boldsymbol{p}, s)$
- 終状態の光子　（運動量 $\boldsymbol{p}$，スピン変数 s）には　　$\varepsilon^{\alpha *}(\boldsymbol{p}, s)$
- 内部を走るディラック粒子（４元運動量 q）には伝播関数　　$S_{\mathrm{F}}(q)_{ij}$

　が対応する（ここで q の向きは $j \to i$ である）．

また，始・終状態の光子はその伝播関数と同じく波線で，中間状態のディラック粒子（伝播関数）もその始・終状態と同じく矢印付きの実線で表す．但し，矢印の向きは $S_{\rm F}(q)_{ij}$ の引数 q と同じく $j \to i$ である．故に，振幅 (III.32) 式の第１・２項は，それぞれ次のファインマン図 (1)・(2) で表される：

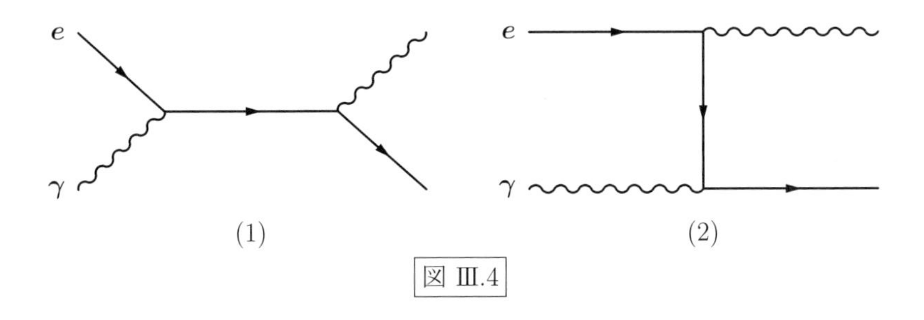

図 III.4

5. 反ディラック粒子を含む反応

ディラック粒子（一般にはフェルミ粒子）はフェルミ統計に従うため，一見簡単そうな反応過程の取り扱いでも，演算子の処理の順序に注意を払わないと正しい符号が得られないことがある．電子同士の衝突の散乱振幅 (III.24) で，終状態の電子を入れ換えたファインマン図に対応する項がマイナス符号を持ったのも，その一例である．同じ理由で，ディラック粒子が反ディラック粒子で置き換えられたような反応も要注意となる．ここでは，このような問題をまとめて整理しておこう．

まず初めに，(反) ディラック粒子と光子の結合を取り上げよう．このファインマン則はすでに 90 頁に与えたが，そこで，わざわざ「ディラック粒子（電荷 Q）またはその反粒子（電荷 $-Q$）と光子（A^{α}）の結合部」と書いた狙いは，“反粒子は電荷が $-Q$ だから，その結合は $-Q\gamma_{\alpha}$ となる” などと勘違いしてはいけないと強調することだった．もしも反粒子には $-Q$ を用いるというのが規則なら，例えば電子と陽電子が対消滅するような場合には，何が結合定数なのか決められなくなるところだが，実際は，この結合部の係数（結合定数）Q

は相互作用ラグランジアンの $Q\bar{\psi}\gamma_\alpha\psi A^\alpha$ から来ており，この項は粒子-光子結合にも反粒子-光子結合にも使われるから，どちらの結合部にも Q が入るのである．

しかし，こうは言っても，電磁相互作用の下での粒子・反粒子の振る舞いが全く同じということは有り得ない．それでは，粒子と反粒子の電荷が逆符号という事実は，どこに反映されるのだろうか？ これを調べるために，電子・ミューオンおよび電子・反ミューオンという 2 種類の弾性散乱を例として比較してみよう．電子・ミューオン散乱の不変散乱振幅は，95 頁の問題で扱ったように，

$$\begin{aligned}&\mathcal{M}(e\mu \to e\mu)\\&\quad = e^2\,\bar{u}_e(\boldsymbol{p}_3, s_3)\gamma_\alpha u_e(\boldsymbol{p}_1, s_1)D_{\mathrm{F}}^{\alpha\beta}(q)\bar{u}_\mu(\boldsymbol{p}_4, s_4)\gamma_\beta\, u_\mu(\boldsymbol{p}_2, s_2)\end{aligned} \tag{III.33}$$

で与えられる．一方，電子・反ミューオン散乱の不変散乱振幅も，ここまでに学んだ計算手法で次のように導出できる：

$$\begin{aligned}&\mathcal{M}(e\bar{\mu} \to e\bar{\mu})\\&\quad = -e^2\,\bar{u}_e(\boldsymbol{p}_3, s_3)\gamma_\alpha u_e(\boldsymbol{p}_1, s_1)D_{\mathrm{F}}^{\alpha\beta}(q)\bar{v}_{\bar{\mu}}(\boldsymbol{p}_2, s_2)\gamma_\beta\, v_{\bar{\mu}}(\boldsymbol{p}_4, s_4)\end{aligned} \tag{III.34}$$

見ての通り，$\mathcal{M}(e\mu \to e\mu)$ と $\mathcal{M}(e\bar{\mu} \to e\bar{\mu})$ は符号が異なっている．この差の起源はどこにあるのか？ 実は，その答えを見つけるのは難しくはない：ミューオン光子相互作用 $:\bar{\psi}_\mu\gamma_\alpha\psi_\mu: A^\alpha$ のミューオン部分を，その生成消滅演算子 $c^\dagger$，$d^\dagger$，c，d だけに焦点を絞った形で表せば

$$:\bar{\psi}_\mu\gamma_\alpha\psi_\mu: \sim :(c^\dagger + d)(c + d^\dagger): = c^\dagger c + c^\dagger d^\dagger + dc - d^\dagger d$$

だが，この中で $e\mu \to e\mu$ と $e\bar{\mu} \to e\bar{\mu}$ に効くのは，それぞれ $c^\dagger c$ および $d^\dagger d$ だから，後者の係数のマイナス符号がその出処である．上記の不変散乱振幅の非相対論的な極限を考えればクーロンポテンシャルが導かれ，ここで現れた符号の差は，同符号・異符号の電荷間の斥力・引力に対応することになる．[♯III.5]

[♯III.5] 例えば，巻末の参考図書で紹介している Peskin & Schroeder のテキスト 4.8 節参照．

実のところ，$e\mu$ 散乱・$e\bar{\mu}$ 散乱の場合は，このような見落とせない問題があるとは言えお互い独立な反応であって，断面積の計算に必要なのはそれぞれ $|\mathscr{M}(e\mu \to e\mu)|$ と $|\mathscr{M}(e\bar{\mu} \to e\bar{\mu})|$ だから，符号問題には必要以上に神経を使うこともない．しかし，これが電子・陽電子 → 電子・陽電子という散乱になると事情は変わる．この過程の不変散乱振幅は（摂動の最低次では）二つの項の和でファインマン図は以下のようになるが，このうちの図 (2) に対応する項には上記の電子・反ミューオン散乱と同じ理由でマイナス符号が必要となり，これを忘れると正しい答が出せないのである．

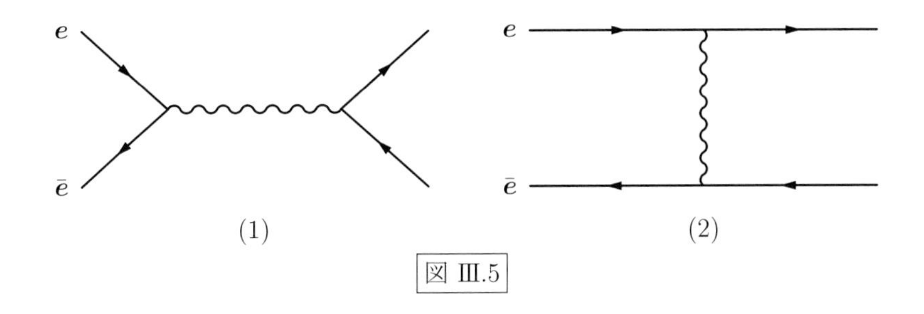

図 III.5

問題 III.4　上図に対応する $e\bar{e} \to e\bar{e}$ 散乱の不変散乱振幅を求めよ．

なお，この電子・陽電子 → 電子・陽電子散乱は**バーバ散乱**（Bahbha scattering）とも呼ばれる．

ファインマン則の追加：

- ディラック粒子が反ディラック粒子で置き換えられた図に対応する項には -1 が掛かる

また，「ディラック粒子が交叉する図に対応する項には（相対符号）-1 が掛かる」というファインマン則（95 頁）は，始状態のディラック粒子（反ディラック粒子）と終状態の反ディラック粒子（ディラック粒子）の交換にも拡張することが出来る．実際，この操作によって図 III.5 の (1)・(2) は入れ換わり，これに伴って符号も反対になっている.

ファインマン則への補足:

- 始状態のディラック粒子（反ディラック粒子）と終状態の反ディラック粒子（ディラック粒子）が入れ換わった項にも -1 が掛かる

最後に，ディラック粒子伝播関数にも注意が必要だろう．例として，陽電子・光子散乱を考えよう．この過程の不変散乱振幅も，ここまでの手法を適用して

$$\mathscr{M}(\gamma\bar{e}\to\gamma\bar{e}) = -e^2\,\bar{v}(\boldsymbol{p}_2,s_2)\not{\epsilon}(\boldsymbol{p}_1,s_1)S_{\mathrm{F}}(-q)\not{\epsilon}^*(\boldsymbol{p}_3,s_3)v(\boldsymbol{p}_4,s_4) \\ -e^2\,\bar{v}(\boldsymbol{p}_2,s_2)\not{\epsilon}^*(\boldsymbol{p}_3,s_3)S_{\mathrm{F}}(-q')\not{\epsilon}(\boldsymbol{p}_1,s_1)v(\boldsymbol{p}_4,s_4) \qquad (\mathrm{III}.35)$$

（$q=p_1+p_2$，$q'=p_2-p_3$）と求まる．これを (III.32) 式と比べると，始・終状態の電子スピノル $u(\boldsymbol{p},s)$ が陽電子スピノル $v(\boldsymbol{p},s)$ に置き換わる一方で，中間状態には電子の場合と同じ伝播関数 S_{F} が現れている．しかし，これを見て“その扱いは全く同じ”と速断してはいけない．確かに，電子・光子散乱と同じく，上式の第1・2項で中間状態を進む陽電子の4元運動量はそれぞれ q 及び q' だが，その伝播関数 S_{F} の引数は $-q$，$-q'$ となるのである.

問題 III.5　陽電子・光子散乱の不変散乱振幅 (III.35) を実際に導出せよ.

ファインマン則の追加:

- 内部を走る反ディラック粒子（4元運動量 q）には伝播関数　　$S_{\mathrm{F}}(-q)_{ij}$ が対応する.

この過程のファインマン図はどうなるだろうか? 99 頁において，ディラック粒子伝播関数は，その引数と同じ向きの矢印付き実線で表すと約束したことを思い出せば，結局，振幅 (III.35) の第1・2項は，それぞれ次のファインマン図 (1)・(2) で表されることがわかる．これでこの場合も，始状態・中間状態・終状態の陽電子が，向きの揃った矢印付きの実線で結ばれる．要するに，電子・光

子散乱の場合のファインマン図（図 III.4）で，電子を表す実線の矢印の向きを全て逆転させればよいのである．

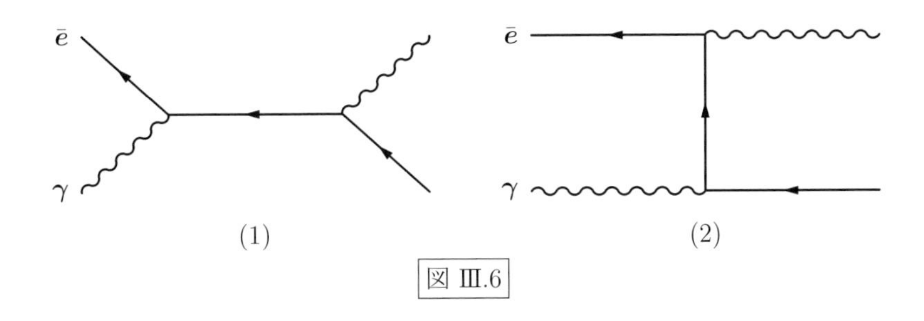

図 III.6

6. ファインマン則

ここまでで，量子電磁力学（QED）の摂動計算に必要なファインマン則は，ディラック粒子-光子系に関しては出揃ったと言える．また，スカラー粒子の QED，より複雑な量子色力学（Quantum Chromodynamics 略して QCD）や電弱標準理論（Standard electroweak theory）についても，同様の方法で対応するファインマン則を導出することが出来る．[♯III.6] 更に，計算に慣れてくれば，相互作用ラグランジアンの形を眺めるだけでファインマン則を見出すことも可能になる．そして，一旦このようにファインマン則を得れば，それに従って必要な不変散乱振幅も一気に書き下せる．すると，その不変散乱振幅から断面積や崩壊幅を求めるのが残る重要な作業ということになる．それが次節の主題である．

なお，ここで与えたファインマン則は，不変散乱振幅 $\mathscr{M}$ そのものを導き出す規則だが，他の多くの教科書では $(-)i\mathscr{M}$ を得るように規則が作られている．そこでは，例えば電子伝播関数として $1/(\not{p}-m)$ の替りに $i/(\not{p}-m)$ が，また，電子・光子結合部として $-e\gamma_\mu$ ではなく $-ie\gamma_\mu$ が用いられる．断面積や崩

[♯III.6] QCD のファインマン則については，例えば「Foundations of Quantum Chromodynamics」（T. Muta 著：World Scientific）参照．電弱標準理論については，最も詳しい規則が「Electroweak Theory」（青木健一 他，Prog. Theor. Phys. Suppl. **73**：理論物理学刊行会）に与えられている．

壊幅の計算に必要なのは $|\mathscr{M}|$ なので，その差に神経質になることもないが，本書の規則では虚数単位 i の現れる回数が最小限に抑えられており，その点で大変スッキリしている．この方式は九後により考案された．

量子電磁力学

ここで，繰り返しにはなるが，量子電磁力学の基本事項をまとめておこう．

ラグランジアン

$$\mathscr{L}(x) = \sum_f \left[i\bar{\psi}_f(x)\gamma_\mu \partial^\mu \psi_f(x) - m_f \bar{\psi}_f(x)\psi_f(x) + Q_f \bar{\psi}_f(x)\gamma_\mu \psi_f(x) A^\mu(x) \right] - \frac{1}{4}F_{\mu\nu}(x)F^{\mu\nu}(x) - \frac{1}{2\alpha}\partial_\mu A^\mu(x)\partial_\nu A^\nu(x) \tag{III.36}$$

但し，m_f と Q_f は，それぞれディラック粒子 f の質量と電荷．

ディラック粒子伝播関数

$$S_{\mathrm{F}}(q) = \frac{1}{m - \not{q} - i\varepsilon} \left(\equiv \frac{m + \not{q}}{m^2 - q^2 - i\varepsilon} \right) \tag{III.37}$$

光子伝播関数

$$D_{\mathrm{F}}^{\mu\nu}(q) = \frac{1}{q^2 + i\varepsilon} \left[g^{\mu\nu} - (1-\alpha)\frac{q^\mu q^\nu}{q^2 + i\varepsilon} \right] \tag{III.38}$$

ファインマン図

- 始状態のディラック粒子は結合部に向かう実線で表し，同じ向きに矢印を付ける：
- 始状態の反ディラック粒子は結合部に向かう実線で表し，逆向きに矢印を付ける：
- 終状態のディラック粒子は結合部から出る実線で表し，同じ向きに矢印を付ける：
- 終状態の反ディラック粒子は結合部から出る実線で表し，逆向きに矢印を付ける：
- 始状態の光子は結合部に向かう波線で表す：

- 終状態の光子は結合部から出る波線で表す:
- 結合部 1 から結合部 2 に向かうディラック粒子は
  1 から 2 に向かう矢印付き実線で表す: 1 2
- 結合部 1 から結合部 2 に向かう反ディラック粒子は
  2 から 1 に向かう矢印付き実線で表す: 1 2
- 結合部 1 から結合部 2 に向かう光子は
  1 と 2 を結ぶ波線で表す: 1 2

ファインマン則

- 始状態のディラック粒子　（運動量 $\boldsymbol{p}$，スピン変数 s）には　$u(\boldsymbol{p}, s)$
- 始状態の反ディラック粒子（運動量 $\boldsymbol{p}$，スピン変数 s）には　$\bar{v}(\boldsymbol{p}, s)$
- 終状態のディラック粒子　（運動量 $\boldsymbol{p}$，スピン変数 s）には　$\bar{u}(\boldsymbol{p}, s)$
- 終状態の反ディラック粒子（運動量 $\boldsymbol{p}$，スピン変数 s）には　$v(\boldsymbol{p}, s)$
- 始状態の光子　（運動量 $\boldsymbol{p}$，スピン変数 s）には　$\varepsilon^{\alpha}(\boldsymbol{p}, s)$
- 終状態の光子　（運動量 $\boldsymbol{p}$，スピン変数 s）には　$\varepsilon^{\alpha *}(\boldsymbol{p}, s)$
- 中間状態を走るディラック粒子（4 元運動量 q）には　$S_{\mathrm{F}}(q)$
- 中間状態を走る反ディラック粒子（4 元運動量 q）には　$S_{\mathrm{F}}(-q)$
  ［S_{F} は (4,4) 行列であることを忘れないように］
- 中間状態を走る光子（4 元運動量 q）には　$D_{\mathrm{F}}^{\alpha\beta}(q)$
- ディラック粒子（電荷 Q）またはその反粒子（電荷 $-Q$）と
  光子（A^{α}）の結合部には　$Q\gamma_{\alpha}$

  をそれぞれ対応させ，それらを，反応の進む順序を考えながら全体がスカラーになるように組み合わせる．なお，伝播関数の運動量は，その端点（結合部）での 4 元運動量保存則に従って決められる．

最後に，

- 始状態または終状態のディラック粒子同士または反ディラック粒子同士を交換した項，および始状態のディラック粒子（反ディラック粒子）と終状態の反ディラック粒子（ディラック粒子）が入れ換わった項には -1 を掛ける．
- ディラック粒子が反ディラック粒子で置き換えられた反応に対応する振幅

にも -1 を掛ける. ∎

なお，より複雑な過程や最低次近似を超えた摂動計算では，更に**対称性因子**，**符号因子**の付与などといった規則も必要になるが，これは本書のカバーする範囲を超えるので省略する.[♯III.7]

問題 III.6　以下のファインマン図が表す振幅を書け（図が少々複雑なので幾つかの矢印は省略したが，意味は明らかだろう）.

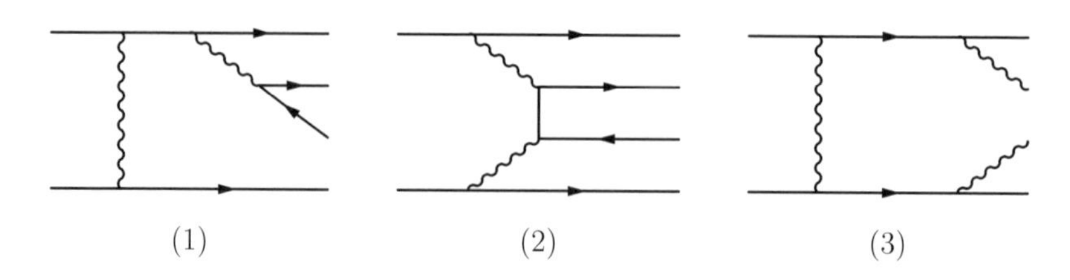

(1)　(2)　(3)

問題 III.7　摂動の最低次において，以下の反応を表すファインマン図を全て描き，それを用いて不変散乱振幅を求めよ.

(1) $\gamma e \to \gamma e \gamma$,　(2) $e \mu \to e \mu \gamma$,　(3) $e \bar{e} \to \gamma \gamma$

III.2 散乱断面積および崩壊幅の計算

摂動計算の最終段階として，幾つかの反応の散乱断面積あるいは崩壊幅を，その不変散乱振幅から導出してみよう．まず，次のような振幅を例として，一般的な方針を説明しておく：

$$\mathcal{M} = \bar{u}(\boldsymbol{p}_2, s_2)\Gamma_\alpha u(\boldsymbol{p}_1, s_1)\varepsilon^\alpha(\boldsymbol{q}, \lambda) \tag{III.39}$$

但し，Γ_α は γ 行列の任意の組み合わせである．スピノル $\bar{u}$ の複素共役が

$$\bar{u}_i^* = (u^\dagger \gamma^0)_i^* = \sum_k (u_k^* \gamma_{ki}^0)^* = \sum_k u_k (\gamma^0)_{ki}^* = \sum_k u_k (\gamma^{0\dagger})_{ik} = (\gamma^0 u)_i$$

♯III.7 例えば「場の量子論」（中西襄 著：培風館）第 4 章参照．もちろん，本書で解説した手順で慎重に計算を進めるなら，それらの因子も含めた正しい結果は常に求められる．

と変形できることに注意すれば，$\mathscr{M}$ の絶対値の 2 乗は $\bar{\Gamma} \equiv \gamma^0 \Gamma^\dagger \gamma^0$ と置いて

$$
\begin{aligned}
&|\mathscr{M}|^2 \\
&= \bar{u}(\boldsymbol{p}_2, s_2)\Gamma_\alpha u(\boldsymbol{p}_1, s_1)\varepsilon^\alpha(\boldsymbol{q}, \lambda)[\bar{u}(\boldsymbol{p}_2, s_2)\Gamma_\beta u(\boldsymbol{p}_1, s_1)]^* \varepsilon^{\beta *}(\boldsymbol{q}, \lambda) \\
&= \sum_{i,j,k,l} \bar{u}_i(\boldsymbol{p}_2, s_2)(\Gamma_\alpha)_{ij} u_j(\boldsymbol{p}_1, s_1)\bar{u}_k(\boldsymbol{p}_1, s_1)(\bar{\Gamma}_\beta)_{kl}\, u_l(\boldsymbol{p}_2, s_2)\varepsilon^\alpha(\boldsymbol{q}, \lambda)\varepsilon^{\beta *}(\boldsymbol{q}, \lambda) \\
&= \sum_{i,j,k,l} u_l(\boldsymbol{p}_2, s_2)\bar{u}_i(\boldsymbol{p}_2, s_2)(\Gamma_\alpha)_{ij} u_j(\boldsymbol{p}_1, s_1)\bar{u}_k(\boldsymbol{p}_1, s_1)(\bar{\Gamma}_\beta)_{kl}\, \varepsilon^\alpha(\boldsymbol{q}, \lambda)\varepsilon^{\beta *}(\boldsymbol{q}, \lambda) \\
&= \sum_{i,j,k,l} [u(\boldsymbol{p}_2, s_2)\bar{u}(\boldsymbol{p}_2, s_2)]_{li}(\Gamma_\alpha)_{ij}[u(\boldsymbol{p}_1, s_1)\bar{u}(\boldsymbol{p}_1, s_1)]_{jk}(\bar{\Gamma}_\beta)_{kl}\, \varepsilon^\alpha(\boldsymbol{q}, \lambda)\varepsilon^{\beta *}(\boldsymbol{q}, \lambda) \\
&= \mathrm{Tr}[\, u(\boldsymbol{p}_2, s_2)\bar{u}(\boldsymbol{p}_2, s_2)\, \Gamma_\alpha\, u(\boldsymbol{p}_1, s_1)\bar{u}(\boldsymbol{p}_1, s_1)\, \bar{\Gamma}_\beta \,]\, \varepsilon^\alpha(\boldsymbol{q}, \lambda)\varepsilon^{\beta *}(\boldsymbol{q}, \lambda) \qquad (\mathrm{III}.40)
\end{aligned}
$$

となるが【付録 3 の (A.27) 式も参照せよ】，二組のスピノル積 $u\bar{u}$ も

$$
u(\boldsymbol{p}, s)\bar{u}(\boldsymbol{p}, s) = \frac{1 + \gamma_5 \not{s}}{2}(\not{p} + m)
$$

と置き換えられるので，上式に現れた Tr の中は全て γ 行列になる．従って，これは付録 3 に与えた同行列の公式を繰り返し適用すれば計算できる．但し，考える反応に依ってはこのトレース処理も楽ではないが，ともかく，これが必要な作業の中心部分である．あとは，具体例を通じて詳細を見ることにしよう．

1. 電子・陽電子対消滅

電磁場の量子化においてファインマン ゲージ（前章 76 頁参照）を採用すれば，III.1 節 2 で導いた $e\bar{e} \to \gamma \to \mu\bar{\mu}$ の散乱振幅は

$$
\begin{aligned}
\mathscr{M}(e\bar{e} \to \mu\bar{\mu}) &= e^2\, \bar{u}_\mu(\boldsymbol{p}_3, s_3)\gamma_\alpha v_\mu(\boldsymbol{p}_4, s_4) D_{\mathrm{F}}^{\alpha\beta}(q)\bar{v}_e(\boldsymbol{p}_2, s_2)\gamma_\beta\, u_e(\boldsymbol{p}_1, s_1) \\
&= \frac{e^2}{q^2}\, \bar{u}_\mu(\boldsymbol{p}_3, s_3)\gamma_\alpha v_\mu(\boldsymbol{p}_4, s_4)\bar{v}_e(\boldsymbol{p}_2, s_2)\gamma^\alpha u_e(\boldsymbol{p}_1, s_1) \qquad (\mathrm{III}.41)
\end{aligned}
$$

（$q = p_1 + p_2 = p_3 + p_4$）となる．但し，ここでは常に $q^2 \geq 4m_\mu^2$，つまり $q^2 \neq 0$ なので，光子伝播関数の分母から無限小定数項 $i\varepsilon$ は除いた（これ以降も同様）．

はじめに，出発点となる公式を整理しておく：

微分断面積の公式

粒子 1＋粒子 2 → 粒子 3＋粒子 4＋⋯＋粒子 n の場合

$$
\begin{aligned}
d\sigma &= d^3\tilde{\boldsymbol{p}}_3 d^3\tilde{\boldsymbol{p}}_4 \cdots d^3\tilde{\boldsymbol{p}}_n \\
&\quad \times \frac{1}{4\sqrt{(p_1p_2)^2 - m_1^2m_2^2}}(2\pi)^4\delta^4(p_1+p_2-p_3-p_4-\cdots-p_n)\,|\mathcal{M}|^2
\end{aligned}
$$

- 補足 1

始状態が偏極していない，つまり，いずれの入射ビーム内においても，全スピン状態に亙って粒子が一様に分布している場合には，どちらのスピンについても平均をとる.[♯III.8] これは，両粒子のスピン自由度をそれぞれ f_{s1}，f_{s2} として，$|\mathcal{M}|^2$ を

$$
|\mathcal{M}|^2 \ \rightarrow\ \frac{1}{f_{s1}}\frac{1}{f_{s2}}\sum_{s_1,s_2}|\mathcal{M}|^2
$$

と置き換えることを意味する（例えば，質量を持つスピン σ の粒子なら $f_s = 2\sigma+1$ である）. ∎

- 補足 2

調べたい生成粒子のスピンを測定しない場合，言い換えれば，どのスピン状態の粒子も終状態として数える場合には，それらについての和をとる：

$$
|\mathcal{M}|^2 \ \rightarrow\ \sum_{s_3,\cdots,s_n}|\mathcal{M}|^2
$$

これより，偏極していないビームで終状態のスピンも見ない実験の場合には，上の断面積の公式で $|\mathcal{M}|^2$ の替りに

$$
\frac{1}{f_{s1}}\frac{1}{f_{s2}}\sum_{s_1,s_2}\sum_{s_3,\cdots,s_n}|\mathcal{M}|^2
$$

を用いることになる. ∎

以下ではこのような場合について考える.[♯III.9] $s=(p_1+p_2)^2=q^2$ と置き，各スピノル引数中のスピン変数 $s_{1,2,3,4}$ は簡単のために省略して書けば，$\sigma_{電子}=1/2$

[♯III.8] 実際の実験は，非常に多くの粒子群（粒子ビーム）同士の衝突という形で行われ，断面積もそのような状況の下で定義されることを思い出そう（II.5 節を見よ）.

[♯III.9] スピン平均・和をとらない場合の計算は複雑になるのでここでは行なわず，III.2 節 5 – 7 でまとめて解説する.

より $f_{s1,s2} = 2\times(1/2)+1 = 2$ だから，上で与えたスピン平均・和の公式に従い

$$\begin{aligned}
&\frac{1}{4}\sum_{s_1,s_2}\sum_{s_3,s_4}|\mathscr{M}(e\bar{e}\to\mu\bar{\mu})|^2 \\
&\qquad = \frac{e^4}{4s^2}\sum_{s_1,s_2}\sum_{s_3,s_4}\bar{u}_\mu(\boldsymbol{p}_3)\gamma_\alpha v_\mu(\boldsymbol{p}_4)\bar{v}_e(\boldsymbol{p}_2)\gamma^\alpha u_e(\boldsymbol{p}_1) \\
&\qquad\qquad\qquad\times\Big[\bar{u}_\mu(\boldsymbol{p}_3)\gamma_\beta v_\mu(\boldsymbol{p}_4)\bar{v}_e(\boldsymbol{p}_2)\gamma^\beta u_e(\boldsymbol{p}_1)\Big]^* \\
&\qquad = \frac{e^4}{4s^2}\sum_{s_1,s_2}\sum_{s_3,s_4}\bar{u}_\mu(\boldsymbol{p}_3)\gamma_\alpha v_\mu(\boldsymbol{p}_4)\bar{v}_e(\boldsymbol{p}_2)\gamma^\alpha u_e(\boldsymbol{p}_1) \\
&\qquad\qquad\qquad\times\bar{v}_\mu(\boldsymbol{p}_4)\gamma_\beta u_\mu(\boldsymbol{p}_3)\bar{u}_e(\boldsymbol{p}_1)\gamma^\beta v_e(\boldsymbol{p}_2) \\
&\qquad = \frac{e^4}{4s^2}\sum_{s_1,s_2}\bar{v}_e(\boldsymbol{p}_2)\gamma^\alpha u_e(\boldsymbol{p}_1)\bar{u}_e(\boldsymbol{p}_1)\gamma^\beta v_e(\boldsymbol{p}_2) \\
&\qquad\qquad\qquad\times\sum_{s_3,s_4}\bar{u}_\mu(\boldsymbol{p}_3)\gamma_\alpha v_\mu(\boldsymbol{p}_4)\bar{v}_\mu(\boldsymbol{p}_4)\gamma_\beta u_\mu(\boldsymbol{p}_3)
\end{aligned}$$

ここで，まず電子・陽電子部分に関し

<u>スピノルの射影演算子公式</u>

$$u(\boldsymbol{p},s)\bar{u}(\boldsymbol{p},s) = \frac{1+\gamma_5\not{s}}{2}(\not{p}+m), \quad v(\boldsymbol{p},s)\bar{v}(\boldsymbol{p},s) = \frac{1+\gamma_5\not{s}}{2}(\not{p}-m)$$

に基づいてスピン和をとると

$$\sum_{s_1}u_e(\boldsymbol{p}_1)\bar{u}_e(\boldsymbol{p}_1) = \not{p}_1+m_e, \quad \sum_{s_2}v_e(\boldsymbol{p}_2)\bar{v}_e(\boldsymbol{p}_2) = \not{p}_2-m_e$$

(これ自体よく利用される公式である)

更に，電子はミューオンに比べて非常に軽いので $m_e=0$ と置けば[♯III.10]

<u>γ 行列の公式</u>

$$\mathrm{Tr}(\gamma^\mu\gamma^\nu\gamma^\rho\gamma^\sigma) = 4(g^{\mu\nu}g^{\rho\sigma}+g^{\mu\sigma}g^{\nu\rho}-g^{\mu\rho}g^{\nu\sigma})$$

も用いて次式を得る：

$$\begin{aligned}
&\sum_{s_1,s_2}\bar{v}_e(\boldsymbol{p}_2)\gamma^\alpha u_e(\boldsymbol{p}_1)\bar{u}_e(\boldsymbol{p}_1)\gamma^\beta v_e(\boldsymbol{p}_2) \\
&\qquad = \mathrm{Tr}(\gamma^\alpha\not{p}_1\gamma^\beta\not{p}_2) = p_{1\rho}\,p_{2\sigma}\mathrm{Tr}(\gamma^\alpha\gamma^\rho\gamma^\beta\gamma^\sigma) \\
&\qquad = 4\left[{p_1}^\alpha{p_2}^\beta+{p_1}^\beta{p_2}^\alpha-g^{\alpha\beta}(p_1p_2)\right]
\end{aligned}$$

[♯III.10] 両者の質量は $m_e=0.511$ MeV 及び $m_\mu=106$ MeV，つまり $m_e/m_\mu\simeq 1/200$.

一方，ミューオン・反ミューオンの方には m_μ の項が追加される：

γ 行列の公式

$$\mathrm{Tr}(\gamma^\mu\gamma^\nu) = 4g^{\mu\nu}, \quad \mathrm{Tr}(\text{ 奇数個の}\,\gamma\,\text{行列の積 }) = 0$$

も併せて利用して

$$\begin{aligned}
&\sum_{s_3,s_4} \bar{u}_\mu(\boldsymbol{p}_3)\gamma_\alpha v_\mu(\boldsymbol{p}_4)\bar{v}_\mu(\boldsymbol{p}_4)\gamma_\beta\, u_\mu(\boldsymbol{p}_3) \\
&\quad = \mathrm{Tr}\,\gamma_\alpha(\not{p}_4 - m_\mu)\gamma_\beta(\not{p}_3 + m_\mu) = \mathrm{Tr}(\gamma_\alpha\not{p}_4\gamma_\beta\not{p}_3) - m_\mu^2\mathrm{Tr}(\gamma_\alpha\gamma_\beta) \\
&\quad = 4\,[\,p_{3\alpha}p_{4\beta} + p_{3\beta}p_{4\alpha} - g_{\alpha\beta}(p_3p_4 + m_\mu^2)\,]
\end{aligned}$$

これより，電子・陽電子項とミューオン・反ミューオン項を合わせて

$$\begin{aligned}
&\frac{1}{4}\sum_{s_1,s_2}\sum_{s_3,s_4} |\mathcal{M}(e\bar{e}\to\mu\bar{\mu})|^2 \\
&= \frac{4e^4}{s^2}[\,{p_1}^\alpha {p_2}^\beta + {p_1}^\beta {p_2}^\alpha - g^{\alpha\beta}(p_1p_2)\,][\,p_{3\alpha}p_{4\beta} + p_{3\beta}p_{4\alpha} - g_{\alpha\beta}(p_3p_4 + m_\mu^2)\,] \\
&= \frac{8e^4}{s^2}[\,(p_1p_3)(p_2p_4) + (p_1p_4)(p_2p_3) + m_\mu^2(p_1p_2)\,]
\end{aligned} \tag{III.42}$$

を得る．

次に，これを運動量 $p_{1,2,3,4}$ の各成分を用いて実用的な形に書き直そう．重心系で考え，$\boldsymbol{p}_1$ と $\boldsymbol{p}_3$ をそれぞれ $\boldsymbol{p}_e$ 及び $\boldsymbol{p}_\mu$ と表せば

$$\begin{aligned}
p_1^\mu &= (p_1^0, \boldsymbol{p}_1) = (\sqrt{s}/2, \boldsymbol{p}_e), \quad p_2^\mu = (p_2^0, \boldsymbol{p}_2) = (\sqrt{s}/2, -\boldsymbol{p}_e) \\
p_3^\mu &= (p_3^0, \boldsymbol{p}_3) = (\sqrt{s}/2, \boldsymbol{p}_\mu), \quad p_4^\mu = (p_4^0, \boldsymbol{p}_4) = (\sqrt{s}/2, -\boldsymbol{p}_\mu)
\end{aligned} \tag{III.43}$$

であり，かつ

$$\sqrt{s} = 2p_{1,2}^0 = 2|\boldsymbol{p}_e| = 2p_{3,4}^0 = 2\sqrt{\boldsymbol{p}_\mu^2 + m_\mu^2}$$

より

$$|\boldsymbol{p}_e| = \sqrt{s}/2, \qquad |\boldsymbol{p}_\mu| = \beta\sqrt{s}/2 \quad (\,\beta \equiv \sqrt{1 - 4m_\mu^2/s}\,)$$

だから，$\boldsymbol{p}_e$ と $\boldsymbol{p}_\mu$ のなす角を θ として（図 III.7）

$$p_1p_2 = s/2,\quad p_1p_3 = p_2p_4 = s(1-\beta\cos\theta)/4,\quad p_1p_4 = p_2p_3 = s(1+\beta\cos\theta)/4$$

よって，

$$\frac{1}{4}\sum_{s_1,s_2}\sum_{s_3,s_4}|\mathscr{M}(e\bar{e}\to\mu\bar{\mu})|^2 = e^4\left(1+\beta^2\cos^2\theta+\frac{4m_\mu^2}{s}\right) \tag{III.44}$$

となる．

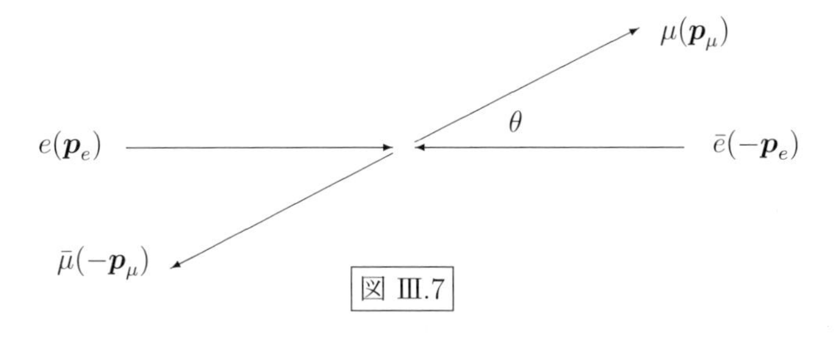

図 III.7

最後に，これを 粒子 1 ($\boldsymbol{p}$)+粒子 2 ($-\boldsymbol{p}$)→粒子 3 ($\boldsymbol{q}$)+粒子 4 ($-\boldsymbol{q}$) の場合の公式 (II.47)

$$\frac{d\sigma}{d\Omega} = \frac{1}{64\pi^2}\frac{|\boldsymbol{q}|}{s|\boldsymbol{p}|}|\mathscr{M}|^2$$

と組み合わせ，**微細構造定数** $\alpha \equiv e^2/[4\pi]$ $(= 1/137.036)$ も用いて

$$\frac{d\sigma}{d\Omega}(e\bar{e}\to\mu\bar{\mu}) = \frac{\alpha^2}{4s}\beta\Big(1+\beta^2\cos^2\theta+\frac{4m_\mu^2}{s}\Big) \tag{III.45}$$

という微分断面積に達する．また，全断面積は角度積分を実行することにより

$$\sigma(e\bar{e}\to\mu\bar{\mu}) = \frac{4\pi\alpha^2}{3s}\beta\Big(1+\frac{2m_\mu^2}{s}\Big) \tag{III.46}$$

と求まるが，これはミューオン質量も無視できる高エネルギー領域 $(s \gg m_\mu^2)$ では

$$\sigma(e\bar{e}\to\mu\bar{\mu}) = \frac{4\pi\alpha^2}{3s} \tag{III.47}$$

と非常に簡単になる．この式は，種々の素粒子反応断面積を表すための単位としてもよく用いられる．

2. 電子・ニュートリノ散乱

電子とニュートリノの散乱には幾種類かあるが，例として $\nu_\mu e \to \mu\nu_e$ を扱ってみよう．この散乱は，弱相互作用を通じて起こる．弱相互作用の過程には $\mathrm{W}^\pm$ 交換によるものとZ交換によるものがあり，Wボソンは電荷を持つがZボソンは電気的に中性なので，それぞれ荷電弱相互作用・中性弱相互作用と名付けられている．ここで調べる $\nu_\mu e \to \mu\nu_e$ は前者による反応で，結合定数を g として

$$\mathscr{L}_\mathrm{I}(x) = \frac{g}{2\sqrt{2}}\Big[\, J^{\mathrm{CC}}_\alpha(x) W^{+\alpha}(x) + J^{\mathrm{CC}\dagger}_\alpha(x) W^{-\alpha}(x)\,\Big] \tag{Ⅲ.48}$$

という相互作用ラグランジアンで記述されることが知られている．ここで，

$$J^{\mathrm{CC}}_\alpha(x) = \sum_{\ell=e,\mu} :\bar{\psi}_{\nu_\ell}(x)\gamma_\alpha(1-\gamma_5)\psi_\ell(x): \tag{Ⅲ.49}$$

は**荷電弱カレント** (Charged weak current) と呼ばれる．これは，ベクトル (V) 型カレント $\bar{\psi}\gamma_\alpha\psi$ と軸性ベクトル (A) 型カレント $\bar{\psi}\gamma_\alpha\gamma_5\psi$ の差の形になっているのが大きな特徴で，**V−A 型カレント**という名がある．この相互作用についても，Ⅲ.1 に示した手順で次のようなファインマン則を導くことが出来る：

- 内部（中間状態）を走るWボソンにはWボソン伝播関数　$D_\mathrm{F}^{W\,\alpha\beta}(q)$
- ディラック粒子とWボソン (W^α) の結合部 (頂点) には　$\dfrac{g}{2\sqrt{2}}\gamma_\alpha(1-\gamma_5)$

を対応させる．

Wボソン (一般にはベクトル粒子) は光子と同じく波線で表されるので，摂動の最低次での $\nu_\mu e \to \mu\nu_e$ のファインマン図は以下のようになる【荷電ベクトル粒子の波線には，正電荷の流れの向きを示す矢印を付けることもある】：

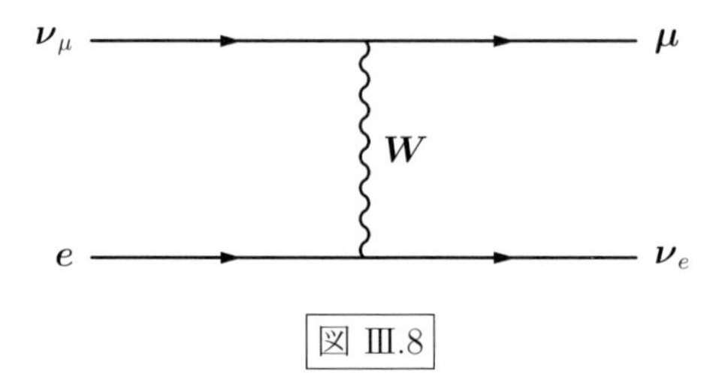

図 Ⅲ.8

これに対応する不変散乱振幅は，$D_{\mathrm{F}}^{W}(q)$ に対してファインマンゲージを採れば，上記および始・終状態ディラック粒子のファインマン則より

$$
\begin{aligned}
&\mathscr{M}(\nu_\mu e \to \mu \nu_e) \\
&= \frac{g^2}{8}\bar{u}_\mu(\boldsymbol{p}_3, s_3)\gamma_\alpha(1-\gamma_5)u_{\nu_\mu}(\boldsymbol{p}_1, s_1)D_{\mathrm{F}}^{W\,\alpha\beta}(q)\,\bar{u}_{\nu_e}(\boldsymbol{p}_4, s_4)\gamma_\beta(1-\gamma_5)u_e(\boldsymbol{p}_2, s_2) \\
&= \frac{g^2}{8(q^2-M_W^2)}\bar{u}_\mu(\boldsymbol{p}_3, s_3)\gamma_\alpha(1-\gamma_5)u_{\nu_\mu}(\boldsymbol{p}_1, s_1) \\
&\qquad\qquad \times \bar{u}_{\nu_e}(\boldsymbol{p}_4, s_4)\gamma^\alpha(1-\gamma_5)u_e(\boldsymbol{p}_2, s_2) \qquad (\mathrm{III}.50)
\end{aligned}
$$

（$q = p_3 - p_1$）と求まる．なお，W$^+$ と W$^-$ は，お互いに粒子・反粒子の関係にある．従って，図 III.8 の中の W は，下向きに進む W$^+$ と言ってもよいし，上向きに進む W$^-$ と言ってもよい．また，W$^\pm$ は非常に重く，その質量は $M_W = 80.4$ GeV（陽子質量の約 90 倍）である．

● 補足 3

現実に存在するニュートリノは全て左巻き（$h = -1$）なので，始状態のスピン平均や終状態でのスピンの足し上げは不要（但し，この点については後述のコメントも見ること）．その替りに以下の公式が必要となる：

$$
u(\boldsymbol{p}, s)\bar{u}(\boldsymbol{p}, s) = \frac{1-\gamma_5}{2}\not{p}
$$

同じ理由で，反ニュートリノ（$h = +1$）に対しては

$$
v(\boldsymbol{p}, s)\bar{v}(\boldsymbol{p}, s) = \frac{1-\gamma_5}{2}\not{p}
$$

を用いる．▮

具体的な計算に進もう．再び各スピノルのスピン変数は省略して

$$
\begin{aligned}
&\frac{1}{2}\sum_{s_2, s_3}|\mathscr{M}(\nu_\mu e \to \mu \nu_e)|^2 \\
&\quad = \frac{g^4}{128(q^2-M_W^2)^2}\sum_{s_2, s_3}\bar{u}_\mu(\boldsymbol{p}_3)\gamma_\alpha(1-\gamma_5)u_{\nu_\mu}(\boldsymbol{p}_1)\bar{u}_{\nu_e}(\boldsymbol{p}_4)\gamma^\alpha(1-\gamma_5)u_e(\boldsymbol{p}_2) \\
&\qquad\qquad \times\Big[\bar{u}_\mu(\boldsymbol{p}_3)\gamma_\beta(1-\gamma_5)u_{\nu_\mu}(\boldsymbol{p}_1)\bar{u}_{\nu_e}(\boldsymbol{p}_4)\gamma^\beta(1-\gamma_5)u_e(\boldsymbol{p}_2)\Big]^*
\end{aligned}
$$

$$
\begin{aligned}
&= \frac{g^4}{128(q^2 - M_W^2)^2} \sum_{s_2, s_3} \bar{u}_\mu(\boldsymbol{p}_3)\gamma_\alpha(1-\gamma_5)u_{\nu_\mu}(\boldsymbol{p}_1)\bar{u}_{\nu_e}(\boldsymbol{p}_4)\gamma^\alpha(1-\gamma_5)u_e(\boldsymbol{p}_2) \\
&\qquad \times \bar{u}_{\nu_\mu}(\boldsymbol{p}_1)\gamma_\beta(1-\gamma_5)u_\mu(\boldsymbol{p}_3)\bar{u}_e(\boldsymbol{p}_2)\gamma^\beta(1-\gamma_5)u_{\nu_e}(\boldsymbol{p}_4) \\
&= \frac{g^4}{128(q^2 - M_W^2)^2} \sum_{s_3} \bar{u}_\mu(\boldsymbol{p}_3)\gamma_\alpha(1-\gamma_5)u_{\nu_\mu}(\boldsymbol{p}_1)\bar{u}_{\nu_\mu}(\boldsymbol{p}_1)\gamma_\beta(1-\gamma_5)u_\mu(\boldsymbol{p}_3) \\
&\qquad \times \sum_{s_2} \bar{u}_{\nu_e}(\boldsymbol{p}_4)\gamma^\alpha(1-\gamma_5)u_e(\boldsymbol{p}_2)\bar{u}_e(\boldsymbol{p}_2)\gamma^\beta(1-\gamma_5)u_{\nu_e}(\boldsymbol{p}_4)
\end{aligned}
$$

ここで，まず $\mu \cdot \nu_\mu$ 項を片付けよう．μ 部分については $e\bar{e} \to \mu\bar{\mu}$ の場合と同様にスピン和 $\sum_{s_3}$ を実行し，ν_μ 部分に対しては前頁・補足３の公式を使うと

$$
\begin{aligned}
&\sum_{s_3} \bar{u}_\mu(\boldsymbol{p}_3)\gamma_\alpha(1-\gamma_5)u_{\nu_\mu}(\boldsymbol{p}_1)\bar{u}_{\nu_\mu}(\boldsymbol{p}_1)\gamma_\beta(1-\gamma_5)u_\mu(\boldsymbol{p}_3) \\
&\quad = \mathrm{Tr}\,(\not{p}_3 + m_\mu)\gamma_\alpha(1-\gamma_5)\frac{1-\gamma_5}{2}\not{p}_1\gamma_\beta(1-\gamma_5) \\
&\quad = \mathrm{Tr}\,(\not{p}_3 + m_\mu)\gamma_\alpha(1-\gamma_5)\not{p}_1\gamma_\beta(1-\gamma_5) \\
&\quad = 2\,\mathrm{Tr}\,(\not{p}_3 + m_\mu)\gamma_\alpha\not{p}_1\gamma_\beta(1-\gamma_5) \\
&\quad = 2\,\mathrm{Tr}\,(\not{p}_3 + m_\mu)\gamma_\alpha\not{p}_1\gamma_\beta - 2\,\mathrm{Tr}\,(\not{p}_3 + m_\mu)\gamma_\alpha\not{p}_1\gamma_\beta\gamma_5
\end{aligned}
$$

この中で m_μ を含む項は，奇数個の γ 行列のトレースだから０になる（γ_5 は４個の γ 行列の積で定義される）．また，第１項で $\not{p}_3$ を含む項には，すでに前の反応で用いた公式（109 頁）が適用できる．他方，第２項の $\not{p}_3$ 項は，

γ 行列の公式

$$
\mathrm{Tr}(\gamma^\mu\gamma^\nu\gamma^\rho\gamma^\sigma\gamma_5) = 4i\varepsilon^{\mu\nu\rho\sigma}
$$

を用いて計算される．ここで $\varepsilon^{\mu\nu\rho\sigma}$ は４階の反対称テンソル（レヴィ-チヴィタテンソル：Levi-Civita tensor）で，その 0123 成分は

$$
\varepsilon_{0123}\,(= -\varepsilon^{0123}) = 1
$$

である．結果は

$$
\begin{aligned}
&\sum_{s_3} \bar{u}_\mu(\boldsymbol{p}_3)\gamma_\alpha(1-\gamma_5)u_{\nu_\mu}(\boldsymbol{p}_1)\bar{u}_{\nu_\mu}(\boldsymbol{p}_1)\gamma_\beta(1-\gamma_5)u_\mu(\boldsymbol{p}_3) \\
&\quad = 8\left[p_{1\alpha}p_{3\beta} + p_{1\beta}p_{3\alpha} - g_{\alpha\beta}(p_1p_3) - i\varepsilon_{\alpha\beta\rho\sigma}{p_1}^\rho{p_3}^\sigma\right] \qquad (\mathrm{III}.51)
\end{aligned}
$$

同様に，$e\cdot\nu_e$ 項についても

$$\begin{aligned}
&\sum_{s_2} \bar{u}_{\nu_e}(\boldsymbol{p}_4)\gamma^\alpha(1-\gamma_5)u_e(\boldsymbol{p}_2)\bar{u}_e(\boldsymbol{p}_2)\gamma^\beta(1-\gamma_5)u_{\nu_e}(\boldsymbol{p}_4)\\
&\quad = \mathrm{Tr}\,\frac{1-\gamma_5}{2}\not{p}_4\gamma^\alpha(1-\gamma_5)\not{p}_2\gamma^\beta(1-\gamma_5)\\
&\quad = \mathrm{Tr}\,\not{p}_4\gamma^\alpha(1-\gamma_5)\not{p}_2\gamma^\beta(1-\gamma_5) = 2\,\mathrm{Tr}\,\not{p}_4\gamma^\alpha\not{p}_2\gamma^\beta(1-\gamma_5)\\
&\quad = 8\left[{p_2}^\alpha {p_4}^\beta + {p_2}^\beta {p_4}^\alpha - g^{\alpha\beta}(p_2p_4) - i\varepsilon^{\alpha\beta}{}_{\rho\sigma}\,{p_2}^\rho {p_4}^\sigma\right] \qquad (\text{III}.52)
\end{aligned}$$

但し，ここでも電子質量は ν_μ エネルギーに比べ無視できるので0と置いた．

● 補足3へのコメント

実は，ニュートリノのスピンの扱いに関しては，もっと簡単な方法がある．それは，スピンについて，質量のあるディラック粒子の場合と同様に和をとってしまうことである．ただ，実際には右巻き状態は存在していないのだから，始状態においても2で割る操作は行なわない．つまり，始状態および終状態の両方に対して

$$\sum_s u(\boldsymbol{p},s)\bar{u}(\boldsymbol{p},s) = \not{p}$$

を用いるのである．∎

問題 III.8　(III.51) 及び (III.52) を導出する計算において，上述の処方箋が正しく機能することを確認せよ．

さて，次の作業は $\mu\cdot\nu_\mu$ 項と $e\cdot\nu_e$ 項の積の計算だが，手を動かさなくても直ちにわかることがある．それは，反対称テンソル $\varepsilon_{\alpha\beta\rho\sigma}$ を含まない項は α と β の交換に対して対称であり，一方，それを含む項は当然のことながら反対称なので，両者の積は0になるということである．この点も考慮すると，ここまでの結果より

$$\begin{aligned}
&\frac{1}{2}\sum_{s_2,s_3}|\mathscr{M}(\nu_\mu e\to\mu\nu_e)|^2\\
&\quad = \frac{g^4}{2(q^2-M_W^2)^2}\Big[\,[p_{1\alpha}p_{3\beta} + p_{1\beta}p_{3\alpha} - g_{\alpha\beta}(p_1p_3)]
\end{aligned}$$

$$\times \left[{p_2}^{\alpha} {p_4}^{\beta} + {p_2}^{\beta} {p_4}^{\alpha} - g^{\alpha\beta}(p_2 p_4) \right]$$
$$- \varepsilon_{\alpha\beta\gamma\delta}\, \varepsilon^{\alpha\beta}{}_{\rho\sigma}\, {p_1}^{\gamma}\, {p_3}^{\delta}\, {p_2}^{\rho}\, {p_4}^{\sigma} \Big]$$

この中で，第２項に現れた反対称テンソル同士の積に対しては

レヴィ-チヴィタテンソルの公式

$$\varepsilon_{\mu\nu\alpha\beta}\, \varepsilon_{\rho\sigma}{}^{\alpha\beta} = -2(g_{\mu\rho} g_{\nu\sigma} - g_{\mu\sigma} g_{\nu\rho})$$

を適用すればよい．すると，

$$\begin{aligned}
&\frac{1}{2}\sum_{s_2, s_3} |\mathscr{M}(\nu_\mu e \to \mu \nu_e)|^2 \\
&= \frac{g^4}{(q^2 - M_W^2)^2} \Big[\left[(p_1 p_2)(p_3 p_4) + (p_1 p_4)(p_2 p_3) \right] \\
&\qquad + \left[(p_1 p_2)(p_3 p_4) - (p_1 p_4)(p_2 p_3) \right] \Big] \\
&= \frac{2g^4}{(q^2 - M_W^2)^2} (p_1 p_2)(p_3 p_4)
\end{aligned}$$

これは，$s \equiv (p_1 + p_2)^2 = (p_3 + p_4)^2 = 2p_1 p_2 = 2p_3 p_4 + m_\mu^2$ を用いて

$$\frac{1}{2}\sum_{s_2, s_3} |\mathscr{M}(\nu_\mu e \to \mu \nu_e)|^2 = \frac{g^4}{2} \frac{s(s - m_\mu^2)}{(q^2 - M_W^2)^2} \tag{III.53}$$

と表せる．

よって，重心系の微分断面積は，$|\boldsymbol{p}_1| = \sqrt{s}/2$, $|\boldsymbol{p}_3| = (s - m_\mu^2)/(2\sqrt{s})$ より

$$\frac{d\sigma}{d\Omega}(\nu_\mu e \to \mu \nu_e) = \frac{g^4}{128\pi^2 s} \frac{(s - m_\mu^2)^2}{(q^2 - M_W^2)^2} \tag{III.54}$$

となる．更に，$q^2 = -(s - m_\mu^2)(1 - \cos\theta)/2$（$\theta$: $\boldsymbol{p}_1$ と $\boldsymbol{p}_3$ のなす角）に注意して角度積分を実行すれば

$$\sigma(\nu_\mu e \to \mu \nu_e) = \frac{g^4}{32\pi M_W^2} \frac{(s - m_\mu^2)^2}{s(s - m_\mu^2 + M_W^2)} \tag{III.55}$$

という全断面積が得られる．

電子・陽電子衝突とは違って $\nu_\mu e$ 衝突型加速器など存在しないのだから，実際の実験は，重心系ではなく電子の静止系（実験室系）で行われる．しかし，得られたデータの解析において主に必要になる量は全断面積であって，それは勿論どんな系でも同じ値なので，上掲の σ で十分有用な式と言える．微分断面積の実験室系での表現については，次の電子・光子散乱の中で解説する．

3. 電子・光子散乱

電子・光子散乱の不変散乱振幅は，前節 4 の (Ⅲ.32) 式において

$$\mathcal{M}(\gamma e \to \gamma e) = e^2\, \bar{u}(\boldsymbol{p}_4, s_4)\not\varepsilon^*(\boldsymbol{p}_3, s_3)S_{\mathrm{F}}(q)\not\varepsilon(\boldsymbol{p}_1, s_1)u(\boldsymbol{p}_2, s_2)$$
$$+ e^2\, \bar{u}(\boldsymbol{p}_4, s_4)\not\varepsilon(\boldsymbol{p}_1, s_1)S_{\mathrm{F}}(q')\not\varepsilon^*(\boldsymbol{p}_3, s_3)u(\boldsymbol{p}_2, s_2)$$

（$q = p_1 + p_2$，$q' = p_2 - p_3$）と求められた．これが，ここでの出発点になる．

具体的な計算の前に，光子偏極ベクトルの基本事項を再確認しておこう．静止電子に光子が衝突する実験室系において，入射光子の運動量 $\boldsymbol{p}_1$ の向きに z 軸をとる．すると，電子質量を m と書けば $p_1^\mu = (|\boldsymbol{p}_1|,\, 0,\, 0,\, |\boldsymbol{p}_1|)$，$p_2^\mu = (m,\, 0,\, 0,\, 0)$ であり，また，すでに公式で与えたように，入射光子の偏極ベクトルは

$$\varepsilon^\mu(\boldsymbol{p}_1, 0) = (1,0,0,0),\quad \varepsilon^\mu(\boldsymbol{p}_1, 1) = (0,1,0,0),$$
$$\varepsilon^\mu(\boldsymbol{p}_1, 2) = (0,0,1,0),\quad \varepsilon^\mu(\boldsymbol{p}_1, 3) = (0,0,0,1)$$

と選ぶことが出来る．特に，ここで扱うのは**実光子**（Real photon）[♯Ⅲ.11] であって完全に横偏極しているから，$\varepsilon(\boldsymbol{p}_1, s_1)p_1 = \varepsilon(\boldsymbol{p}_1, s_1)p_2 = 0$ $(s_1 = 1,\, 2)$ という関係が満たされる．また，散乱光子の偏極ベクトルは単に入射光子のそれを空間回転したものなので，その横偏極ベクトルの時間成分はやはり 0 になる．従って，$s_3 = 1,\, 2$ に対しては $\varepsilon(\boldsymbol{p}_3, s_3)p_3 = 0$ に加えて $\varepsilon(\boldsymbol{p}_3, s_3)p_2 = 0$ も成り立つ．

[♯Ⅲ.11] 始・終状態に存在する光子，要するに現実世界の光子のことで，その 4 元運動量 p^μ はオンシェル状態，つまり $p^2 = 0$ を満たす．これに対し，反応の中間状態を伝播関数として走る光子は**仮想光子**（Virtual photon）と呼ばれ，一般にオフシェルの運動量を持つ．つまり $p^2 \neq 0$ である（54 頁の脚注参照）．

これらの関係式は，スカラー量である内積で表されているので，他の慣性系に移ってもそのまま成立する.[♯Ⅲ.12] 以上が偏極ベクトルの復習だが，これ以降，計算途中の式変形が長くなり過ぎると見づらいので，電子スピノルも含めて

$$\varepsilon_i = \varepsilon(\boldsymbol{p}_1, s_1), \quad u_i = u(\boldsymbol{p}_2, s_2), \quad \varepsilon_f = \varepsilon(\boldsymbol{p}_3, s_3), \quad u_f = u(\boldsymbol{p}_4, s_4)$$

と簡潔に書くことにしよう．この略記法に従えば，偏極ベクトルが満たす関係式は次のように表せる：

$$\varepsilon_i p_1 = \varepsilon_i p_2 = \varepsilon_f p_2 = \varepsilon_f p_3 = 0, \quad \varepsilon_{i,f}^2 = -1 \tag{Ⅲ.56}$$

それでは，振幅 $\mathcal{M}$ の整理から始めよう．電子伝播関数をあらわに書けば

$$\mathcal{M}(\gamma e \to \gamma e) = e^2\,\bar{u}_f \Big[\,\not\varepsilon_f^* \frac{m + \not p_1 + \not p_2}{m^2 - (p_1 + p_2)^2} \not\varepsilon_i + \not\varepsilon_i \frac{m + \not p_2 - \not p_3}{m^2 - (p_2 - p_3)^2} \not\varepsilon_f^* \Big] u_i \tag{Ⅲ.57}$$

この右辺第１項において $m + \not p_1 + \not p_2$ と $\not\varepsilon_i$ の順序を交換すると

$$\begin{aligned}(m + \not p_1 + \not p_2)\not\varepsilon_i &= m\,\not\varepsilon_i + (\not p_1 + \not p_2)\not\varepsilon_i \\ &= 2\varepsilon_i(p_1 + p_2) - \not\varepsilon_i(\not p_1 + \not p_2 - m) = -\not\varepsilon_i(\not p_1 + \not p_2 - m) = -\not\varepsilon_i\,\not p_1\end{aligned}$$

但し，最後の変形では，$\not p_2 - m$ は右外側の u_i に掛かって０となること［ディラック方程式 $(\not p_2 - m)u_i = 0$］を用いた．第２項に関しても同様の計算で

$$(m + \not p_2 - \not p_3)\not\varepsilon_f^* = \not\varepsilon_f^* \not p_3$$

更に，電子伝播関数の分母についても

$$m^2 - (p_1 + p_2)^2 = -2p_1 p_2, \qquad m^2 - (p_2 - p_3)^2 = 2p_2 p_3$$

と短縮でき，これで $\mathcal{M}$ は（中身は同じだが）実にコンパクトな形になる：

$$\mathcal{M}(\gamma e \to \gamma e) = e^2\,\bar{u}_f \Big[\frac{\not\varepsilon_f^* \not\varepsilon_i \not p_1}{2p_1 p_2} + \frac{\not\varepsilon_i \not\varepsilon_f^* \not p_3}{2p_2 p_3}\Big] u_i \tag{Ⅲ.58}$$

[♯Ⅲ.12] 散乱電子の運動量の４成分はどれも一般には０ではないので，$\varepsilon(\boldsymbol{p}_{1,3}, s_{1,3})p_4 = 0$ とはならない．散乱電子が静止しているような座標系を考え，そこで光子の偏極ベクトルをここと同じように決めれば $\varepsilon(\boldsymbol{p}_{1,3}, s_{1,3})p_4 = 0$ とは出来るが，その場合には $\varepsilon(\boldsymbol{p}_{1,3}, s_{1,3})p_2 = 0$ が成立しなくなる．

また，この複素共役は，付録 3 (A.27) 式の助けを借りれば

$$\mathscr{M}^*(\gamma e \to \gamma e) = e^2\, \bar{u}_i \Big[\frac{\not{p}_1 \not{\varepsilon}_i^* \not{\varepsilon}_f}{2p_1p_2} + \frac{\not{p}_3 \not{\varepsilon}_f \not{\varepsilon}_i^*}{2p_2p_3} \Big] u_f \tag{III.59}$$

であるとわかる．

これで $|\mathscr{M}|^2$ を求める準備が出来た．ここでは，入射電子・散乱電子のスピンに関してはそれぞれ平均および和をとるが，入射光子・散乱光子の偏極については偏極ベクトルの扱い方に慣れるため両者共そのまま残す．但し，これら二つのベクトル ε_i と ε_f は簡単のため実であるとする．また，以下では，(III.58) 式の $\mathscr{M}$ の右辺第 1 項を $\mathscr{M}_1$，第 2 項を $\mathscr{M}_2$ と記すことにする：

$$\begin{aligned}\sum_{s_2,s_4} |\mathscr{M}|^2 &= \sum_{s_2,s_4} |\mathscr{M}_1 + \mathscr{M}_2|^2 \\ &= e^4\, \mathrm{Tr}\Big(\frac{\not{\varepsilon}_f \not{\varepsilon}_i \not{p}_1}{2p_1p_2} + \frac{\not{\varepsilon}_i \not{\varepsilon}_f \not{p}_3}{2p_2p_3} \Big)(\not{p}_2 + m)\Big(\frac{\not{p}_1 \not{\varepsilon}_i \not{\varepsilon}_f}{2p_1p_2} + \frac{\not{p}_3 \not{\varepsilon}_f \not{\varepsilon}_i}{2p_2p_3} \Big)(\not{p}_4 + m)\end{aligned} \tag{III.60}$$

$$\sum_{s_2,s_4} |\mathscr{M}_1|^2 = \frac{e^4}{4(p_1p_2)^2} \mathrm{Tr}\, \not{\varepsilon}_f \not{\varepsilon}_i \not{p}_1 (\not{p}_2 + m) \not{p}_1 \not{\varepsilon}_i \not{\varepsilon}_f (\not{p}_4 + m) \tag{III.61}$$

$$\sum_{s_2,s_4} \mathscr{M}_1 \mathscr{M}_2^* = \frac{e^4}{4(p_1p_2)(p_2p_3)} \mathrm{Tr}\, \not{\varepsilon}_f \not{\varepsilon}_i \not{p}_1 (\not{p}_2 + m) \not{p}_3 \not{\varepsilon}_f \not{\varepsilon}_i (\not{p}_4 + m) \tag{III.62}$$

$$\sum_{s_2,s_4} \mathscr{M}_1^* \mathscr{M}_2 = \frac{e^4}{4(p_1p_2)(p_2p_3)} \mathrm{Tr}\, \not{\varepsilon}_i \not{\varepsilon}_f \not{p}_3 (\not{p}_2 + m) \not{p}_1 \not{\varepsilon}_i \not{\varepsilon}_f (\not{p}_4 + m) \tag{III.63}$$

$$\sum_{s_2,s_4} |\mathscr{M}_2|^2 = \frac{e^4}{4(p_2p_3)^2} \mathrm{Tr}\, \not{\varepsilon}_i \not{\varepsilon}_f \not{p}_3 (\not{p}_2 + m) \not{p}_3 \not{\varepsilon}_f \not{\varepsilon}_i (\not{p}_4 + m) \tag{III.64}$$

まず $\sum |\mathscr{M}_1|^2$ を計算しよう．光子の質量は 0，つまり $\not{p}_1 \not{p}_1 = p_1^2 = 0$ であることを用いると

$$\not{p}_1(\not{p}_2 + m)\not{p}_1 = \not{p}_1 \not{p}_2 \not{p}_1 + m \not{p}_1 \not{p}_1 = 2(p_1p_2)\not{p}_1 - \not{p}_2 \not{p}_1 \not{p}_1 = 2(p_1p_2)\not{p}_1$$

となる．すると，$\not{p}_4 + m$ の中の m に比例する部分も，奇数個の γ 行列のト

レースということで 0 となる．故に，

$$\sum_{s_2,s_4} |\mathscr{M}_1|^2 = \frac{e^4}{2p_1p_2} \mathrm{Tr}\, \not{\varepsilon}_f \not{\varepsilon}_i \not{p}_1 \not{\varepsilon}_i \not{\varepsilon}_f \not{p}_4$$

となるが，更に $\not{\varepsilon}_i \not{p}_1 = 2\varepsilon_i p_1 - \not{p}_1 \not{\varepsilon}_i = -\not{p}_1 \not{\varepsilon}_i$ 及び $\not{\varepsilon}_i \not{\varepsilon}_i = -1$ を用いると，結局

$$\sum_{s_2,s_4} |\mathscr{M}_1|^2 = \frac{e^4}{2p_1p_2} \mathrm{Tr}\, \not{\varepsilon}_f \not{p}_1 \not{\varepsilon}_f \not{p}_4 = \frac{2e^4}{p_1p_2} [\, 2(\varepsilon_f p_1)(\varepsilon_f p_4) + p_1 p_4 \,]$$
$$= \frac{2e^4}{p_1p_2} [\, 2(\varepsilon_f p_1)^2 + p_2 p_3 \,] \qquad (\text{Ⅲ}.65)$$

次は $\sum |\mathscr{M}_2|^2$ だが，実は，これは上の結果を用いて簡単に求められる．何故なら，具体的に書いた不変散乱振幅 (Ⅲ.57) 式を見れば明らかなように，偏極ベクトルが実なら $\mathscr{M}_1$ と $\mathscr{M}_2$ は $(\varepsilon_i,\ p_1) \Leftrightarrow (\varepsilon_f,\ -p_3)$ という置換操作で互いに入れ換わるからである．そこで，これを実際に (Ⅲ.65) に施して次式を得る：

$$\sum_{s_2,s_4} |\mathscr{M}_2|^2 = -\frac{2e^4}{p_2p_3} [\, 2(\varepsilon_i p_3)^2 - p_1 p_2 \,] \qquad (\text{Ⅲ}.66)$$

同じように，残る二つ $\sum \mathscr{M}_1 \mathscr{M}_2^*$ と $\sum \mathscr{M}_1^* \mathscr{M}_2$ についても労力は節約できる．つまり，両者は互いに複素共役だから

$$\sum_{s_2,s_4} \mathscr{M}_1 \mathscr{M}_2^* = \frac{e^4}{4(p_1p_2)(p_2p_3)} \mathrm{Tr}\, \not{\varepsilon}_f \not{\varepsilon}_i \not{p}_1 (\not{p}_2 + m) \not{p}_3 \not{\varepsilon}_f \not{\varepsilon}_i (\not{p}_4 + m)$$

だけを求めればよい．ここで，

$$\mathrm{Tr}\,項 \equiv \mathrm{Tr}\, \not{\varepsilon}_f \not{\varepsilon}_i \not{p}_1 (\not{p}_2 + m) \not{p}_3 \not{\varepsilon}_f \not{\varepsilon}_i (\not{p}_4 + m)$$
$$= \mathrm{Tr}\, \not{\varepsilon}_f \not{\varepsilon}_i \not{p}_1 (\not{p}_2 + m) \not{p}_3 \not{\varepsilon}_f \not{\varepsilon}_i (\not{p}_1 + \not{p}_2 - \not{p}_3 + m)$$
$$= \mathrm{Tr}\, \not{\varepsilon}_f \not{\varepsilon}_i \not{p}_1 (\not{p}_2 + m) \not{p}_3 \not{\varepsilon}_f \not{\varepsilon}_i (\not{p}_2 + m)$$
$$+ \mathrm{Tr}\, \not{\varepsilon}_f \not{\varepsilon}_i \not{p}_1 (\not{p}_2 + m) \not{p}_3 \not{\varepsilon}_f \not{\varepsilon}_i \not{p}_1 - \mathrm{Tr}\, \not{\varepsilon}_f \not{\varepsilon}_i \not{p}_1 (\not{p}_2 + m) \not{p}_3 \not{\varepsilon}_f \not{\varepsilon}_i \not{p}_3$$

Tr(奇数個の γ 行列) $= 0$ を思い出せば

$$上式 = \mathrm{Tr}\, \not{\varepsilon}_f \not{\varepsilon}_i \not{p}_1 (\not{p}_2 + m) \not{p}_3 \not{\varepsilon}_f \not{\varepsilon}_i (\not{p}_2 + m)$$
$$+ \mathrm{Tr}\, \not{\varepsilon}_f \not{\varepsilon}_i \not{p}_1 \not{\varepsilon}_f \not{\varepsilon}_i \not{p}_1 \not{p}_2 \not{p}_3 - \mathrm{Tr}\, \not{\varepsilon}_f \not{\varepsilon}_i \not{p}_1 \not{p}_2 \not{p}_3 \not{\varepsilon}_f \not{\varepsilon}_i \not{p}_3$$

更に，$\not{p}_1 \not{\varepsilon}_i + \not{\varepsilon}_i \not{p}_1 = 0$，$\not{p}_3 \not{\varepsilon}_f + \not{\varepsilon}_f \not{p}_3 = 0$，$\not{p}_1 \not{\varepsilon}_f + \not{\varepsilon}_f \not{p}_1 = 2p_1 \varepsilon_f$，$\not{p}_3 \not{\varepsilon}_i + \not{\varepsilon}_i \not{p}_3 = 2p_3 \varepsilon_i$，

及び $p_{1,3}^2 = 0$ を用いて

$$
\begin{aligned}
\text{上式} &= \mathrm{Tr}\, \not{\varepsilon}_f \not{\varepsilon}_i \not{p}_1 (\not{p}_2 + m) \not{p}_3 \not{\varepsilon}_f \not{\varepsilon}_i (\not{p}_2 + m) \\
&\quad - 2(\varepsilon_f p_1) \mathrm{Tr}\, \not{\varepsilon}_f \not{p}_1 \not{p}_2 \not{p}_3 + 2(\varepsilon_i p_3) \mathrm{Tr}\, \not{\varepsilon}_i \not{p}_1 \not{p}_2 \not{p}_3
\end{aligned}
$$

同様に，第 1 項で $\not{p}_1 \not{p}_2 + \not{p}_2 \not{p}_1 = 2 p_1 p_2$ を使って $\not{p}_1$ と $\not{p}_2$ の順序を入れ換え，その後で，上記の関係と $\not{p}_2 \not{\varepsilon}_{f,i} + \not{\varepsilon}_{f,i} \not{p}_2 = 0$ を繰り返し適用すると

$$
\begin{aligned}
\text{上式} &= 2(p_1 p_2) \mathrm{Tr}\, \not{\varepsilon}_f \not{\varepsilon}_i \not{p}_3 \not{\varepsilon}_f \not{\varepsilon}_i \not{p}_2 + \mathrm{Tr}\, \not{\varepsilon}_f \not{\varepsilon}_i (-\not{p}_2 + m) \not{p}_1 \not{p}_3 \not{\varepsilon}_f \not{\varepsilon}_i (\not{p}_2 + m) \\
&\quad - 2(\varepsilon_f p_1) \mathrm{Tr}\, \not{\varepsilon}_f \not{p}_1 \not{p}_2 \not{p}_3 + 2(\varepsilon_i p_3) \mathrm{Tr}\, \not{\varepsilon}_i \not{p}_1 \not{p}_2 \not{p}_3 \\
&= 2(p_1 p_2) \mathrm{Tr}\, \not{p}_3 \not{\varepsilon}_f \not{\varepsilon}_i \not{\varepsilon}_f \not{\varepsilon}_i \not{p}_2 - 2(\varepsilon_f p_1) \mathrm{Tr}\, \not{\varepsilon}_f \not{p}_1 \not{p}_2 \not{p}_3 + 2(\varepsilon_i p_3) \mathrm{Tr}\, \not{\varepsilon}_i \not{p}_1 \not{p}_2 \not{p}_3 \\
&= 2(p_1 p_2) [\, 2(\varepsilon_i \varepsilon_f) \mathrm{Tr}\, \not{p}_3 \not{\varepsilon}_f \not{\varepsilon}_i \not{p}_2 - \mathrm{Tr}\, \not{p}_2 \not{p}_3 \,] \\
&\quad - 2(\varepsilon_f p_1) \mathrm{Tr}\, \not{\varepsilon}_f \not{p}_1 \not{p}_2 \not{p}_3 + 2(\varepsilon_i p_3) \mathrm{Tr}\, \not{\varepsilon}_i \not{p}_1 \not{p}_2 \not{p}_3 \\
&= 8 \Big[\, (p_1 p_2)(p_2 p_3) [\, 2(\varepsilon_i \varepsilon_f)^2 - 1 \,] + (\varepsilon_i p_3)^2 (p_1 p_2) - (\varepsilon_f p_1)^2 (p_2 p_3) \,\Big]
\end{aligned}
$$

最後に，ここまでの結果を合わせよう：

$$
\begin{aligned}
\frac{1}{2} \sum_{s_2, s_4} |\mathscr{M}|^2 &= \frac{1}{2} \sum_{s_2, s_4} \Big[\, |\mathscr{M}_1|^2 + \mathscr{M}_1 \mathscr{M}_2^* + \mathscr{M}_1^* \mathscr{M}_2 + |\mathscr{M}_2|^2 \,\Big] \\
&= \frac{e^4}{p_1 p_2} [\, 2(\varepsilon_f p_1)^2 + p_2 p_3 \,] - \frac{e^4}{p_2 p_3} [\, 2(\varepsilon_i p_3)^2 - p_1 p_2 \,] \\
&\quad + \frac{2e^4}{(p_1 p_2)(p_2 p_3)} \Big[\, (p_1 p_2)(p_2 p_3) [\, 2(\varepsilon_i \varepsilon_f)^2 - 1 \,] \\
&\qquad + (\varepsilon_i p_3)^2 (p_1 p_2) - (\varepsilon_f p_1)^2 (p_2 p_3) \,\Big] \\
&= e^4 \left[\, \frac{p_2 p_3}{p_1 p_2} + \frac{p_1 p_2}{p_2 p_3} + 4(\varepsilon_i \varepsilon_f)^2 - 2 \,\right] \qquad (\text{III}.67)
\end{aligned}
$$

これで散乱断面積に到達できる．とは言っても，重心系なら単に公式 (II.47) を適用するだけなので，ここでは実験室系で考えてみよう．

$$
p_2^\mu = (m,\, 0,\, 0,\, 0), \quad p_{1,3}^\mu = (|\boldsymbol{p}_{1,3}^{\mathrm{L}}|,\, \boldsymbol{p}_{1,3}^{\mathrm{L}})
$$

と置くと

$$\frac{1}{2}\sum_{s_2,s_4}|\mathscr{M}|^2 = e^4\left[\frac{|\boldsymbol{p}_3^{\mathrm{L}}|}{|\boldsymbol{p}_1^{\mathrm{L}}|} + \frac{|\boldsymbol{p}_1^{\mathrm{L}}|}{|\boldsymbol{p}_3^{\mathrm{L}}|} + 4(\varepsilon_i\varepsilon_f)^2 - 2\right] \tag{Ⅲ.68}$$

実験室系での断面積 $d\sigma/d\Omega_{\mathrm{L}}$ は，重心系での断面積 $d\sigma/d\Omega_{\mathrm{CM}}$ および変換のヤコビアン (Jacobian) $\partial(\Omega_{\mathrm{CM}})/\partial(\Omega_{\mathrm{L}})\,(= d\cos\theta_{\mathrm{CM}}/d\cos\theta_{\mathrm{L}})$ から

$$\frac{d\sigma}{d\Omega_{\mathrm{L}}} = \left|\frac{\partial(\Omega_{\mathrm{CM}})}{\partial(\Omega_{\mathrm{L}})}\right|\frac{d\sigma}{d\Omega_{\mathrm{CM}}}$$

と求められる．よって，二つの角 θ_{CM} と θ_{L} の関係が必要だが，その前に両系を結ぶローレンツ変換の β 因子も決めなければならない：

【β因子】 実験室系は，重心系から見て入射電子と同じ速度を持っている，つまり z 軸負の向きに走っている系である．重心系での電子の速度の大きさは $v = |\boldsymbol{p}_2^{\mathrm{CM}}|/E_2^{\mathrm{CM}}$ だが，そこでの s と $|\boldsymbol{p}_{1,2}^{\mathrm{CM}}|$ の関係

$$\sqrt{s} = |\boldsymbol{p}_1^{\mathrm{CM}}|\,(= |\boldsymbol{p}_2^{\mathrm{CM}}|) + E_2^{\mathrm{CM}} = |\boldsymbol{p}_2^{\mathrm{CM}}| + \sqrt{|\boldsymbol{p}_2^{\mathrm{CM}}|^2 + m^2}$$

より

$$|\boldsymbol{p}_2^{\mathrm{CM}}| = (s - m^2)/(2\sqrt{s}), \qquad E_2^{\mathrm{CM}} = (s + m^2)/(2\sqrt{s})$$

となるので $v = (s - m^2)/(s + m^2)$．よって，(自然単位系では) $\beta = -v = -(s-m^2)/(s+m^2)$，また，変換式に現れる $\sqrt{1-\beta^2}$ は $2m\sqrt{s}/(s+m^2)$ となる．

【ヤコビアン】 散乱光子の運動量の z 成分（z 軸は入射光子の向き）のローレンツ変換を考える．両系は相対速度（電子速度）が 0 の時に一致する関係なので，付録 1 のローレンツ変換 (A.1) がそのまま適用できる（但し，x 成分と z 成分の役割は入れ換える）：

$$(\boldsymbol{p}_3^{\mathrm{L}})_z = \frac{(\boldsymbol{p}_3^{\mathrm{CM}})_z - \beta|\boldsymbol{p}_3^{\mathrm{CM}}|}{\sqrt{1-\beta^2}}$$

従って，散乱角を θ として

$$|\boldsymbol{p}_3^{\mathrm{L}}|\cos\theta_{\mathrm{L}} = \frac{|\boldsymbol{p}_3^{\mathrm{CM}}|}{\sqrt{1-\beta^2}}(\cos\theta_{\mathrm{CM}} - \beta) \tag{Ⅲ.69}$$

を得る．実験室系では

$$(p_1 - p_3)^2 = -2p_1p_3 = -2|\boldsymbol{p}_1^{\mathrm{L}}||\boldsymbol{p}_3^{\mathrm{L}}|(1-\cos\theta_{\mathrm{L}})$$
$$(p_2 - p_4)^2 = 2m^2 - 2p_2p_4 = 2m^2 - 2p_2(p_1+p_2-p_3)$$
$$= -2m(|\boldsymbol{p}_1^{\mathrm{L}}| - |\boldsymbol{p}_3^{\mathrm{L}}|)$$

だから，$p_1 - p_3 = p_4 - p_2$ の両辺を２乗して

$$|\boldsymbol{p}_3^{\mathrm{L}}| = \frac{|\boldsymbol{p}_1^{\mathrm{L}}|}{1 + |\boldsymbol{p}_1^{\mathrm{L}}|(1-\cos\theta_{\mathrm{L}})/m} \tag{III.70}$$

これを (III.69) の $|\boldsymbol{p}_3^{\mathrm{L}}|$ に代入すれば，$\cos\theta_{\mathrm{CM}}$ が $\cos\theta_{\mathrm{L}}$ の関数として表せる．その中で，$|\boldsymbol{p}_1^{\mathrm{L}}|$ は，実験室系での s の表現 $s = (p_1+p_2)^2 = m^2 + 2p_1p_2 = m^2 + 2m|\boldsymbol{p}_1^{\mathrm{L}}|$ より $|\boldsymbol{p}_1^{\mathrm{L}}| = (s-m^2)/(2m)$ となるので，これを $|\boldsymbol{p}_{1,3}^{\mathrm{CM}}| = (s-m^2)/(2\sqrt{s})$ と共に（$|\boldsymbol{p}_3^{\mathrm{L}}|$ との比以外の項で）用いると，ヤコビアンが次のように求まる：

$$\frac{d\cos\theta_{\mathrm{CM}}}{d\cos\theta_{\mathrm{L}}} = \frac{s}{m^2}\left(\frac{|\boldsymbol{p}_3^{\mathrm{L}}|}{|\boldsymbol{p}_1^{\mathrm{L}}|}\right)^2 \tag{III.71}$$

以上に基づけば，実験室系での微分断面積が

$$\frac{d\sigma}{d\Omega_{\mathrm{L}}}(\gamma e \to \gamma e) = \frac{1}{64\pi^2 m^2}\left(\frac{|\boldsymbol{p}_3^{\mathrm{L}}|}{|\boldsymbol{p}_1^{\mathrm{L}}|}\right)^2 |\mathcal{M}(\gamma e \to \gamma e)|^2 \tag{III.72}$$

と決まる．電子スピンについての平均・和をとったものを $\alpha \equiv e^2/[4\pi]$ を用いて陽に書くと

$$\frac{d\sigma}{d\Omega_{\mathrm{L}}}(\gamma e \to \gamma e) = \frac{1}{64\pi^2 m^2}\left(\frac{|\boldsymbol{p}_3^{\mathrm{L}}|}{|\boldsymbol{p}_1^{\mathrm{L}}|}\right)^2 \frac{1}{2}\sum_{s_2,s_4} |\mathcal{M}(\gamma e \to \gamma e)|^2$$
$$= \frac{\alpha^2}{4m^2}\left(\frac{|\boldsymbol{p}_3^{\mathrm{L}}|}{|\boldsymbol{p}_1^{\mathrm{L}}|}\right)^2 \left[\frac{|\boldsymbol{p}_3^{\mathrm{L}}|}{|\boldsymbol{p}_1^{\mathrm{L}}|} + \frac{|\boldsymbol{p}_1^{\mathrm{L}}|}{|\boldsymbol{p}_3^{\mathrm{L}}|} + 4(\varepsilon_i\varepsilon_f)^2 - 2\right] \tag{III.73}$$

これは**クライン** (Klein) **- 仁科の式**と呼ばれている．

最後に，光子のスピンについても平均・和をとった式を求めよう．入射光子の横偏極ベクトル $\varepsilon_i^\mu(1) = (0,1,0,0)$，$\varepsilon_i^\mu(2) = (0,0,1,0)$ をまとめて $(0,\boldsymbol{\varepsilon}_k)$ と，同様に散乱光子のそれも $(0,\boldsymbol{\varepsilon}'_k)$ と書くことにする（$k=1,2$）．これに加えて $\boldsymbol{\varepsilon}_3 = \boldsymbol{p}_1/|\boldsymbol{p}_1|$, $\boldsymbol{\varepsilon}'_3 = \boldsymbol{p}_3/|\boldsymbol{p}_3|$ と定義すると，$(\boldsymbol{\varepsilon}_1,\boldsymbol{\varepsilon}_2,\boldsymbol{\varepsilon}_3)$ 及び $(\boldsymbol{\varepsilon}'_1,\boldsymbol{\varepsilon}'_2,\boldsymbol{\varepsilon}'_3)$ は，いず

れも3次元空間の基本単位ベクトルを構成する．これを念頭に置けば

$$
\begin{aligned}
\sum_{s_1,s_3}(\varepsilon_i\varepsilon_f)^2 &= \sum_{k,l=1}^{2}(\boldsymbol{\varepsilon}_k\boldsymbol{\varepsilon}'_l)^2 = \sum_{l=1}^{2}\boldsymbol{\varepsilon}'_l\Big[\sum_{k=1}^{2}(\boldsymbol{\varepsilon}_k\boldsymbol{\varepsilon}'_l)\boldsymbol{\varepsilon}_k\Big] \\
&= \sum_{l=1}^{2}\boldsymbol{\varepsilon}'_l\Big[\sum_{k=1}^{3}(\boldsymbol{\varepsilon}_k\boldsymbol{\varepsilon}'_l)\boldsymbol{\varepsilon}_k - (\boldsymbol{\varepsilon}_3\boldsymbol{\varepsilon}'_l)\boldsymbol{\varepsilon}_3\Big] = \sum_{l=1}^{2}\boldsymbol{\varepsilon}'_l\Big[\boldsymbol{\varepsilon}'_l - (\boldsymbol{\varepsilon}_3\boldsymbol{\varepsilon}'_l)\boldsymbol{\varepsilon}_3\Big] \\
&= \sum_{l=1}^{2}\Big[1 - (\boldsymbol{\varepsilon}_3\boldsymbol{\varepsilon}'_l)^2\Big] = 2 - \boldsymbol{\varepsilon}_3\sum_{l=1}^{2}(\boldsymbol{\varepsilon}_3\boldsymbol{\varepsilon}'_l)\boldsymbol{\varepsilon}'_l \\
&= 2 - \boldsymbol{\varepsilon}_3\Big[\sum_{l=1}^{3}(\boldsymbol{\varepsilon}_3\boldsymbol{\varepsilon}'_l)\boldsymbol{\varepsilon}'_l - (\boldsymbol{\varepsilon}_3\boldsymbol{\varepsilon}'_3)\boldsymbol{\varepsilon}'_3\Big] = 2 - \boldsymbol{\varepsilon}_3\Big[\boldsymbol{\varepsilon}_3 - (\boldsymbol{\varepsilon}_3\boldsymbol{\varepsilon}'_3)\boldsymbol{\varepsilon}'_3\Big] \\
&= 2 - 1 + (\boldsymbol{\varepsilon}_3\boldsymbol{\varepsilon}'_3)^2 = 1 + (\boldsymbol{p}_1\boldsymbol{p}_3)^2/(|\boldsymbol{p}_1||\boldsymbol{p}_3|)^2 = 1 + \cos^2\theta_{\mathrm{L}} \qquad (\mathrm{III}.74)
\end{aligned}
$$

となるので，実光子のスピン自由度は2であることも考慮して，求める式は

$$
\frac{d\sigma}{d\Omega_{\mathrm{L}}}(\gamma e \to \gamma e) = \frac{\alpha^2}{2m^2}\Big(\frac{|\boldsymbol{p}_3^{\mathrm{L}}|}{|\boldsymbol{p}_1^{\mathrm{L}}|}\Big)^2\Big[\frac{|\boldsymbol{p}_3^{\mathrm{L}}|}{|\boldsymbol{p}_1^{\mathrm{L}}|} + \frac{|\boldsymbol{p}_1^{\mathrm{L}}|}{|\boldsymbol{p}_3^{\mathrm{L}}|} - \sin^2\theta_{\mathrm{L}}\Big] \qquad (\mathrm{III}.75)
$$

となる．

4. ミューオン崩壊

不安定粒子の崩壊例として，荷電弱相互作用により起こるミューオン崩壊を考えてみよう．この現象は以前からよく知られており，その崩壊幅はかなりの高精度で測定されている．そのため，電弱標準理論のパラメータ決定においても重要な役割を果たしている．相互作用ラグランジアンとファインマン則は $\nu_\mu e \to \mu\nu_e$ と同じであり，第1次近似でのファインマン図は以下のように表される：

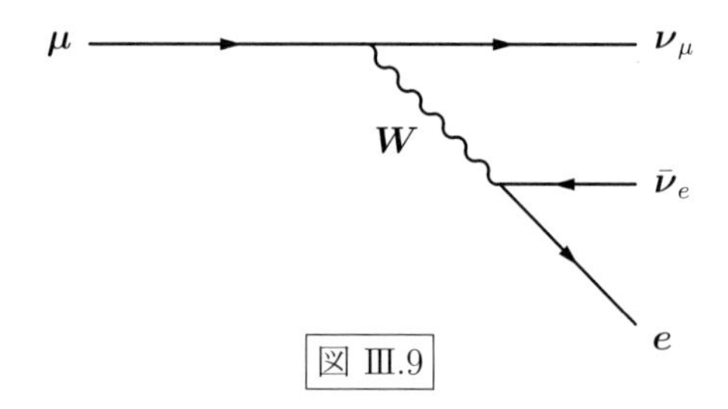

図 III.9

これに対応する不変散乱振幅は

$$\mathcal{M}(\mu \to e\nu_\mu \bar{\nu}_e) = \frac{g^2}{8}\,\bar{u}_e(\boldsymbol{p}_e, s_e)\gamma_\alpha(1-\gamma_5)v_\nu(\boldsymbol{k}_e, \sigma_e)D_{\mathrm{F}}^{W\,\alpha\beta}(q) \times \bar{u}_\nu(\boldsymbol{k}_\mu, \sigma_\mu)\gamma_\beta(1-\gamma_5)u_\mu(\boldsymbol{p}_\mu, s_\mu) \tag{Ⅲ.76}$$

（$q = p_\mu - k_\mu$）と与えられる.[♯Ⅲ.13] 容易にわかるように，これは $\nu_\mu e \to \mu\nu_e$ の振幅とほとんど同じである．但し，ここでもWボソンの伝播関数に対してファインマンゲージを採用すれば $D_{\mathrm{F}}^{W\,\alpha\beta}(q) = g^{\alpha\beta}/(q^2 - M_W^2)$ となるが，この反応での $|q^2|$ は，最大でも m_μ^2 なので M_W^2 に比較して無視できる（$M_W = 80.4$ GeV, $m_\mu = 0.106$ GeV）．その結果，この振幅は，僅かながら簡単になる：

$$\mathcal{M}(\mu \to e\nu_\mu \bar{\nu}_e) = -\frac{g^2}{8M_W^2}\,\bar{u}_e(\boldsymbol{p}_e, s_e)\gamma_\alpha(1-\gamma_5)v_\nu(\boldsymbol{k}_e, \sigma_e) \times \bar{u}_\nu(\boldsymbol{k}_\mu, \sigma_\mu)\gamma^\alpha(1-\gamma_5)u_\mu(\boldsymbol{p}_\mu, s_\mu) \tag{Ⅲ.77}$$

以下 $\sum_{s_\mu, s_e}|\mathcal{M}|^2$ の計算は $\nu_\mu e$ 衝突の場合と全く同様に実行できるので，要点のみを記す．ただ，これは低エネルギー反応なので，電子質量も残しておく：

$$\begin{aligned}
&\sum_{s_\mu, s_e}|\mathcal{M}|^2 \\
&= \frac{g^4}{64M_W^4}\mathrm{Tr}\,(\not{p}_e + m_e)\gamma_\alpha(1-\gamma_5)\not{k}_e\gamma_\beta(1-\gamma_5) \\
&\qquad \times \mathrm{Tr}\,\not{k}_\mu\gamma^\alpha(1-\gamma_5)(\not{p}_\mu + m_\mu)\gamma^\beta(1-\gamma_5) \\
&= \frac{g^4}{16M_W^4}\mathrm{Tr}\,(\not{p}_e + m_e)\gamma_\alpha\not{k}_e\gamma_\beta(1-\gamma_5)\,\mathrm{Tr}\,\not{k}_\mu\gamma^\alpha(\not{p}_\mu + m_\mu)\gamma^\beta(1-\gamma_5) \\
&= \frac{g^4}{16M_W^4}\mathrm{Tr}\,\not{p}_e\gamma_\alpha\not{k}_e\gamma_\beta(1-\gamma_5)\,\mathrm{Tr}\,\not{k}_\mu\gamma^\alpha\not{p}_\mu\gamma^\beta(1-\gamma_5) \\
&= \frac{g^4}{M_W^4}\Big[\,(p_e)_\alpha(k_e)_\beta + (p_e)_\beta(k_e)_\alpha - g_{\alpha\beta}(p_e k_e) - i\varepsilon_{\mu\alpha\nu\beta}(p_e)^\mu(k_e)^\nu\,\Big] \\
&\qquad \times\Big[\,(p_\mu)^\alpha(k_\mu)^\beta + (p_\mu)^\beta(k_\mu)^\alpha - g^{\alpha\beta}(p_\mu k_\mu) + i\varepsilon^{\rho\alpha\sigma\beta}(p_\mu)_\rho(k_\mu)_\sigma\,\Big] \\
&= \frac{4g^4}{M_W^4}(p_e k_\mu)(p_\mu k_e)
\end{aligned} \tag{Ⅲ.78}$$

[♯Ⅲ.13] ここから先は崩壊反応の話題が続き，そこでは始状態と終状態で粒子数が異なるので，無用の混乱を避けるために粒子・運動量は（番号ではなく）文字で区別することにする.

これより，電子運動量に関する微分崩壊幅は，次のように書ける：

$$\begin{aligned}\frac{d\Gamma}{d^3\tilde{\boldsymbol{p}}_e} &= \int d^3\tilde{\boldsymbol{k}}_e d^3\tilde{\boldsymbol{k}}_\mu \,(2\pi)^4\,\delta^4(p_\mu - p_e - k_\mu - k_e)\frac{g^4}{m_\mu M_W^4}(p_e k_\mu)(p_\mu k_e) \\ &= \frac{16\pi^4 g^4}{m_\mu M_W^4}(p_e)_\alpha (p_\mu)_\beta \int d^3\tilde{\boldsymbol{k}}_e d^3\tilde{\boldsymbol{k}}_\mu \,(k_\mu)^\alpha (k_e)^\beta\,\delta^4(p_\mu - p_e - k_\mu - k_e)\end{aligned} \tag{Ⅲ.79}$$

さて，ここで $\nu_\mu e \to \mu\nu_e$ との違いが現れる．つまり，この過程の終状態は3体なので，上の $\boldsymbol{k}_{e,\mu}$ 積分が2体のときのようには簡単に行えない．一般には，角度・エネルギーそれぞれについてその上限・下限に注意を払いながら根気よく計算を進める必要がある．ところが，この場合には，相対論的共変性を活用した大変スマートな積分方法があるので，それを示そう：

運動量 $k_{e,\mu}$ は定積分されてしまうので，その結果，上記積分の値は $p_\mu - p_e$ のみに依存する．しかも，それは，$l \equiv p_\mu - p_e$ と置けば共変性と次元より

$$\int d^3\tilde{\boldsymbol{k}}_e d^3\tilde{\boldsymbol{k}}_\mu \,(k_\mu)^\alpha (k_e)^\beta\,\delta^4(l - k_\mu - k_e) \quad\Longrightarrow\quad A\,l^2 g^{\alpha\beta} + B\,l^\alpha l^\beta \tag{Ⅲ.80}$$

という形（係数 A と B は l を含まない）に限定される．そこで，この両者を等号で結び，その等式両辺に $g_{\alpha\beta}$ を掛けて α, β について和をとれば

$$(4A + B)\,l^2 = \int d^3\tilde{\boldsymbol{k}}_e d^3\tilde{\boldsymbol{k}}_\mu \,(k_\mu k_e)\,\delta^4(l - k_\mu - k_e)$$

ところが $l\,(= p_\mu - p_e) = k_\mu + k_e$ より $k_\mu k_e = l^2/2$ だから，結局

$$2(4A + B) = \int d^3\tilde{\boldsymbol{k}}_e d^3\tilde{\boldsymbol{k}}_\mu \,\delta^4(l - k_\mu - k_e) \tag{Ⅲ.81}$$

次に，$g_{\alpha\beta}$ の替りに $l_\alpha l_\beta$ を上述の等式の両辺に掛ければ

$$(A + B)(l^2)^2 = \int d^3\tilde{\boldsymbol{k}}_e d^3\tilde{\boldsymbol{k}}_\mu \,(k_\mu l)(k_e l)\,\delta^4(l - k_\mu - k_e)$$

ここで，$k_\mu l = k_\mu(k_\mu + k_e) = k_\mu k_e = l^2/2$，$k_e l = k_e(k_\mu + k_e) = k_\mu k_e = l^2/2$ より

$$4(A + B) = \int d^3\tilde{\boldsymbol{k}}_e d^3\tilde{\boldsymbol{k}}_\mu \,\delta^4(l - k_\mu - k_e) \tag{Ⅲ.82}$$

故に，被積分関数がデルタ関数だけの積分

$$\int d^3\tilde{\boldsymbol{k}}_e d^3\tilde{\boldsymbol{k}}_\mu\, \delta^4(l - k_\mu - k_e)$$

さえ求めればよいことになる．この積分は（ローレンツ）スカラーなので，どのような（慣性）座標系で計算してもよい．そこで，まずデルタ関数を利用して $\boldsymbol{k}_\mu$ 積分を済ませ，その後 ν_μ と $\bar{\nu}_e$ の重心系［$\boldsymbol{k}_e = -\boldsymbol{k}_\mu (\equiv \boldsymbol{k})$，$k_e^0 = k_\mu^0\,(\equiv k^0)$］で残った積分を実行すれば

$$\begin{aligned}\int d^3\tilde{\boldsymbol{k}}_e d^3\tilde{\boldsymbol{k}}_\mu\, \delta^4(l - k_\mu - k_e) &= \int d^3\tilde{\boldsymbol{k}}\, \frac{1}{(2\pi)^3\, 2k^0}\, \delta(l^0 - 2k^0) \\ &= \frac{1}{64\pi^5}\int dk^0\, \delta(l^0 - 2k^0) = \frac{1}{128\pi^5} \end{aligned} \tag{III.83}$$

この結果，(III.81)・(III.82) を通じて A と B が決まり，求めたい積分値も

$$\int d^3\tilde{\boldsymbol{k}}_e d^3\tilde{\boldsymbol{k}}_\mu\, (k_\mu)^\alpha (k_e)^\beta\, \delta^4(l - k_\mu - k_e) = \frac{1}{48(2\pi)^5}(l^2 g^{\alpha\beta} + 2\, l^\alpha l^\beta) \tag{III.84}$$

と確定するという訳である．

これにより，(III.79) で与えた微分崩壊幅は，次のようなコンパクトな形

$$\frac{d\Gamma}{d^3\tilde{\boldsymbol{p}}_e}(\mu \to e\nu_\mu\bar{\nu}_e) = \frac{g^4}{96\pi m_\mu M_W^4}\Big[\, l^2(p_e p_\mu) + 2(lp_e)(lp_\mu)\,\Big] \tag{III.85}$$

にまとまる．或いは，これに比べたら見た目は長くなるが，右辺の各内積に $l \equiv p_\mu - p_e$，$p_\mu = (m_\mu, \boldsymbol{0})$ 及び $p_e = (E_e, \boldsymbol{p}_e)$ を代入し

$$l^2 = m_\mu^2 - 2m_\mu E_e + m_e^2, \quad p_e p_\mu = m_\mu E_e, \quad lp_e = m_\mu E_e - m_e^2,$$
$$lp_\mu = m_\mu^2 - m_\mu E_e$$

と書き直すことで，上式は

$$\begin{aligned}&\frac{d\Gamma}{d^3\tilde{\boldsymbol{p}}_e}(\mu \to e\nu_\mu\bar{\nu}_e) \\ &\qquad = \frac{g^4}{96\pi M_W^4}\Big[\,(m_\mu^2 - 2m_\mu E_e + m_e^2)E_e + 2(m_\mu E_e - m_e^2)(m_\mu - E_e)\,\Big] \\ &\qquad = \frac{g^4}{96\pi M_W^4}\Big[\, m_\mu E_e(3m_\mu - 4E_e) - m_e^2(2m_\mu - 3E_e)\,\Big]\end{aligned} \tag{III.86}$$

と表すことも出来る．

ここで，もしかすると"どうして電子の進む向き（角度）を表す量が出てこないのか？"と不思議に思う読者もいるかも知れない．それは，ミューオンの静止系では，ミューオンのスピンも平均されたあとに残るベクトルは電子運動量 $\boldsymbol{p}_e$ だけだからである（この点に関しては，次に扱うトップ崩壊のところで少し詳しく解説する）．

ともかく，あとは $\boldsymbol{p}_e$ 積分を実行すれば全崩壊幅が求まる．そのうち角度積分は単に 4π を掛けるだけなので，運動量分布を表す式は直ちに出てくる：

$$\frac{d\Gamma}{d|\boldsymbol{p}_e|}(\mu \to e\nu_\mu\bar{\nu}_e)$$
$$= \frac{g^4}{6(4\pi)^3 M_W^4}\frac{|\boldsymbol{p}_e|^2}{E_e}\Big[\, m_\mu E_e(3m_\mu - 4E_e) - m_e^2(2m_\mu - 3E_e)\Big] \qquad (\mathrm{III}.87)$$

一方，$|\boldsymbol{p}_e|$ 積分は，電子質量を残したままだと少々複雑になるので，ここで $m_e = 0$ と近似しよう．すると $|\boldsymbol{p}_e| = E_e$ となり

$$\frac{d\Gamma}{dE_e}(\mu \to e\nu_\mu\bar{\nu}_e) = \frac{g^4 m_\mu}{6(4\pi)^3 M_W^4} E_e^2(\,3m_\mu - 4E_e\,) \qquad (\mathrm{III}.88)$$

が積分すべき式になる．このとき積分変数は E_e だが，それは，ν_μ と $\bar{\nu}_e$ が同一方向に走り 電子がその反対向きに出るとき最大となる．この最大値が $m_\mu/2$ となるのは容易に確認でき，それが E_e 積分の上限を与える．これにより

$$\Gamma(\mu \to e\nu_\mu\bar{\nu}_e) = \frac{g^4 m_\mu}{6(4\pi)^3 M_W^4}\int_0^{m_\mu/2} dE_e\, E_e^2(\,3m_\mu - 4E_e\,)$$
$$= \frac{g^4 m_\mu^5}{12(8\pi)^3 M_W^4} \qquad (\mathrm{III}.89)$$

が得られる．始状態に生まれた μ は，ほぼ 100 % が $e + \nu_\mu + \bar{\nu}_e$ へ崩壊するので，この $\Gamma(\mu \to e\nu_\mu\bar{\nu}_e)$ が，事実上 μ の全崩壊幅を与えることになる．

冒頭で述べたように，この量は非常に高い精度で測定されている【ミューオン平均寿命 $\tau = 1/\Gamma = (2.1969811 \pm 0.0000022) \times 10^{-6}$ 秒】．それ故，逆にこの式（＋高次補正）を通じて g や M_W の値に強い制限が付けられ，電弱標準理論の精密検証に役立っている．

5. トップ崩壊・ヒッグス崩壊

前項では素粒子崩壊現象の典型例としてミューオン崩壊を取り上げたが，これに引き続き，ここでは別の重要な反応例として（地球上では）限られた高エネルギー加速器実験においてのみ観測される二つの極めて重い素粒子 –トップクォーク（Top quark）ならびにヒッグスボソン（Higgs boson）– の崩壊現象に焦点を当ててみる．

トップクォーク崩壊

トップクォークは，電弱標準理論に属する6種類のクォークの中で最も重く（約173 GeV），実験室で生まれても一瞬で崩壊して大部分はボトム（Bottom）クォークとWボソンの対となり，[♯III.14] この両粒子も更に軽い粒子群へと崩壊していく．以下では，その最初の過程 $t \to bW$ の崩壊幅を計算してみよう．

この反応を支配するのは，すでに調べた $\nu_\mu e \to \mu\nu_e$ 散乱や $\mu \to e\nu_\mu\bar{\nu}_e$ 崩壊の場合と同じ荷電弱相互作用で，ここで必要な $\mathscr{L}_\mathrm{I}$ は

$$\mathscr{L}_\mathrm{I}(x) = \frac{g}{2\sqrt{2}} :\bar{\psi}_b(x)\gamma_\alpha(1-\gamma_5)\psi_t(x): W^{-\alpha}(x) \tag{III.90}$$

である【厳密に言えば，右辺には所謂 CKM 行列（CKM：Cabibbo - Kobayashi ［小林］ - Maskawa ［益川］）の (t,b) 成分 V_{tb} が必要だが，その大きさは1に非常に近いことが知られているので，ここでは簡単のため上のように表した．この成分が必要な場合は g を gV_{tb} で置き換えればよい】．但し，摂動展開の最低次近似でも $S^{(2)}$ が必要だった上記2反応とは異なり この過程ではWボソンが（仮想的ではなく）実際に生み出されるので，第1近似での不変散乱振幅は $\langle bW|S^{(1)}|t\rangle$ より得られ，

$$\mathscr{M}(t \to bW) = \frac{g}{2\sqrt{2}}\,\bar{u}_b(\boldsymbol{p}_b, s_b)\gamma_\alpha(1-\gamma_5)u_t(\boldsymbol{p}_t, s_t)\,\varepsilon^{\alpha *}(\boldsymbol{k}, s_W) \tag{III.91}$$

[♯III.14] トップの質量が $m_t = 173$ GeV であるのに対し，ボトム及びWの質量はそれぞれ $m_b = 4.2$ GeV, $M_W = 80.4$ GeV．従って，トップが一つ崩壊すれば，これら二つの粒子を生むために必要なエネルギーは軽々と確保される．

となる．ここで ε^α は生成されるWボソンの偏極ベクトル（物理成分）で，第II章(II.114) 式で与えた通り

$$\sum_{\lambda=1}^{3} \varepsilon^{\mu*}(\boldsymbol{k},\lambda)\varepsilon^{\nu}(\boldsymbol{k},\lambda) = -g^{\mu\nu} + k^\mu k^\nu / M_W^2$$

に従う（勿論 k はオンシェル運動量で $k^2 = M_W^2$ を満たしている）．この振幅を表すファインマン図は以下のようになる：

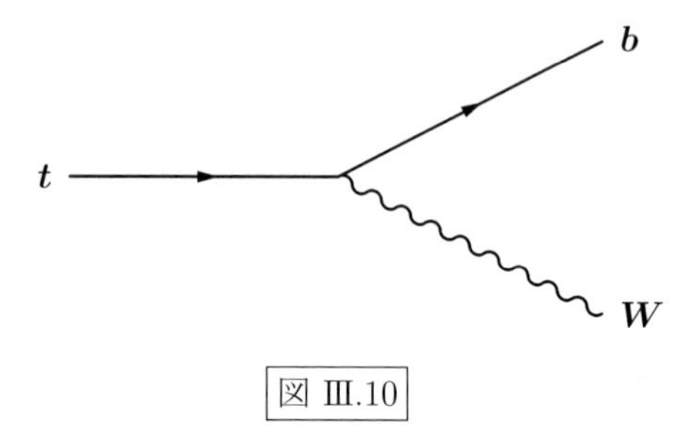

図 III.10

それでは $|\mathcal{M}|^2$ を計算していこう．この過程は終状態が２体と簡単なので，始状態トップのスピン s_t については基準として（平均をとらず）残す形で求めることにする．また，p_b と k の第０成分が必要な場合には，それぞれ E_b 及び E_W と表す：

$$\begin{aligned}
&\sum_{s_b, s_W} |\mathcal{M}|^2 \\
&\quad = \frac{g^2}{8} \mathrm{Tr}(\not{p}_b + m_b)\gamma_\alpha(1-\gamma_5)\frac{1+\gamma_5 \not{s}_t}{2}(\not{p}_t + m_t)\gamma_\beta(1-\gamma_5) \\
&\qquad \times \sum_{s_W} \varepsilon^{\alpha*}(\boldsymbol{k}, s_W)\varepsilon^{\beta}(\boldsymbol{k}, s_W) \\
&\quad = \frac{g^2}{8} \mathrm{Tr}\,\not{p}_b\gamma_\alpha(1+\gamma_5\not{s}_t)(\not{p}_t + m_t)\gamma_\beta(1-\gamma_5)\left(-g^{\alpha\beta} + k^\alpha k^\beta/M_W^2\right) \\
&\quad = \frac{g^2}{8} \mathrm{Tr}\,\not{p}_b\gamma_\alpha(\not{p}_t - m_t\not{s}_t)\gamma_\beta(1-\gamma_5)\left(-g^{\alpha\beta} + k^\alpha k^\beta/M_W^2\right)
\end{aligned}$$

（ここで γ_5 項が生むレヴィ-チヴィタ テンソルは反対称性より０となる）

$$= \frac{g^2}{8} \mathrm{Tr}\,\not{p}_b\gamma_\alpha(\not{p}_t - m_t\not{s}_t)\gamma_\beta\left(-g^{\alpha\beta} + k^\alpha k^\beta/M_W^2\right)$$

$$= \frac{g^2}{2}\left[p_t p_b + 2(p_t k)(p_b k)/M_W^2 - m_t[\, p_b s_t + 2(k s_t)(p_b k)/M_W^2\,]\right]$$

（$p_t s_t = 0$ より $k s_t = p_t s_t - p_b s_t = -p_b s_t$ だから）

$$= \frac{g^2}{2}\left[p_t p_b + 2(p_t k)(p_b k)/M_W^2 - m_t(p_b s_t)[\,1 - 2(p_b k)/M_W^2\,]\right] \quad (\text{III}.92)$$

この中で，トップのスピンベクトル s_t は静止系では $s_t^\mu = (0, \boldsymbol{s}_t)$ かつ $|\boldsymbol{s}_t| = 1$ であることを思い出せば $p_b s_t = -|\boldsymbol{p}_b|\cos\theta$（$\theta$ は $\boldsymbol{p}_b$ と $\boldsymbol{s}_t$ のなす角）と表せるので，$p_t^\mu = (m_t, \mathbf{0})$ も合わせて

$$\sum_{s_b, s_W} |\mathscr{M}|^2 = \frac{g^2}{2} m_t \Big[\, E_b + 2(m_t - E_b)(m_t E_b - m_b^2)/M_W^2 - (2m_t E_b - 2m_b^2 - M_W^2)\,|\boldsymbol{p}_b|\cos\theta/M_W^2 \,\Big]$$

となる．ここで E_b と $|\boldsymbol{p}_b|$ が必要だが，両者は，p_b と k の成分がトップ静止系でのエネルギー・運動量保存則に従い

$$m_t = E_b + E_W = \sqrt{\boldsymbol{p}_b^2 + m_b^2} + \sqrt{\boldsymbol{k}^2 + M_W^2} \quad \text{及び} \quad \boldsymbol{p}_b + \boldsymbol{k} = 0$$

を満たすことより

$$|\boldsymbol{p}_b| = |\boldsymbol{k}| = \frac{1}{2m_t}\sqrt{[(m_t + m_b)^2 - M_W^2][(m_t - m_b)^2 - M_W^2]}$$

$$E_b = \frac{1}{2m_t}(m_t^2 + m_b^2 - M_W^2), \quad E_W = \frac{1}{2m_t}(m_t^2 - m_b^2 + M_W^2) \quad (\text{III}.93)$$

と決まる．

これで必要な量は揃ったので，それら全てを一緒に (II.50) 式へ代入して微分崩壊幅（b クォークの角分布）

$$\frac{d\Gamma}{d\Omega}(t \to bW) = \frac{g^2|\boldsymbol{p}_b|}{128\pi^2 m_t^2 M_W^2}\Big[\,(m_t^2 - m_b^2)^2 + M_W^2(m_t^2 + m_b^2 - 2M_W^2) - 2m_t(m_t^2 - m_b^2 - 2M_W^2)|\boldsymbol{p}_b|\cos\theta\,\Big] \quad (\text{III}.94)$$

が，更に，角度積分を実行すれば

$$\Gamma(t \to bW) = \frac{g^2|\boldsymbol{p}_b|}{32\pi m_t^2 M_W^2}\Big[\,(m_t^2 - m_b^2)^2 + M_W^2(m_t^2 + m_b^2 - 2M_W^2)\,\Big] \quad (\text{III}.95)$$

が得られる．また，m_t と M_W に比べると m_b は小さいということで無視する近似を行えば，上式は，$|\boldsymbol{p}_b| = (m_t^2 - M_W^2)/(2m_t)$ も用いて

$$\frac{d\Gamma}{d\Omega}(t \to bW) = \frac{g^2}{256\pi^2 m_t^3 M_W^2}(m_t^2 - M_W^2)^2 \times \Big[m_t^2 + 2M_W^2 - (m_t^2 - 2M_W^2)\cos\theta \Big] \quad \text{(III.96)}$$

$$\Gamma(t \to bW) = \frac{g^2}{64\pi m_t^3 M_W^2}(m_t^2 - M_W^2)^2(m_t^2 + 2M_W^2) \quad \text{(III.97)}$$

と少し簡単な形になる．

さて，ミューオン崩壊で終状態積分を実行した際には，その対称性（ローレンツ共変性）の活用が極めて有効であることを学んだ．ここでも，必要な計算が完了したこの段階で，微分崩壊幅が

$$d\Gamma(t \to bW) \sim C_0 + C_1 |\boldsymbol{p}_b| \cos\theta$$

という形になったことについて簡単に考察しておこう．当然のことながら，$C_{0,1}$ の具体的な中身は上記のように計算しないと導出できないが，$d\Gamma(t \to bW)$ がこのようにまとまることは（計算せずとも）理解できる：我々が住む世界には特別な向きなど存在しない（つまり，空間の中に特別なベクトルなど存在しない）から，[♯III.15] この量が依存できるベクトルは（トップの静止系では）$\boldsymbol{p}_b\,(= -\boldsymbol{k})$ と $\boldsymbol{s}_t$ だけである．しかし，$d\Gamma(t \to bW)$ 自体はベクトルではないため $\boldsymbol{p}_b\boldsymbol{s}_t$ という内積，つまり $|\boldsymbol{p}_b|\cos\theta$ ，の形でしか両者を含むことは出来ない．[♯III.16] しかも，どちらも $u_q(\boldsymbol{p}_q, s_q)\bar{u}_q(\boldsymbol{p}_q, s_q)\,(q = t, b)$ を通じて一度ずつしか計算には加われないので上のような形のみが許される，いう訳である．

更に，トップのスピンについて平均をとってしまえば $\boldsymbol{p}_b$ だけが，逆に終状態ボトムの角度積分を行えば $\boldsymbol{s}_t$ だけが残るので，どちらであっても $\boldsymbol{p}_b\boldsymbol{s}_t$ という内積を組むことさえ不可能になる．実際，前者の場合なら $\sum|\mathcal{M}|^2$ の計算の出

[♯III.15] 外部から電場や磁場などがかけられているような状況は除く．

[♯III.16] もちろん，「独立な組み合わせ」という意味では $\boldsymbol{p}_b\boldsymbol{p}_b$ と $\boldsymbol{s}_t\boldsymbol{s}_t$ も許されるが，こちらは定数に過ぎない．

発点で s_t は消えてしまうし，後者なら $\cos\theta$ 項は -1 から $+1$ までの積分で 0 になる．ミューオン崩壊においても (III.86) 式に角度を表す量が残らなかったことを思い出そう．このように，求める物理量の一般的な形が具体的な計算を実行することなく「対称性（もしくは非対称性）の観点」から絞り込めることは大変に興味深い．

ヒッグスボソン崩壊

ヒッグスボソンは，電弱標準理論の中では唯一のスカラー粒子であり，〈電弱対称性の自発的破れ〉および〈それによる粒子質量生成〉において不可欠な役割を果たす．また，約 125 GeV という大きな質量を持っており，電弱標準理論を構成する粒子群の中で最後に発見された粒子でもある．この粒子がフェルミオン（クォークまたはレプトン）の対 $f\bar{f}$ に崩壊する過程を調べてみよう．

これを記述する相互作用ラグランジアンは，ヒッグス場を $h(x)$ と表せば♯III.17

$$\mathscr{L}_{\rm I}(x) = g_h :\bar{\psi}_f(x)(A + B\gamma_5)\psi_f(x): h(x) \qquad \text{(III.98)}$$

と与えられる．但し，電弱標準理論に従えば $B=0$ だが，ここでは一般性を考えて $B \neq 0$ としておく．また，結合定数 g_h は，その大きさが結合する f の質量に比例するという注目すべき特徴を持っている（後述の補足参照）．

この過程でも，第 1 次近似は $S^{(1)}$ から得られ，そのファインマン図は次のようになる：

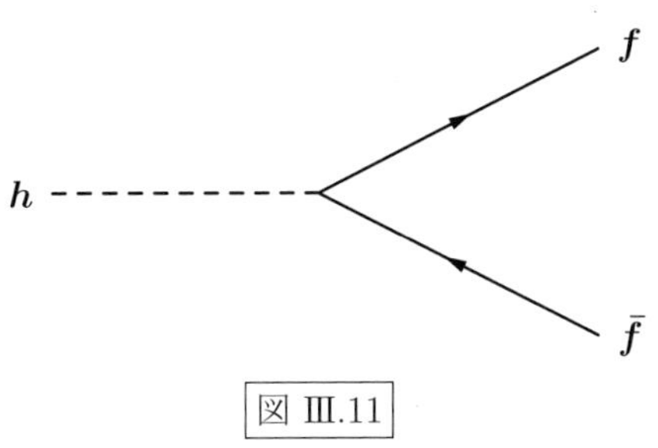

図 III.11

♯III.17 ここまでスカラー場は ϕ と表記してきたが，ここではヒッグス粒子であることを明示するために h と表すこととする．

これに対応する不変散乱振幅は

$$\mathcal{M}(h \to f\bar{f}) = g_h\, \bar{u}(\boldsymbol{p}_f, s_f)(A + B\gamma_5)v(\boldsymbol{p}_{\bar{f}}, s_{\bar{f}}) \tag{Ⅲ.99}$$

で，ここにはヒッグス粒子を表す量が全く含まれていないように見えるが，これは正にスカラー粒子の特徴である: 91 頁で与えたスカラー場のファインマン則「始状態・終状態のスカラー粒子には 1 を対応させる」を思い出そう．

では $|\mathcal{M}|^2$ を求めよう．ヒッグス粒子質量を M_h とすれば

$$\sum_{s_f, s_{\bar{f}}} |\mathcal{M}|^2 = g_h^2\, \mathrm{Tr}\,(\not{p}_f + m_f)(A + B\gamma_5)(\not{p}_{\bar{f}} - m_f)(A - B\gamma_5)$$
$$= g_h^2\,(A^2 + B^2)\,\mathrm{Tr}\,\not{p}_f\not{p}_{\bar{f}} - g_h^2\,(A^2 - B^2)\,m_f^2\,\mathrm{Tr}\,\mathrm{I}$$

（ここで I は単位行列）

$$= 4g_h^2 \Big[\,(A^2 + B^2)\,p_f p_{\bar{f}} - (A^2 - B^2)\,m_f^2\,\Big]$$

（$p_h = p_f + p_{\bar{f}}$ より $2p_f p_{\bar{f}} = M_h^2 - 2m_f^2$ だから）

$$= 2g_h^2 \Big[\,A^2\,(M_h^2 - 4m_f^2) + B^2\,M_h^2\,\Big] \tag{Ⅲ.100}$$

このように，$\sum |\mathcal{M}|^2$ は全くの定数になってしまうが，これは，スピンを持つトップの崩壊とは異なり向きを決める独立なベクトルが $\boldsymbol{p}_f$ 一つしかないということの帰結である．

これから (Ⅱ.50) 式を用いて崩壊幅を求めるには $|\boldsymbol{p}_f|$ が必要だが，それについてはトップ崩壊の場合と同様にヒッグス静止系でのエネルギー・運動量保存則

$$M_h = \sqrt{\boldsymbol{p}_f^2 + m_f^2} + \sqrt{\boldsymbol{p}_{\bar{f}}^2 + m_f^2} \quad \text{及び} \quad \boldsymbol{p}_f + \boldsymbol{p}_{\bar{f}} = 0$$

より

$$|\boldsymbol{p}_f| = \sqrt{M_h^2 - 4m_f^2}/2 \tag{Ⅲ.101}$$

と決まり，これによって微分崩壊幅（f，$\bar{f}$ の角分布）

$$\frac{d\Gamma}{d\Omega}(h \to f\bar{f}) = \frac{g_f^2|\boldsymbol{p}_f|}{16\pi^2 M_h^2}\Big[\,A^2\,(M_h^2 - 4m_f^2) + B^2\,M_h^2\,\Big] \tag{Ⅲ.102}$$

が導かれる．更に，これを角度積分すれば $\Gamma(h \to f\bar{f})$ が得られるが，前述の通り，上式には角度依存項がないので単に全体を 4π 倍するだけでよい：

$$\Gamma(h \to f\bar{f}) = \frac{g_f^2 |\boldsymbol{p}_f|}{4\pi M_h^2} \Big[\, A^2\,(M_h^2 - 4m_f^2) + B^2\, M_h^2 \,\Big] \qquad (\text{III}.103)$$

但し，終状態の f がクォークの場合には **カラー**（Color）という自由度も含める必要があり，そのために上掲の $d\Gamma/d\Omega$ および Γ の右辺は 3 倍される．

なお，相互作用ラグランジアンを示したところで述べたように，結合定数 g_h はフェルミオン f の質量 m_f に比例しており，その結果，重いフェルミオンほどヒッグス粒子と強く結合する．ただ，質量の大小関係からトップクォーク対が考察中のような崩壊過程の終状態に現れるのは不可能なため，本ボソンが最も生みやすいフェルミオン対は $b\bar{b}$ ということになる．

最後に，ヒッグスボソンが関与する反応を扱ったこの機会に（ここでは使われなかったが）スカラー粒子の内線に関するファインマン図とファインマン則を示しておこう：

ファインマン図

- 結合部 1 から結合部 2 に向かう中間状態のスカラー粒子は 1 と 2 を結ぶ破線で表す：　1 •- - - - - - -• 2

ファインマン則

- 中間状態のスカラー粒子（4 元運動量 q）には $\Delta_{\mathrm{F}}(q)$ を対応させる

• • • • • • • •

補 足：フェルミオン-ヒッグスボソン結合について

ヒッグス崩壊に用いた相互作用ラグランジアン (III.98) は，フェルミ（ディラック）粒子-スカラー粒子結合の「最も一般的な共変形」ということで書き下せるが，その結合定数がフェルミオン質量に比例するという点は自動的には出てこないものなので，ここで説明しておこう．電弱標準理論は「ゲージ対称性（あるいはゲージ不変性）」と「対称性の自発的破れ」という二つの重要な概念の上に構成されている．これについての詳述は本書の目的ではないので控えるが，ここで注目しているヒッグスボソン結合に深く関係しているのは後者である．

この理論では，基礎となるゲージ不変なラグランジアンの中で，無質量のフェルミ粒子 f とスカラー粒子 ϕ の相互作用が，次のような一般形で設定される：

$$\mathscr{L}_{ff\phi}(x) = -g_{ff\phi} :\bar{\psi}_f(x)\psi_f(x): \phi(x)$$

但し，簡単のため γ_5 結合は落とした．もしも我々の住む世界において何ら異常なことが起こっていなければ，量子化された ϕ の真空期待値は当然 0 のはずである：

$$\langle \text{真空} |\phi(x)| \text{真空} \rangle = 0$$

ところが，スカラー粒子の場合には，ϕ が自分自身と何通りかの形で結合することも許されるため，それら各項の寄与の（相対的な）大きさによっては，この $|\text{真空}\rangle$ とは別の

$$\langle * |\phi(x)| * \rangle \neq 0$$

となるような状態 $|*\rangle$ の方が体系全体のエネルギーが低くなる，ということも起こり得る．そして，そのようなとき，自然は，後者の状態を“本当の真空” $|0\rangle$ として選ぶだろう．実は，これだけの記述では明白ではないが，この段階で出発点のラグランジアンが持っていた対称性が破れてしまうことがある．それが「対称性の自発的破れ」と呼ばれる現象である．これは，ラグランジアン自体が何らかの非対称な項を（量子化の前から）持っていて起こる対称性の破れとは明確に区別されなければならない．

ともかく，このように真空状態が再選択される場合には，$\langle 0|\phi(x)|0\rangle = v$ として新しい場 $h(x)$ が

$$h(x) = \phi(x) - v$$

と導入される．そうすれば，この $h(x)$ は

$$\langle 0|h(x)|0\rangle = 0$$

という“自然な”真空期待値を持ち，かつ上記の相互作用は

$$\mathscr{L}_{ff\phi}(x) = -g_{ff\phi}v :\bar{\psi}_f(x)\psi_f(x): -g_{ff\phi} :\bar{\psi}_f(x)\psi_f(x): h(x)$$

という二つの項に分かれる．電弱標準理論は，ここで $g_{ff\phi}v = m_f$ と置いて第1項をフェルミオン f の質量項

$$-m_f :\bar{\psi}_f(x)\psi_f(x):$$

と捉え【すなわち，無質量だった f が対称性の自発的破れによって質量を獲得する】，これにより f と h の結合も

$$\mathscr{L}_{ffh}(x) = -\frac{m_f}{v} :\bar{\psi}_f(x)\psi_f(x): h(x)$$

と書き直される．これに一般性の観点から γ_5 項も加え，かつ結合定数部分の $-m_f/v$ を簡単に g_h と表したのが (Ⅲ.98) 式という訳である．

なお，ここで登場した真空期待値 v は，電弱対称性の破れのスケールを特徴づけるパラメータとして大変に重要な役割を担っている．そして，Wボソン・Zボソンも同じくこの v から質量を得るが，それに対応する質量項を生み出すのは，ゲージ対称性に基づいて決められる ϕ とWおよび ϕ とZの結合（相互作用）項である．この仕組みを眺めれば，如何にしてW・Zボソンが質量を獲得する一方で光子は無質量粒子に留まるかも理解できて面白いが，本書では，これ以上は立ち入らない．

●●●●●●●●●

6. 偏極ビームによる電子・陽電子散乱

ここまで散乱過程に対しては，始状態のスピン平均（および終状態での和）を前提としてきたが，もしも衝突する粒子群が全て同じスピン状態にあるならば，

断面積はスピン平均という操作なしに求めなければならない．ここでは，電子・陽電子散乱を例にとり，そのような計算の詳細を見ることにしよう．

この場合の散乱断面積は，電子スピノル $u(\boldsymbol{p},s)$ と陽電子スピノル $v(\boldsymbol{p},s)$ に対し射影演算子の公式 (II.69) を適用して求められる．特に，縦偏極（ヘリシティの確定状態）で電子質量が無視できるときには公式 (II.73)

$$u(\boldsymbol{p},s)\bar{u}(\boldsymbol{p},s)=\frac{1+h_e\gamma_5}{2}\not{p},\quad v(\boldsymbol{p},s)\bar{v}(\boldsymbol{p},s)=\frac{1-h_{\bar{e}}\gamma_5}{2}\not{p}$$

を使うことが出来る．但し，ここで電子・陽電子のヘリシティをそれぞれ h_e, $h_{\bar{e}}$ $(=\pm1)$ と表した．これは，$|$ 振幅 $|^2$ の計算において，$u(\boldsymbol{p},s)$ ならびに $v(\boldsymbol{p},s)$ をそれぞれ

$$u(\boldsymbol{p},s)\ \to\ u'(\boldsymbol{p},s)\equiv\frac{1+h_e\gamma_5}{2}u(\boldsymbol{p},s),\quad v(\boldsymbol{p},s)\ \to\ v'(\boldsymbol{p},s)\equiv\frac{1-h_{\bar{e}}\gamma_5}{2}v(\boldsymbol{p},s) \tag{III.104}$$

と置き換えた上で通常のスピン和（平均ではない）をとることと同等である．[♯III.18] 実際，この定義の下での $u'\bar{u}'$ と $v'\bar{v}'$ のスピン和は

$$\begin{aligned}\sum_s u'(\boldsymbol{p},s)\bar{u}'(\boldsymbol{p},s)&=\frac{1}{4}\sum_s(1+h_e\gamma_5)u(\boldsymbol{p},s)\bar{u}(\boldsymbol{p},s)(1-h_e\gamma_5)\\&=\frac{1}{4}(1+h_e\gamma_5)\not{p}(1-h_e\gamma_5)=\frac{1}{2}(1+h_e\gamma_5)\not{p}\\\sum_s v'(\boldsymbol{p},s)\bar{v}'(\boldsymbol{p},s)&=\frac{1}{4}\sum_s(1-h_{\bar{e}}\gamma_5)v(\boldsymbol{p},s)\bar{v}(\boldsymbol{p},s)(1+h_{\bar{e}}\gamma_5)\\&=\frac{1}{4}(1-h_{\bar{e}}\gamma_5)\not{p}(1+h_{\bar{e}}\gamma_5)=\frac{1}{2}(1-h_{\bar{e}}\gamma_5)\not{p}\end{aligned}$$

となり，上に示した質量 0 の場合の射影演算子 $u\bar{u}$ および $v\bar{v}$ に一致する．

より具体的に断面積が受ける修正を考えてみよう．例えば

$$\mathscr{M}=\bar{v}\gamma_\mu(A+B\gamma_5)u\cdot\Gamma^\mu$$

という振幅に対して，すでに非偏極断面積 $\sigma_{\mathrm{un}}(A,B)$ が得られていたとしよう．

[♯III.18] 例えば $(1-\gamma_5)/2$ は，$u(\boldsymbol{p},s)$ からは $h_e=-1$ 成分を，また $v(\boldsymbol{p},s)$ からは $h_{\bar{e}}=+1$ 成分を抜き出す機能を持つ（付録 3 問題 A.6 の 3 参照）．

すると，これに対応する偏極反応の振幅が上述のルールに従い

$$
\begin{aligned}
&\bar{v}\gamma_\mu(A+B\gamma_5)u\cdot\Gamma^\mu \\
&\quad\Longrightarrow\quad \Big[\,(1-h_{\bar{e}}\gamma_5)v/2\,\Big]^\dagger\gamma^0\gamma_\mu(A+B\gamma_5)\Big[\,(1+h_e\gamma_5)u/2\,\Big]\cdot\Gamma^\mu \\
&\qquad\qquad = \bar{v}\gamma_\mu(A'+B'\gamma_5)u\cdot\Gamma^\mu
\end{aligned}
$$

但し，A' および B' は

$$
\begin{aligned}
A' &= [\,(1-h_e h_{\bar{e}})A+(h_e-h_{\bar{e}})B\,]/4 \\
B' &= [\,(1-h_e h_{\bar{e}})B+(h_e-h_{\bar{e}})A\,]/4
\end{aligned}
$$

と得られるが，σ_{un} はスピン平均をした $\sum|\mathscr{M}|^2/4$ から計算されているのに対し，偏極断面積を求める際にはスピン平均の替りに（同じく前頁のルールに従い）スピン和をとるのであるから，全体は4倍されなければならない：

$$
\sigma_{\mathrm{pol}}(A,B)=4\sigma_{\mathrm{un}}(A',B')
$$

ここで，$|\mathscr{M}|^2$ は A, B についての2次式であることを考えると，最終的に

$$
\begin{aligned}
A_h &\equiv [\,(1-h_e h_{\bar{e}})A+(h_e-h_{\bar{e}})B\,]/2 \\
B_h &\equiv [\,(1-h_e h_{\bar{e}})B+(h_e-h_{\bar{e}})A\,]/2
\end{aligned}
\tag{III.105}
$$

と置き，この A_h と B_h を用いることで

$$
\sigma_{\mathrm{pol}}(A,B)=\sigma_{\mathrm{un}}(A_h,B_h) \tag{III.106}
$$

という偏極断面積・非偏極断面積を繋ぐ関係公式が得られる．終状態粒子の偏極についても，その質量が無視できる場合には類似のルールを導くことが出来る．

ビームの偏極度

さて，始状態の電子・陽電子のスピンが完全に揃っているのなら，計算手順はこれで全てだが，実際の実験ではそれを実現するのは不可能と言える．そこで，ビームの**偏極度**（Degree of polarization）という量（単に偏極と呼ばれる

こともある）が導入される．これは，入射粒子群の中で，ある軸の向きのスピン成分（の 2 倍）が $s\,(=\pm 1)$ であるものの割合（個数密度）を ρ_s として

$$P \equiv \frac{\rho_{+1}-\rho_{-1}}{\rho_{+1}+\rho_{-1}} \tag{III.107}$$

と定義される（但し，陽電子ビームの場合には，後で述べるように少し注意が必要）．この定義から明らかなように $0 \leq |P| \leq 1$ である．$P=0$ のビームは**無偏極**（Unpolarized），$P=\pm 1$ は**完全偏極**（Completely polarized），それ以外は**部分偏極**（Partially polarized）と名付けられ，実際の断面積はこの偏極度を用いて表されることになる．

第 II.5 節で示した断面積の定義 (II.33) を思い出そう．衝突する粒子 a と b のビーム個数密度を ρ_a および ρ_b, 両者の相対速度の大きさを $v_{\rm rel}$ とすれば，断面積 σ_{ab} は，反応が体積 V の空間内で時間 T の間に N 回起こったとして

$$N \equiv VT\rho_a\rho_b\,v_{\rm rel}\,\sigma_{ab}$$

で決まる．これを，縦偏極の電子・陽電子ビームの場合に適用しよう．前者と後者におけるヘリシティ $h\,(=\pm 1)$ の電子・陽電子の密度を ρ_h および $\bar{\rho}_h$ とし，h がそれぞれ h_e と $h_{\bar{e}}$ に確定している電子と陽電子の散乱断面積を $\sigma(h_e,h_{\bar{e}})$ と表すと，このビームを用いた時の $e\bar{e}$ 断面積 σ は，上記の定義より

$$VT\rho\bar{\rho}\,v_{\rm rel}\,\sigma = \sum_{h_e,h_{\bar{e}}=\pm 1} VT\rho_{h_e}\bar{\rho}_{h_{\bar{e}}}\,v_{\rm rel}\,\sigma(h_e,h_{\bar{e}})$$

を満たす．但し，左辺の $\rho\,(=\rho_{+1}+\rho_{-1})$ と $\bar{\rho}\,(=\bar{\rho}_{+1}+\bar{\rho}_{-1})$ は，両ビーム内の電子全体・陽電子全体の密度である．これより，σ は次のように与えられる：

$$\sigma = \sum_{h_e,h_{\bar{e}}=\pm 1} \frac{\rho_{h_e}}{\rho}\frac{\bar{\rho}_{h_{\bar{e}}}}{\bar{\rho}}\sigma(h_e,h_{\bar{e}}) \tag{III.108}$$

では，ここで陽電子ビームについて注意を述べておこう．(III.107) に従えば，それぞれのビームの（縦）偏極度 は次式で定義するのが当然のように思える：

$$P_e \equiv \frac{\rho_{+1}-\rho_{-1}}{\rho}, \qquad P_{\bar{e}} \equiv \frac{\bar{\rho}_{+1}-\bar{\rho}_{-1}}{\bar{\rho}} \tag{III.109}$$

ところが，実際には $P_{\bar{e}}$ に対して右辺にマイナスを付ける流儀もある．どのビームについても常に「それが進む向きをその正の向きと約束」するなら，勿論そのような負符号は不要だが，電子ビームの向きを全体系の正の向きとして考えれば，ヘリシティが +1 の陽電子スピンは（重心系では）負の向きになり，偏極度の定義 (Ⅲ.107) からマイナスが必要という訳である．しかも，ややこしいことに両方とも実際の文献で使われている．[♯Ⅲ.19] 従って，無用な混乱を避けるためにも定義は明確に述べておく必要がある．ここでは，陽電子ビームの偏極度についても (Ⅲ.109) のようにマイナス符号無しの方式を採用することにする．

このように $P_e, P_{\bar{e}}$ を定義すれば

$$\frac{\rho_{+1}}{\rho} = \frac{1}{2}(1+P_e), \qquad \frac{\rho_{-1}}{\rho} = \frac{1}{2}(1-P_e)$$
$$\frac{\bar{\rho}_{+1}}{\bar{\rho}} = \frac{1}{2}(1+P_{\bar{e}}), \qquad \frac{\bar{\rho}_{-1}}{\bar{\rho}} = \frac{1}{2}(1-P_{\bar{e}})$$

となるから，任意の $P_{e,\bar{e}}$ に対する断面積は，(Ⅲ.108) 式より

$$\begin{aligned}
\sigma &= \frac{\rho_{+1}}{\rho}\frac{\bar{\rho}_{+1}}{\bar{\rho}}\sigma(+1,+1) + \frac{\rho_{+1}}{\rho}\frac{\bar{\rho}_{-1}}{\bar{\rho}}\sigma(+1,-1) \\
&\quad + \frac{\rho_{-1}}{\rho}\frac{\bar{\rho}_{+1}}{\bar{\rho}}\sigma(-1,+1) + \frac{\rho_{-1}}{\rho}\frac{\bar{\rho}_{-1}}{\bar{\rho}}\sigma(-1,-1) \\
&= \frac{1}{4}(1+P_eP_{\bar{e}})[\,\sigma(+1,+1)+\sigma(-1,-1)\,] \\
&\quad + \frac{1}{4}(P_e+P_{\bar{e}})[\,\sigma(+1,+1)-\sigma(-1,-1)\,] \\
&\quad + \frac{1}{4}(1-P_eP_{\bar{e}})[\,\sigma(+1,-1)+\sigma(-1,+1)\,] \\
&\quad + \frac{1}{4}(P_e-P_{\bar{e}})[\,\sigma(+1,-1)-\sigma(-1,+1)\,]
\end{aligned} \tag{Ⅲ.110}$$

と表せる．ここには無偏極や片方のみ偏極というビーム条件も含まれている：

- 両ビームとも無偏極の場合 ($P_e = P_{\bar{e}} = 0$)

$$\sigma = \frac{1}{4}[\,\sigma(+1,+1)+\sigma(-1,-1)+\sigma(+1,-1)+\sigma(-1,+1)\,] \tag{Ⅲ.111}$$

[♯Ⅲ.19] 例えばマイナスを付ける定義は Y.S. Tsai, *Phys. Rev.* **D51** (1995), 3172 において，また，付けない定義は A. Blondel, *Phys. Lett.* **B202** (1988), 145 において採用されている．

つまり，よく知られた入射粒子スピンについての平均をとる式が出てくる．

• 電子ビームのみ偏極している場合 ($P_{\bar{e}}=0$)

$$\sigma=\frac{1}{4}[\,\sigma(+1,+1)+\sigma(-1,-1)+\sigma(+1,-1)+\sigma(-1,+1)\,]$$
$$+\frac{1}{4}P_e[\,\sigma(+1,+1)-\sigma(-1,-1)+\sigma(+1,-1)-\sigma(-1,+1)\,] \quad (\text{Ⅲ}.112)$$

相互作用に現れるのがベクトル型カレント（$=\bar{\psi}\gamma_\mu\psi$）および軸性ベクトル型カレント（$=\bar{\psi}\gamma_\mu\gamma_5\psi$）のみの場合（電弱標準理論など）には，電子質量を無視する近似が許されるなら，対応する振幅 $\mathcal{M}(h_e,h_{\bar{e}})$ が

$$\mathcal{M}(\pm1,\pm1)=v^\dagger(1\mp\gamma_5)\gamma^0\gamma_\mu(\gamma_5)(1\pm\gamma_5)u\cdot\Gamma^\mu/4$$
$$=\bar{v}\gamma_\mu(\gamma_5)(1\mp\gamma_5)(1\pm\gamma_5)u\cdot\Gamma^\mu/4=0$$

を満たすことより

$$\sigma(+1,+1)=\sigma(-1,-1)=0 \quad (\text{Ⅲ}.113)$$

となるため，また，スカラー型（$=\bar{\psi}\psi$），擬スカラー型（$=\bar{\psi}\gamma_5\psi$），テンソル型（$=\bar{\psi}\sigma_{\mu\nu}\psi$）の場合には，逆に $\mathcal{M}(h_e,h_{\bar{e}})$ が

$$\mathcal{M}(\pm1,\mp1)=0$$

を満たす，つまり

$$\sigma(+1,-1)=\sigma(-1,+1)=0 \quad (\text{Ⅲ}.114)$$

となることが同様の計算で示せるため，σ の一般式 (Ⅲ.110) ももっと短くなる．

もし，断面積がヘリシティ h_e, $h_{\bar{e}}$ の部分を陽に抜き出して

$$\sigma(h_e,h_{\bar{e}})=a+h_e\,b+h_{\bar{e}}\,c+h_eh_{\bar{e}}\,d \quad (\text{Ⅲ}.115)$$

（a, b, c, d は h_e, $h_{\bar{e}}$ を含まない）と表されているなら

$$\sigma(+1,+1)=a+b+c+d,\quad \sigma(+1,-1)=a+b-c-d,$$
$$\sigma(-1,+1)=a-b+c-d,\quad \sigma(-1,-1)=a-b-c+d$$

なので，これを前述の P_e, $P_{\bar{e}}$ を使った式に代入すると

$$\sigma(P_e, P_{\bar{e}}) = a + P_e\, b + P_{\bar{e}}\, c + P_e P_{\bar{e}}\, d \tag{Ⅲ.116}$$

となる．つまりは，h_e と $h_{\bar{e}}$ を含めて σ を計算し，h_e^2 や $h_{\bar{e}}^2$ は全て 1 と置いた結果において $h_e \to P_e$, $h_{\bar{e}} \to P_{\bar{e}}$ と読み替えれば最終結果に達する訳である．

7. 偏極ディラック粒子対生成

本節最後の題材として 電子・陽電子衝突でのディラック粒子 (f) 対生成 を取り上げ，終状態 $f\bar{f}$ のスピン変数も残す（観測する）場合の断面積を求めよう．この f としては電荷 $Q_f = +(2/3)e$ のクォークを想定するが，結果を $Q_f = -(1/3)e$ のクォークや $Q_f = -e$ のレプトン向けに書き直すことは容易である．

これに関与するのは電磁相互作用および中性弱相互作用で，両者の相互作用ラグランジアンは，電弱標準理論に従えば

$$\begin{aligned}\mathscr{L}_{\mathrm{I}}(x) &= \sum_{i=e,f} Q_i :\bar{\psi}_i(x)\gamma_\alpha\psi_i(x): A^\alpha(x) \\ &\quad + \sum_{i=e,f} :\bar{\psi}_i(x)\gamma_\alpha(A_i + B_i\gamma_5)\psi_i(x): Z^\alpha(x)\end{aligned} \tag{Ⅲ.117}$$

と定まる．この中の第 2 項が中性弱相互作用を表しており，A_i および B_i は

$$\begin{aligned}A_e &= \frac{-g}{4\cos\theta_W}(1 - 4\sin^2\theta_W), \qquad B_e = \frac{g}{4\cos\theta_W} \\ A_f &= \frac{g}{4\cos\theta_W}(1 - \frac{8}{3}\sin^2\theta_W), \qquad B_f = \frac{-g}{4\cos\theta_W}\end{aligned}$$

と与えられる．但し，θ_W はワインバーグ角（Weinberg angle）という名のパラメータで，種々の実験から $\sin^2\theta_W \simeq 0.23$ であることが知られている．また，同項の $\sum_i :\bar{\psi}_i\gamma_\alpha(A_i + B_i\gamma_5)\psi_i:$ から因子 $g/(4\cos\theta_W)$ を除いたものは J_α^{NC} と書かれ，**中性弱カレント**（Neutral weak current）と呼ばれる．このカレントに結合する Z ボソンは，$\mathrm{W}^\pm$ よりも更に重く $M_Z = 91.2$ GeV である．

この中性弱相互作用についてのファインマン則が

- 内部（中間状態）を走るZボソンにはZボソン伝播関数 $D_{\rm F}^{Z\,\alpha\beta}(q)$ を，また，
- ディラック粒子とZボソン（Z^α）の結合部（頂点）には $\gamma_\alpha(A_i+B_i\gamma_5)$ を対応させる．

となることは直ちに確認できるだろう．

この過程を表すファインマン図は

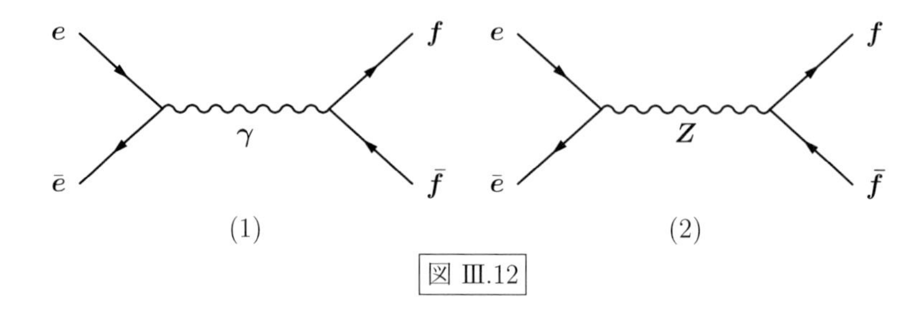

図 Ⅲ.12

であり，[♯Ⅲ.20] これに対応する不変散乱振幅は

$$
\begin{aligned}
\mathscr{M}(e\bar{e}\to f\bar{f}) = {} & C_{VV}\,\bar{v}_e(\boldsymbol{p}_{\bar{e}},s_{\bar{e}})\gamma_\alpha u_e(\boldsymbol{p}_e,s_e)\cdot\bar{u}_f(\boldsymbol{p}_f,s_f)\gamma^\alpha v_f(\boldsymbol{p}_{\bar{f}},s_{\bar{f}}) \\
& + C_{VA}\,\bar{v}_e(\boldsymbol{p}_{\bar{e}},s_{\bar{e}})\gamma_\alpha u_e(\boldsymbol{p}_e,s_e)\cdot\bar{u}_f(\boldsymbol{p}_f,s_f)\gamma^\alpha\gamma_5 v_f(\boldsymbol{p}_{\bar{f}},s_{\bar{f}}) \\
& + C_{AV}\,\bar{v}_e(\boldsymbol{p}_{\bar{e}},s_{\bar{e}})\gamma_\alpha\gamma_5 u_e(\boldsymbol{p}_e,s_e)\cdot\bar{u}_f(\boldsymbol{p}_f,s_f)\gamma^\alpha v_f(\boldsymbol{p}_{\bar{f}},s_{\bar{f}}) \\
& + C_{AA}\,\bar{v}_e(\boldsymbol{p}_{\bar{e}},s_{\bar{e}})\gamma_\alpha\gamma_5 u_e(\boldsymbol{p}_e,s_e)\cdot\bar{u}_f(\boldsymbol{p}_f,s_f)\gamma^\alpha\gamma_5 v_f(\boldsymbol{p}_{\bar{f}},s_{\bar{f}})
\end{aligned}
\tag{Ⅲ.118}
$$

と整理できる．但し，各項の係数は，$s\equiv(p_e+p_{\bar{e}})^2=(p_f+p_{\bar{f}})^2$ として

$$
\begin{aligned}
C_{VV} &= \frac{1}{s}Q_eQ_f+\frac{1}{s-M_Z^2}A_eA_f, \qquad & C_{VA} &= \frac{1}{s-M_Z^2}A_eB_f, \\
C_{AV} &= \frac{1}{s-M_Z^2}B_eA_f, & C_{AA} &= \frac{1}{s-M_Z^2}B_eB_f
\end{aligned}
\tag{Ⅲ.119}
$$

[♯Ⅲ.20] 終状態も電子対の場合，つまり $f=$ 電子の場合には，101 頁で与えた 図 Ⅲ.5 (2) および同図 の中の光子をZボソンで置き換えた図も加えなければならない．

である．

あとは通常の計算を進めていくのみだが，正直それほど易しくはない．しかし，ここまでに学んだテクニックが身についていれば実行は可能なはずである．これまでの例では物足らないと感じている読者諸君には，是非とも挑戦して欲しい．式が長くなりすぎないよう電子・陽電子の偏極は後から含めることにし，まずは重心系において $f\bar{f}$ のみがスピンベクトル s_f, $s_{\bar{f}}$ を保っている場合の微分断面積を示す：

$$
\begin{aligned}
&\frac{d\sigma}{d\Omega}(e\bar{e}\to f\bar{f})\\
&=\frac{3\beta}{256\pi^2 s}\Big[\ D_V\,[\,[4m_f^2 s+(lq)^2](1-s_f s_{\bar{f}})+s^2(1+s_f s_{\bar{f}})\\
&\qquad\qquad +2s\,(ls_f\,ls_{\bar{f}}-Ps_f\,Ps_{\bar{f}})+2\,lq\,(ls_f\,Ps_{\bar{f}}-ls_{\bar{f}}\,Ps_f)\,]\\
&\qquad +D_A\,[\,(lq)^2(1+s_f s_{\bar{f}})-(4m_f^2 s-s^2)(1-s_f s_{\bar{f}})\\
&\qquad\qquad -2(s-4m_f^2)(ls_f\,ls_{\bar{f}}-Ps_f\,Ps_{\bar{f}})-2\,lq\,(ls_f\,Ps_{\bar{f}}-ls_{\bar{f}}\,Ps_f)\,]\\
&\qquad +4\,\mathrm{Re}(D_{VA})\,m_f\,[\,s(Ps_f-Ps_{\bar{f}})+lq\,(ls_f+ls_{\bar{f}})\,]\\
&\qquad -2\,\mathrm{Im}(D_{VA})\,[\,lq\,\epsilon(s_f,s_{\bar{f}},q,l)+ls_{\bar{f}}\,\epsilon(s_f,P,q,l)+ls_f\,\epsilon(s_{\bar{f}},P,q,l)\,]\\
&\qquad -4\,E_V\,m_f\,s\,(ls_f+ls_{\bar{f}})-4\,E_A\,m_f\,lq\,(Ps_f-Ps_{\bar{f}})\\
&\qquad +4\,\mathrm{Re}(E_{VA})\,[\,2m_f^2(ls_f\,Ps_{\bar{f}}-ls_{\bar{f}}\,Ps_f)-lq\,s\,]\\
&\qquad +4\,\mathrm{Im}(E_{VA})\,m_f[\,\epsilon(s_f,P,q,l)+\epsilon(s_{\bar{f}},P,q,l)\,]\ \Big]
\end{aligned}
\tag{III.120}
$$

ここで，$\beta\,(\equiv\sqrt{1-4m_f^2/s})$ に掛かる 3 という係数は，ヒッグス崩壊のところで紹介したクォークのカラー自由度から来ている．また，$P\equiv p_e+p_{\bar{e}}\,(=p_f+p_{\bar{f}})$, $l\equiv p_e-p_{\bar{e}}$, $q\equiv p_f-p_{\bar{f}}$, $\epsilon(a,b,c,d)\equiv\varepsilon_{\mu\nu\rho\sigma}a^\mu b^\nu c^\rho d^\sigma$ であり，更に

$$
\begin{aligned}
&D_V=|C_{VV}|^2+|C_{AV}|^2, \qquad D_A=|C_{VA}|^2+|C_{AA}|^2,\\
&D_{VA}=C_{VV}^*\,C_{VA}+C_{AV}^*\,C_{AA},\\
&E_V=2\,\mathrm{Re}(C_{AV}^*\,C_{VV}), \qquad E_A=2\,\mathrm{Re}(C_{AA}^*\,C_{VA}),\\
&E_{VA}=C_{VV}^*\,C_{AA}+C_{AV}^*\,C_{VA}
\end{aligned}
\tag{III.121}
$$

と表した．但し，実際には $C_{ij}\,(i,j=V,A)$ は（複素数への拡張を考えることもあるが）ここでは全て実数である．

この結果に電子および陽電子の偏極効果を取り入れるのは容易である：すでに説明した通り，(III.104) 式に従って，散乱振幅 (III.118) の中の u_e と v_e にそれぞれ $(1+h_e\gamma_5)u_e/2$ 及び $(1-h_{\bar{e}}\gamma_5)v_e/2$ を代入する．これは，(III.105) と全く同じように，$\mathscr{M}(e\bar{e}\to f\bar{f})$ の中の各項の係数 C_{Vi}, C_{Ai} $(i=V,A)$ を

$$C_{Vi} \;\to\; \frac{1-h_e h_{\bar{e}}}{2}C_{Vi}+\frac{h_e-h_{\bar{e}}}{2}C_{Ai} \qquad \text{(III.122)}$$

$$C_{Ai} \;\to\; \frac{1-h_e h_{\bar{e}}}{2}C_{Ai}+\frac{h_e-h_{\bar{e}}}{2}C_{Vi} \qquad \text{(III.123)}$$

と置き換えることに相当する．これを，前頁の $D_{V,A,VA}$, $E_{V,A,VA}$ の定義 (III.121) に代入し，$h^2_{e,\bar{e}}$ は全て 1 と置いた後で最後に残った h_e，$h_{\bar{e}}$ をそれぞれ P_e，$P_{\bar{e}}$ と書き直せば最終結果が得られる．具体的な作業は読者に任せよう．

それでは，中性弱相互作用が関与する反応を扱ったこの機会を捉え，本節そして本章の締め括りの意味も込めて電弱標準理論と本相互作用の歴史について簡単に紹介しておこう：荷電弱相互作用の存在は，中性子のベータ崩壊などを通じて以前からよく知られていた．例えば，フェルミがベータ崩壊の理論を提出したのは 1934 年のことである．また，それが光子のような媒介粒子により引き起こされるという仮説にも同じように長い歴史があり，この可能性は 1935 年に発表された湯川の中間子論でも検討されている．このような荷電弱相互作用の研究史に比べると，中性弱相互作用の出現はむしろ “最近” と言える．すなわち，電弱標準理論は，電磁相互作用と荷電弱相互作用の統一的な記述を目指す模型として 1960 年代に提案されたのだが，Z ボソン媒介による中性弱相互作用は，この統一に伴って必然的に生まれる全く新しい未知の相互作用として “予言” の形で登場したのである．そして，それ以降，精力的な中性弱相互作用探しの実験が始まった．ところが，初期の頃は否定的データばかりが報告され，一時は電磁・荷電弱相互作用だけを含むように工夫を施した別の模型が構築さ

れたりもした．しかし，このような混乱も見られたものの，ついに 1973 年この新相互作用による反応は観測され，これにより，電弱標準模型も現実的な理論として認められた．その後，高エネルギー加速器の飛躍的な進歩・発展により，直接 Z ボソン自体が（勿論 W ボソンも）生成されるような実験まで可能となって現在に至っている．今や，非常に正確に測定されている両ボソンの質量は，微細構造定数 α やミューオン崩壊幅（通常はフェルミ結合定数 G_F として表される）と並ぶ重要な物理定数でもある．

♠♠ ちょっと息抜き：　続・摂動計算は辛いよ ♠♠

手計算を学ぶ前の小学生に電卓を教えることの是非は，大いに議論のあるところだが，最近ではコンピュータによるファインマン図の評価も可能になってきているため，大学院生の勉強にも似たような問題が起こる可能性がある．一旦コンピュータによる計算を知ってしまえば，ペンを持っての計算などやる気が失せてしまうという訳である．実は，筆者も初めて FORM という自動計算システムを使った時に，この禁断の実（?）を味わってしまった．しかも，この体験は，自分が大学時代に所属していたボート部のコーチの言葉まで思い出させた（… “ボート部のコーチが場の量子論を教えるだと !?” などと早とちりしないように）．ある日，彼が別のクルーのコーチのためにモーターボートで水上に出ようとしていた時に，一緒に乗せて欲しいと頼んでみたところ，“アカン” という冷たい返事．で，その理由だが “おまえは現役の漕ぎ屋やろ．だからダメなんや．漕ぎ屋がモーターボートのスピードを味わったら，もう必死に漕ぐ気がしなくなるやないか” という説明だった．これは，正に「手計算」と「コンピュータ計算」の関係！

ともかく，これからはコンピュータ計算が主流になるだろう．なら，我々がこれまで味わったような苦労も「今は昔」の話だろうか？ う〜ん，残念ながらそれはまだ違うだろう．コンピュータに計算させるといっても，そのプログラムを組むのは我々人間なんだから．それに，場の量子論の基礎自体が怪しかったら，まともなプログラムも組めないからしっかり勉強しよう．

♣♣♣♣

付録1 ローレンツ変換と共変・反変ベクトル

本文中では，**特殊相対性理論**（Special relativity：以下「特殊相対論」もしくは「相対論」と略す）の基礎的な事柄は既知のこととして話を進めたが，時間座標に虚数単位 i を含める形式で勉強してきた読者は，**共変・反変ベクトル** を用いる共変形式には不慣れかも知れないので，ここで概説しておこう．

特殊相対論の舞台は**4次元のミンコフスキー時空**（Minkowski space-time）である．そこでは，〔時間座標 t と空間座標 $\boldsymbol{x}$〕や〔エネルギー E と運動量 $\boldsymbol{p}$〕は，それぞれ一つの4成分ベクトル［**4元ベクトル**］に統合され，異なる慣性系の間は**ローレンツ変換**で結ばれる．

よく教科書で例として扱われる最も簡単なローレンツ変換は，一つの慣性系（S系）とそれに対し x 軸正の向きに一定の速さ（β）で運動している別の慣性系（S' 系）の間のもので，この二つの慣性系は「ある瞬間に完全に重なっていた」という条件で定式化される．実際に両系が一致したときの原点での時刻が共に0になるよう両方の時間軸が調節されているものとすれば，例えば，ある一つの点の時空座標に関する変換式は，その点の S 系と S' 系での座標をそれぞれ (t, x, y, z) 及び (t', x', y', z') とし，$\gamma \equiv 1/\sqrt{1-\beta^2}$ と置いて

$$t' = \gamma(t - \beta x), \quad x' = \gamma(x - \beta t), \quad y' = y, \quad z' = z \tag{A.1}$$

で与えられる．或いは，これを行列形式で表現すると次のようになる：

$$\begin{pmatrix} t' \\ x' \\ y' \\ z' \end{pmatrix} = \begin{pmatrix} \gamma & -\gamma\beta & 0 & 0 \\ -\gamma\beta & \gamma & 0 & 0 \\ 0 & 0 & 1 & 0 \\ 0 & 0 & 0 & 1 \end{pmatrix} \begin{pmatrix} t \\ x \\ y \\ z \end{pmatrix} \tag{A.2}$$

以後，$x^0 \equiv t, x^1 \equiv x, x^2 \equiv y, x^3 \equiv z$ という記法を採用することにして，一般のローレンツ変換を“取り敢えず” $x'^a = \sum_{b=0}^{3} \alpha^{ab} x^b$ と表しておく．それでは，この変換則が成り立つ4次元時空では，どのようにベクトルの内積を定義すれば

よいだろうか? 古典力学などで馴染み深いユークリッド空間の場合は，二つのベクトルの対応する成分同士を掛け合わせ その和をとるのが内積であり，これは任意の座標軸回転の下で不変だった．しかしながら，ミンコフスキー時空では，ベクトル $A^a=(A^0,A^1,A^2,A^3)$, $B^a=(B^0,B^1,B^2,B^3)$ の成分から $\sum_{a=0}^{3}A^aB^a$ という組み合わせを作ってもローレンツ変換の下で不変になってはくれない．

問題 A.1　一番簡単なローレンツ変換 (A.1) の場合について，これを確かめてみよ．

これに対して，初学者には奇妙に見えるかも知れない組み合わせ

$$A^0B^0-A^1B^1-A^2B^2-A^3B^3 \tag{A.3}$$

は，いつでもローレンツ不変になることが知られている．

問題 A.2　これについても同様にローレンツ変換 (A.1) を用いて確かめよ．

そこで，(A.3) 式を 4 次元ミンコフスキー時空における 4 元ベクトル A と B の内積と定義しよう．ただ，これをユークリッド空間と同様に「対応する成分同士の積の和」の形で表すには，$\bar{A}^a=(\bar{A}^0,\bar{A}^1,\bar{A}^2,\bar{A}^3)\equiv(A^0,-A^1,-A^2,-A^3)$ とでも書いて（或いは，同じ方法で B^a に対し $\bar{B}^a$ を定義して）$AB=\sum_{\mu=0}^{3}\bar{A}^\mu B^\mu\,(=\sum_{\mu=0}^{3}A^\mu\bar{B}^\mu)$ とするしかないが，この時，$\bar{A}'^a=\sum_{b=0}^{3}\alpha^{ab}\bar{A}^b$ とはならない．実際，この式が正しいなら，変換 (A.1) の場合にはその第 0 成分は $\bar{A}'^0=\gamma(\bar{A}^0-\beta\bar{A}^1)$ となるはずだが，この両辺をバーのない成分で表した式 $A'^0=\gamma(A^0+\beta A^1)$ は A^a の満たす変換式

$$A'^0=\gamma(A^0-\beta A^1)$$

とは食い違う．同じローレンツ変換の下でも両者の振る舞いは異なるのである．

この事実を明示するため，共変形式の相対論では A^a と $\bar{A}^a$ を改めて

$$A^\mu=(A^0,A^1,A^2,A^3),\quad A_\mu=(A_0,A_1,A_2,A_3)=(A^0,-A^1,-A^2,-A^3)$$

と表し，前者をベクトル A の**反変**（Contravariant）成分［もしくは反変ベクトル］，後者を**共変**（Covariant）成分［もしくは共変ベクトル］と呼ぶ（その理由については後述）．このとき，内積は次のように書くことが出来る：

$$AB = A_\mu B^\mu = A^\mu B_\mu$$

但し，この中で「上下に同じ文字が現れた場合には，それについての和をとる」という相対論での習慣 – いわゆるアインシュタイン（Einstein）の規約 – に従い総和記号 $\sum_{\mu=0}^{3}$ は省略した（以下同様）．

以上の基本事項につき，大切なポイントを要約すれば次のようになる：

$$A'_\mu B'^\mu = A_\mu B^\mu$$

は成り立つが，

$$\sum_{\mu=0}^{3} A'^\mu B'^\mu \neq \sum_{\mu=0}^{3} A^\mu B^\mu$$

つまり，上付き添字（または下付き添字）を持つ量同士の積を足し上げてもローレンツ変換の下で不変な組み合わせにはならないが，上付き添字と下付き添字の対からなら不変な量が得られるということである．これは，相対論における計算で非常に重要な意味を持つ．

そこで，ベクトル A の反変成分ならびに共変成分に対する一般のローレンツ変換も，それぞれ

$$A'^\mu = \Lambda^\mu{}_\nu A^\nu, \qquad A'_\mu = \bar{\Lambda}_\mu{}^\nu A_\nu \tag{A.4}$$

と表すことにして，これら両成分の変換性がどんな関係にあるかを調べてみよう：上記の変換式をベクトル B についても書き下し，A'_μ と B'^μ を $A'_\mu B'^\mu = A_\mu B^\mu$ の左辺に代入すれば $\bar{\Lambda}_\mu{}^\rho \Lambda^\mu{}_\sigma A_\rho B^\sigma = A_\mu B^\mu$ となる．これは $\bar{\Lambda}_\mu{}^\rho \Lambda^\mu{}_\sigma = \delta^\rho_\sigma$ を意味するが，この両辺に Λ の逆変換 Λ^{-1} を施せば 左辺 $\Rightarrow \bar{\Lambda}_\mu{}^\rho \Lambda^\mu{}_\sigma (\Lambda^{-1})^\sigma{}_\nu = \bar{\Lambda}_\mu{}^\rho (\Lambda\Lambda^{-1})^\mu{}_\nu = \bar{\Lambda}_\mu{}^\rho \delta^\mu_\nu = \bar{\Lambda}_\nu{}^\rho$ 及び 右辺 $\Rightarrow \delta^\rho_\sigma (\Lambda^{-1})^\sigma{}_\nu = (\Lambda^{-1})^\rho{}_\nu$ より

$$\bar{\Lambda}_\mu{}^\nu = (\Lambda^{-1})^\nu{}_\mu \tag{A.5}$$

すなわち，共変成分は反変成分と逆の変換 (Λ^{-1}) を受けることがわかる．

また，4元ベクトルの内積に関しては，$g_{\mu\nu}$ $(\mu, \nu = 0, 1, 2, 3)$ という記号を用いて $AB = g_{\mu\nu}A^{\mu}B^{\nu}$ と表すことも出来る．ここで $g_{\mu\nu}$ は**計量テンソル**（Metric tensor）と呼ばれ，$g_{00} = 1, g_{11} = g_{22} = g_{33} = -1$ かつ $\mu \neq \nu$ の時 $g_{\mu\nu} = 0$ という成分を持つ．すると，$AB = A_{\mu}B^{\mu} = A^{\mu}B_{\mu} = g_{\mu\nu}A^{\mu}B^{\nu} = g_{\mu\nu}A^{\nu}B^{\mu}$ だから，A や B の共変成分はその反変成分より

$$A_{\mu} = g_{\mu\nu}A^{\nu}, \quad B_{\mu} = g_{\mu\nu}B^{\nu}$$

と導ける．同様に，$g^{00} = 1, g^{11} = g^{22} = g^{33} = -1$，これ以外の成分は全て 0 という記号 $g^{\mu\nu}$（これも計量テンソルと呼ばれる）を導入すれば，内積は $g^{\mu\nu}A_{\mu}B_{\nu}$ と書くことも出来，その結果，

$$A^{\mu} = g^{\mu\nu}A_{\nu}, \quad B^{\mu} = g^{\mu\nu}B_{\nu}$$

も成り立つ．つまり，二つの計量テンソル $g_{\mu\nu}$ と $g^{\mu\nu}$ を用いると添字の上げ下げが自由に行なえるのである．

なぜ共変・反変と呼ばれるか

共変・反変ベクトルについては，これだけ知っていれば基本知識としては十分だが，補足として，何故このような名前が付いているのか説明しておきたい．

まず，3次元ベクトルを扱う時のように，各軸方向の基本単位ベクトルを導入し，それを $\boldsymbol{e}(\mu)$ $(\mu = 0, 1, 2, 3)$ と書こう．すると，この4次元時空内での任意の4元ベクトル $\boldsymbol{u}$ は，その反変成分 u^{μ} を用いて $\boldsymbol{u} = \sum_{\mu=0}^{3} u^{\mu}\boldsymbol{e}(\mu)$ と表されることになる．[♯A.1] さて，この式で，左辺のベクトル $\boldsymbol{u}$ は座標軸とは無関係に存在する量だから，どんな慣性系から見ても $\boldsymbol{u}$ である．しかし，当然のことながら，その成分は異なる系では一般に異なる値をとるし，また，$\boldsymbol{e}(\mu)$ という四つのベクトルは，ベクトルとは言っても $\boldsymbol{u}$ とは別で各座標軸と同じ向きのベクトルとして定義されるので，座標軸が動くときは一緒に $\boldsymbol{e}(\mu) \to \boldsymbol{e}'(\mu)$ と動く．

では，$\boldsymbol{e}'(\mu)$ と $\boldsymbol{e}(\mu)$ の関係は u'^{μ} と u^{μ} の関係と同じだろうか？ いや，それ

[♯A.1] 相対論での4元ベクトルは，古典力学のベクトルとは違って太文字では書かないのが普通だが，ここでは「ベクトルそのもの」と「その成分」を明確に区別するため太文字を用いる．

は有り得ない．何故なら，上述の通り $\sum_{\mu=0}^{3} u'^{\mu} \boldsymbol{e}'(\mu)$ と $\sum_{\mu=0}^{3} u^{\mu} \boldsymbol{e}(\mu)$ は共に同じ $\boldsymbol{u}$ を表すのに，もし $\boldsymbol{e}(\mu)$ の変換性が反変成分と同じ $\boldsymbol{e}'(\mu) = \sum_{\nu=0}^{3} \Lambda^{\mu}{}_{\nu} \boldsymbol{e}(\nu)$ だとすると，内積のところで見たように $\sum_{\mu=0}^{3} u'^{\mu} \boldsymbol{e}'(\mu) \neq \sum_{\mu=0}^{3} u^{\mu} \boldsymbol{e}(\mu)$ となるからである．

これで，もう答えは明らかだろう：$\boldsymbol{e}(\mu)$ は共変成分 u_{μ} と同じ変換則に従うのである．実際，それなら

$$\boldsymbol{u} = \sum_{\mu=0}^{3} u^{\mu} \boldsymbol{e}(\mu) = \sum_{\mu=0}^{3} u'^{\mu} \boldsymbol{e}'(\mu)$$

が，内積の不変性と同じ理由で成立する．そして，これが共変・反変という名前の由来でもある：A_{μ} は基本単位ベクトルと同じように（“共に”）変換されるので共変成分と呼ばれ，A^{μ} はそれと反対の変換を受けるので反変成分と呼ばれるという訳である．

付録2 ウィックの定理

実際の摂動計算において重要な役割を果たすのが **ウィックの定理** である．これは，複数の場の演算子の時間順序積は〈当該演算子から構成される正規積と伝播関数の積〉により級数の形に展開できる というもので，より正確に n 個の演算子 $\phi(x_i)$ $(i = 1 \sim n)$ の場合を式で表せば次のようになる：♯A.2

$$\mathrm{T}\Big[\prod_{i=1}^{n} \phi(x_i)\Big] = \sum_{E_n} \Big[\sum_{\substack{\{\text{pair}\} \\ (\text{in } E_n)}} \prod_{\substack{\text{pairs} \\ (i<j)}} \langle 0|\mathrm{T}\phi(x_i)\phi(x_j)|0\rangle : \prod_{k \in E_n^c} \phi(x_k) : \Big] \tag{A.6}$$

ここで，E_n は $1, 2, \cdots, n$ を元とする集合 $\Omega_n = \{1, 2, \cdots, n\}$ の任意の部分集合のうちで偶数個の元を持つもの，E_n^c はその補集合であり，$\sum_{E_n}$ は全ての E_n についての和である．例えば，$E_n = \emptyset$（空集合）なら $E_n^c = \Omega_n$ であり，$E_n = \{1, n\}$ なら $E_n^c = \{2, 3, \cdots, n-1\}$ である（n が偶数なら $E_n = \Omega_n$ の場合もあるが，n が奇数なら $E_n = \Omega_n$ は当然ありえない）．また，下部に (in E_n)

♯A.2 本書が採用している伝播関数の定義は，第 II 章 52 頁で与えたように $i\langle 0|\mathrm{T}\phi(x_i)\phi(x_j)|0\rangle$ だが，ここでは簡単のため虚数単位 i を除いた $\langle 0|\mathrm{T}\phi(x_i)\phi(x_j)|0\rangle$ も伝播関数と呼ぶことにする．

と記した $\sum_{\{\text{pair}\}}$ は E_n の元を余さず二つずつのペアにする全ての可能な組み合わせに亙る和，$\prod_{\text{pairs}}$ は与えられた組み合わせが含む全ペアの積を表す．但し，

$$E_n = \emptyset \quad \text{なら} \quad \sum_{\{\text{pair}\}} \prod_{\text{pairs}} \langle 0|\mathrm{T}\phi(x_i)\phi(x_j)|0\rangle = 1$$

$$E_n = \Omega_n \ \text{なら} \quad :\prod_{k\in E_n^{\mathrm{c}}} \phi(x_k): = 1$$

と約束しておく．例えば，$E_n = \{1, 2, 3, 4\}$ なら，可能なペアの組み合わせは (1) $\{1, 2\}$，$\{3, 4\}$, (2) $\{1, 3\}$，$\{2, 4\}$, (3) $\{1, 4\}$，$\{2, 3\}$ の３通りある．なお，ここでは簡単のため $\phi(x)$ はボース演算子としているが，フェルミ演算子なら各項の前に（左辺の順序から右辺の順序にするために）何回 演算子の順序交換をしたかを表す符号因子［偶数回なら＋，奇数回ならー］が掛かることになる．

例 1. $n = 2$ の場合

このときは $\Omega_2 = \{1, 2\}$ だから $E_2 = \emptyset$，$\{1, 2\}$ であり，

$$\mathrm{T}[\,\phi(x_1)\phi(x_2)\,] = :\phi(x_1)\phi(x_2): + \langle 0|\mathrm{T}\phi(x_1)\phi(x_2)|0\rangle$$

となる．両辺の演算子順序を見比べたらわかるように，この場合は $\phi(x)$ がフェルミ演算子であっても，右辺第１項・第２項とも符号は同じままである．

例 2. $n = 3$ の場合

こんどは $\Omega_3 = \{1, 2, 3\}$ で $E_3 = \emptyset$，$\{1, 2\}$，$\{1, 3\}$，$\{2, 3\}$ である．従って

$$\begin{aligned}\mathrm{T}[\,\phi(x_1)\phi(x_2)\phi(x_3)\,] = {} & :\phi(x_1)\phi(x_2)\phi(x_3): + \langle 0|\mathrm{T}\phi(x_1)\phi(x_2)|0\rangle\,\phi(x_3) \\ & + \langle 0|\mathrm{T}\phi(x_1)\phi(x_3)|0\rangle\,\phi(x_2) + \langle 0|\mathrm{T}\phi(x_2)\phi(x_3)|0\rangle\,\phi(x_1)\end{aligned}$$

となり，$\phi(x)$ がフェルミ演算子なら右辺第３項の符号がマイナスに変わる．

問題 A.3　$n = 4$ の場合について同様の式を書け．

以下でこの定理の証明を与えよう．その準備として，まずは，n 個の場の演算子 $\phi(x_i)$ の正規積を それぞれの生成演算子部分 $\phi^{(c)}(x_i)$ と消滅演算子部分 $\phi^{(a)}(x_i)$ の積として表すことから始める．Ω_n の任意の部分集合（元の数は偶数

でも奇数でもよい）を P_n，その補集合を P_n^c と表そう．ここでは n の偶奇に関わらず $P_n = \Omega_n$ も許される．すると，その正規積は次のように書ける：

$$:\prod_{i=1}^{n}\phi(x_i): = \sum_{P_n}\Big[\prod_{i\in P_n}\phi^{(c)}(x_i)\prod_{j\in P_n^c}\phi^{(a)}(x_j)\Big] \tag{A.7}$$

但し，$\sum_{P_n}$ は全ての P_n に亙る和（$P_n = \emptyset, \Omega_n$ ならそれぞれ $\prod_i \phi^{(c)} = 1, \prod_j \phi^{(a)} = 1$ と約束）で，ϕ がフェルミ演算子の場合はやはり各項に符号因子が掛かる．

問題 A.4　上の公式が成り立つことを $n = 2, n = 3$ の場合について確かめよ．

さて，本題の証明には数学的帰納法を用いる．$n = 2$ の場合についての確認は容易なのでここでは省略し，任意の n の式 (A.6) を前提として $n+1$ でも同様の式が成り立つことを示そう．そのために，時間順序積の中では演算子の順序は自由に変えられることを利用し（但しフェルミ演算子なら符号因子に注意）$n+1$ の式において時間成分が最小な変数を持つ ϕ を右端に移し，その変数が x_{n+1} になるよう – つまり $x_i^0\ (i = 1 \sim n) > x_{n+1}^0$ となるよう – に変数全体の番号を付け直す．どの変数も特別な時空点などは表していないから，このような操作が一般性を損なうことはない．すると，$n+1$ 個の演算子の時間順序積は

$$\mathrm{T}\Big[\prod_{i=1}^{n+1}\phi(x_i)\Big] = \mathrm{T}\Big[\prod_{i=1}^{n}\phi(x_i)\Big]\phi(x_{n+1}) \tag{A.8}$$

と書け，右辺の $\mathrm{T}\Big[\prod_{i=1}^{n}\phi(x_i)\Big]$ は，帰納法の仮定によりすでに正規積と伝播関数の組み合わせとして (A.6) のように表されていることになる．

そこで，その $\mathrm{T}\Big[\prod_{i=1}^{n}\phi(x_i)\Big]$（の展開式）に含まれる様々な正規積の代表として $:\phi(x_1)\cdots\phi(x_n):$ を取り上げ，そこに右から $\phi(x_{n+1})$ が掛かったらどうなるかを調べよう．$\phi(x_{n+1})$ も $\phi^{(c)}(x_{n+1}) + \phi^{(a)}(x_{n+1})$ と分解すれば

$$\begin{aligned}\Big[:\prod_{i=1}^{n}\phi(x_i):\Big]\phi(x_{n+1}) &= \sum_{P_n}\Big[\prod_{i\in P_n}\phi^{(c)}(x_i)\prod_{j\in P_n^c}\phi^{(a)}(x_j)\Big]\phi^{(c)}(x_{n+1}) \\ &\quad + \sum_{P_n}\Big[\prod_{i\in P_n}\phi^{(c)}(x_i)\prod_{j\in P_n^c}\phi^{(a)}(x_j)\Big]\phi^{(a)}(x_{n+1})\end{aligned} \tag{A.9}$$

この右辺第 1 項で，$\phi^{(c)}(x_{n+1})$ を，どんどん左の方へ動かしてみる．より正確に式変形を示すために $\sum_{P_n} [\prod_{i\in P_n}\phi^{(c)}(x_i)\prod_{j\in P_n^c}\phi^{(a)}(x_j)]$ を〈$\phi^{(c)}(x_n)$ を含む部分〉と〈$\phi^{(a)}(x_n)$ を含む部分〉に分け $\phi^{(a,c)}(x_n)$ を抜き出して書けば，n を含まない i と j は それぞれ P_{n-1} 及び P_{n-1}^c の元になるから $\sum_{P_n}$ も $\sum_{P_{n-1}}$ に置き換えられる：

$$
\begin{aligned}
\text{(A.9) 第 1 項} &= \sum_{P_n}\Big[\prod_{i\in P_n}\phi^{(c)}(x_i)\prod_{j\in P_n^c}\phi^{(a)}(x_j)\Big]\phi^{(c)}(x_{n+1}) \\
&= \sum_{P_{n-1}}\Big[\prod_{i\in P_{n-1}}\phi^{(c)}(x_i)\,\phi^{(c)}(x_n)\prod_{j\in P_{n-1}^c}\phi^{(a)}(x_j)\Big]\phi^{(c)}(x_{n+1}) \\
&\quad+\sum_{P_{n-1}}\Big[\prod_{i\in P_{n-1}}\phi^{(c)}(x_i)\prod_{j\in P_{n-1}^c}\phi^{(a)}(x_j)\Big]\phi^{(a)}(x_n)\phi^{(c)}(x_{n+1})
\end{aligned}
$$

この中で，最後に現れた $\phi^{(a)}(x_n)$ と $\phi^{(c)}(x_{n+1})$ の積は

$$
\phi^{(a)}(x_n)\phi^{(c)}(x_{n+1}) = [\,\phi^{(a)}(x_n),\ \phi^{(c)}(x_{n+1})\,] + \phi^{(c)}(x_{n+1})\phi^{(a)}(x_n)
$$

と書き直せるが，右辺の第 1 項は，$x^0_{1,2,\cdots,n} > x^0_{n+1}$ という設定から得られる

$$
\begin{aligned}
&\langle 0|\mathrm{T}\phi(x_n)\phi(x_{n+1})|0\rangle = \langle 0|\phi(x_n)\phi(x_{n+1})|0\rangle = \langle 0|\phi^{(a)}(x_n)\phi^{(c)}(x_{n+1})|0\rangle \\
&= \langle 0|[\,\phi^{(a)}(x_n),\ \phi^{(c)}(x_{n+1})\,]|0\rangle = [\,\phi^{(a)}(x_n),\ \phi^{(c)}(x_{n+1})\,]\langle 0|0\rangle \\
&= [\,\phi^{(a)}(x_n),\ \phi^{(c)}(x_{n+1})\,]
\end{aligned}
$$

という関係を通じて伝播関数で表すことが出来，従って，

$$
\phi^{(a)}(x_n)\phi^{(c)}(x_{n+1}) = \langle 0|\mathrm{T}\phi(x_n)\phi(x_{n+1})|0\rangle + \phi^{(c)}(x_{n+1})\phi^{(a)}(x_n)
$$

これにより

$$
\begin{aligned}
\text{(A.9) 第 1 項} &= \sum_{P_{n-1}}\Big[\prod_{i\in P_{n-1}}\phi^{(c)}(x_i)\,\phi^{(c)}(x_n)\prod_{j\in P_{n-1}^c}\phi^{(a)}(x_j)\Big]\phi^{(c)}(x_{n+1}) \\
&\quad+\sum_{P_{n-1}}\Big[\prod_{i\in P_{n-1}}\phi^{(c)}(x_i)\prod_{j\in P_{n-1}^c}\phi^{(a)}(x_j)\Big]\phi^{(c)}(x_{n+1})\phi^{(a)}(x_n) \\
&\quad+\sum_{P_{n-1}}\Big[\prod_{i\in P_{n-1}}\phi^{(c)}(x_i)\prod_{j\in P_{n-1}^c}\phi^{(a)}(x_j)\Big]\langle 0|\mathrm{T}\phi(x_n)\phi(x_{n+1})|0\rangle
\end{aligned}
$$

ここで，ある ℓ に対して $:\phi(x_1)\cdots\phi(x_n):$ の $\phi^{(c)}(x_i)$ と $\phi^{(a)}(x_j)$ による展開 (A.7) の中に $\phi^{(c)}(x_{n+1})$ を「それが常に $\phi^{(a)}(x_i)$ $(i \geq \ell)$ の左に，かつそれ以外の演算子の右に位置するように挿入」したものを $D[\ell]$ と書くことにすると，上式の第１項＋第２項は $D[n]$ である．また，第３項の伝播関数を除く部分は $:\phi(x_1)\cdots\phi(x_{n-1}):$ に等しいことも (A.7) 式を見れば容易にわかるから，結局

$$\Big[:\prod_{i=1}^{n}\phi(x_i):\Big]\,\phi^{(c)}(x_{n+1}) = D[n] + \langle 0|\mathrm{T}\phi(x_n)\phi(x_{n+1})|0\rangle :\prod_{j=1}^{n-1}\phi(x_j):$$

となる．次に $D[n]$ を $\phi^{(c)}(x_{n-1})$ を含む部分と $\phi^{(a)}(x_{n-1})$ を含む部分に分けると四つの項が現れるが，その中の $\phi^{(a)}(x_{n-1})$ 項において同様の計算を行えば

$$D[n] = D[n-1] + \langle 0|\mathrm{T}\phi(x_{n-1})\phi(x_{n+1})|0\rangle :\prod_{\substack{j=1\\(j\neq n-1)}}^{n}\phi(x_j):$$

これを続けていくと最後に (A.9) 式の右辺第１項に対して

$$\Big[:\prod_{i=1}^{n}\phi(x_i):\Big]\,\phi^{(c)}(x_{n+1}) = D[1] + \sum_{i=1}^{n}\Big[\langle 0|\mathrm{T}\phi(x_i)\phi(x_{n+1})|0\rangle :\prod_{\substack{j=1\\(j\neq i)}}^{n}\phi(x_j):\Big]$$

が得られる．この中の $D[1]$ は具体的に書けば

$$\sum_{P_n}\Big[\prod_{i\in P_n}\phi^{(c)}(x_i)\,\phi^{(c)}(x_{n+1})\prod_{j\in P_n^c}\phi^{(a)}(x_j)\Big]$$

だが，これは残っていた (A.9) 式の右辺第２項

$$\sum_{P_n}\Big[\prod_{i\in P_n}\phi^{(c)}(x_i)\prod_{j\in P_n^c}\phi^{(a)}(x_j)\Big]\phi^{(a)}(x_{n+1})$$

と組み合わされて

$$\sum_{P_{n+1}}\Big[\prod_{i\in P_{n+1}}\phi^{(c)}(x_i)\prod_{j\in P_{n+1}^c}\phi^{(a)}(x_j)\Big] = :\prod_{i=1}^{n+1}\phi(x_i):$$

となるので

$$\Big[:\prod_{i=1}^{n}\phi(x_i):\Big]\,\phi(x_{n+1}) = :\prod_{i=1}^{n+1}\phi(x_i): + \sum_{i=1}^{n}\Big[\langle 0|\mathrm{T}\phi(x_i)\phi(x_{n+1})|0\rangle :\prod_{\substack{j=1\\(j\neq i)}}^{n}\phi(x_j):\Big]$$

という関係に到達する．

これにより証明作業も最終段階に入る．(A.8) 式右辺の $\mathrm{T}\big[\prod_{i=1}^{n}\phi(x_i)\big]$ に展開

式 (A.6) を代入し，その各項に上式（と同種の関係式）を適用しよう：

$$
\begin{aligned}
\mathrm{T}\Big[\prod_{i=1}^{n+1}\phi(x_i)\Big] &= \mathrm{T}\Big[\prod_{i=1}^{n}\phi(x_i)\Big]\phi(x_{n+1}) \\
&= \sum_{E_n}\Big[\sum_{\substack{\{\text{pair}\}\\(\text{in } E_n)}}\prod_{\substack{\text{pairs}\\(i<j)}}\langle 0|\mathrm{T}\phi(x_i)\phi(x_j)|0\rangle :\prod_{k\in E_n^c}\phi(x_k):\Big]\phi(x_{n+1}) \\
&= \sum_{E_n}\Big[\sum_{\substack{\{\text{pair}\}\\(\text{in } E_n)}}\prod_{\substack{\text{pairs}\\(i<j)}}\langle 0|\mathrm{T}\phi(x_i)\phi(x_j)|0\rangle :\prod_{k\in E_n^c}\phi(x_k)\,\phi(x_{n+1}): \\
&\qquad +\sum_{\substack{\{\text{pair}\}\\(\text{in } E_n)}}\prod_{\substack{\text{pairs}\\(i<j)}}\langle 0|\mathrm{T}\phi(x_i)\phi(x_j)|0\rangle \\
&\qquad\qquad \times\sum_{k\in E_n^c}\Big[\langle 0|\mathrm{T}\phi(x_k)\phi(x_{n+1})|0\rangle :\prod_{\substack{l\in E_n^c\\(l\neq k)}}\phi(x_l):\Big]\Big]
\end{aligned}
\tag{A.10}
$$

これが 実際に (A.6) 式に対応する $n+1$ 個の演算子の場合の展開式

$$
\mathrm{T}\Big[\prod_{i=1}^{n+1}\phi(x_i)\Big] = \sum_{E_{n+1}}\Big[\sum_{\substack{\{\text{pair}\}\\(\text{in } E_{n+1})}}\prod_{\substack{\text{pairs}\\(i<j)}}\langle 0|\mathrm{T}\phi(x_i)\phi(x_j)|0\rangle :\prod_{k\in E_{n+1}^c}\phi(x_k):\Big]
$$

に等しいことを示せれば証明は完了となる．それを実行するために，この式の右辺を (a)〈 x_{n+1} を正規積に含む部分〉と (b)〈 x_{n+1} を伝播関数に含む部分〉とに分けよう．すると，前者 (a) では 伝播関数 $\langle 0|\mathrm{T}\phi(x_i)\phi(x_j)|0\rangle$ に x_{n+1} は現れないから添字の i, j は（E_{n+1} ではなく）E_n の元ということになる．よって，正規積 $:\prod_{k\in E_{n+1}^c}\phi(x_k):$ の中で $\phi(x_{n+1})$ を陽に抜き出せば，(a) は

$$
\sum_{E_n}\Big[\sum_{\substack{\{\text{pair}\}\\(\text{in } E_n)}}\prod_{\substack{\text{pairs}\\(i<j)}}\langle 0|\mathrm{T}\phi(x_i)\phi(x_j)|0\rangle :\prod_{k\in E_n^c}\phi(x_k)\,\phi(x_{n+1}):\Big]
\tag{A.11}
$$

と表せる．一方，後者 (b) では $\prod_{\text{pairs}}\langle 0|\mathrm{T}\phi(x_i)\phi(x_j)|0\rangle$ を $\prod_{k,l}\langle 0|\mathrm{T}\phi(x_k)\phi(x_l)|0\rangle\times\langle 0|\mathrm{T}\phi(x_m)\phi(x_{n+1})|0\rangle$ と書き，ここに関与する添字のうち $n+1$ とはペアを組まない全ての k, l を元とする集合を E_n とすれば，残る m 及び（右側から掛かる）正規積に含まれる全添字が E_n^c を構成することになる．これより，(b) は

$$
\sum_{E_n}\Big[\sum_{\substack{\{\text{pair}\}\\(\text{in } E_n)}}\prod_{\substack{\text{pairs}\\(k<l)}}\langle 0|\mathrm{T}\phi(x_k)\phi(x_l)|0\rangle\sum_{m\in E_n^c}\Big[\langle 0|\mathrm{T}\phi(x_m)\phi(x_{n+1})|0\rangle :\prod_{\substack{j\in E_n^c\\(j\neq m)}}\phi(x_j):\Big]\Big]
\tag{A.12}
$$

と表すことが出来る．両者の和 (A.11)+(A.12) は，確かに (A.10) 式の右辺に一致している． ∎

問題 A.5　$n=3$ から出発して $n=4$ の公式が成立することを示せ．時間と根気のある諸君は更に $n=5$ の式を確かめよ．

最後に，この定理の実際の利用についての注意をしておこう： S行列要素の計算では $\mathrm{T}[\mathscr{L}_\mathrm{I}(x_1)\cdots\mathscr{L}_\mathrm{I}(x_n)]$ という項が現れ，各 $\mathscr{L}_\mathrm{I}(x_i)$ は複数の場の演算子の正規積を含む．そこへ本定理を適用する際には，すでに同じ正規積の中に入っている演算子同士は伝播関数をつくらないということを忘れないように．これは,「伝播関数は演算子の順序交換で現れること」しかしながら「同一の正規積の中では，演算子同士は単に（反）交換してしまうこと」を考えれば納得できるだろう．

付録3 γ 行列とディラックスピノル

ここでは，レプトン・クォークが関与する反応の摂動計算に不可欠な γ 行列とスピノルの基礎事項をまとめる．本文中で示した公式だけでなく，より応用的な計算で必要になるであろう関係諸式等も併せて与えることにする．

● γ 行列

$\gamma^\mu=(\gamma^0,\boldsymbol{\gamma})=(\gamma^0,\gamma^1,\gamma^2,\gamma^3)$ には様々な表現方式があるが，一つの代表的な例である γ^0 を対角化する表示［**標準表示**または**ディラック表示**］では

$$\gamma^0=\begin{pmatrix} \mathrm{I} & \mathrm{O} \\ \mathrm{O} & -\mathrm{I} \end{pmatrix}, \qquad \gamma^i=\begin{pmatrix} \mathrm{O} & \sigma_i \\ -\sigma_i & \mathrm{O} \end{pmatrix} \tag{A.13}$$

（$i=1,2,3$）となる．ここで I, O は，それぞれ２行２列の単位行列と零行列，σ_i は，量子力学にも現れるパウリ行列

$$\sigma_1=\begin{pmatrix} 0 & 1 \\ 1 & 0 \end{pmatrix}, \quad \sigma_2=\begin{pmatrix} 0 & -i \\ i & 0 \end{pmatrix}, \quad \sigma_3=\begin{pmatrix} 1 & 0 \\ 0 & -1 \end{pmatrix} \tag{A.14}$$

で，次の関係を満たす：

$$\sigma_i \sigma_j = \delta_{ij}\,\mathrm{I} + i\sum_{k=1}^{3} \varepsilon_{ijk}\,\sigma_k, \qquad \{\sigma_i,\, \sigma_j\} = 2\delta_{ij}\,\mathrm{I} \tag{A.15}$$

$$\sum_{i=1}^{3} (\sigma_i)_{ab}(\sigma_i)_{cd} = 2\delta_{ad}\,\delta_{bc} - \delta_{ab}\,\delta_{cd} \tag{A.16}$$

但し，ε_{ijk} は $\varepsilon_{123} = +1$ から決まる 3 階の反対称テンソルで，レヴィ-チヴィタテンソル $\varepsilon_{\mu\nu\rho\sigma}$［本文 114 頁に登場した $\varepsilon_{0123} = +1$ とする 4 階の反対称テンソル，詳細は後述］の $0ijk$ 成分を用いて $\varepsilon_{ijk} = \varepsilon_{0ijk}$ と表せる．

- γ_5 行列

$$\gamma_5\,(= \gamma^5) \equiv i\gamma^0\gamma^1\gamma^2\gamma^3 = \frac{i}{4!}\varepsilon_{\mu\nu\rho\sigma}\gamma^\mu\gamma^\nu\gamma^\rho\gamma^\sigma = \begin{pmatrix} \mathrm{O} & \mathrm{I} \\ \mathrm{I} & \mathrm{O} \end{pmatrix} \tag{A.17}$$

- γ 行列の基本公式

本文中でも用いた記法だが，任意の 4 元ベクトル a^μ に対し，以下

$$a\gamma = a_\mu \gamma^\mu = a^\mu \gamma_\mu = \not{a}$$

と表す．まず，γ^μ と γ_5 の相互関係ならびにエルミート共役での振る舞いは

$$\{\gamma^\mu, \gamma^\nu\} = 2g^{\mu\nu}, \quad \{\gamma^\mu, \gamma_5\} = 0$$

$$\gamma^{\mu\dagger} = \gamma^0\gamma^\mu\gamma^0, \quad \gamma_5^\dagger = \gamma_5, \quad \sigma^{\mu\nu\dagger} = \gamma^0\sigma^{\mu\nu}\gamma^0 \tag{A.18}$$

但し，ここで $\sigma^{\mu\nu}$ は

$$\sigma^{\mu\nu} \equiv \frac{i}{2}(\gamma^\mu\gamma^\nu - \gamma^\nu\gamma^\mu)$$

(A.18) の第 1・2 式は，厳密には 4 行 4 列の単位行列 I と零行列 O を用いて $\{\gamma^\mu, \gamma^\nu\} = 2g^{\mu\nu}\,\mathrm{I}$ 及び $\{\gamma^\mu, \gamma_5\} = \mathrm{O}$ と書くべきだが，誤解の恐れは少ないので簡潔さのため単なる数字を用いた．これは，以下の諸公式でも同様.

$$\mathrm{Tr}(\gamma^\mu\gamma^\nu) = 4g^{\mu\nu}, \quad \mathrm{Tr}(\gamma^\mu\gamma^\nu\gamma^\rho\gamma^\sigma) = 4(g^{\mu\nu}g^{\rho\sigma} + g^{\mu\sigma}g^{\nu\rho} - g^{\mu\rho}g^{\nu\sigma}),$$

$$\mathrm{Tr}(\not{a}\not{b}) = 4ab, \quad \mathrm{Tr}(\not{a}\not{b}\gamma_5) = 0, \quad \mathrm{Tr}(\gamma^\mu\gamma^\nu\gamma^\rho\gamma^\sigma\gamma_5) = 4i\,\varepsilon^{\mu\nu\rho\sigma},$$

$$\mathrm{Tr}(\text{ 奇数個の } \gamma \text{ 行列の積 }) = 0, \tag{A.19}$$

$$\gamma^\mu\gamma^\rho\gamma^\nu = g^{\mu\rho}\gamma^\nu + g^{\rho\nu}\gamma^\mu - g^{\mu\nu}\gamma^\rho - i\,\varepsilon^{\mu\rho\nu\sigma}\gamma_\sigma\gamma_5,$$

$$\gamma_\mu\gamma^\alpha\gamma^\mu = -2\gamma^\alpha, \quad \gamma_\mu\gamma^\alpha\gamma^\beta\gamma^\mu = 4g^{\alpha\beta}, \quad \gamma_\mu\gamma^\alpha\gamma^\beta\gamma^\rho\gamma^\mu = -2\gamma^\rho\gamma^\beta\gamma^\alpha,$$

$$\gamma_\mu\gamma^\mu = 4, \quad \gamma_\mu\not{a}\gamma^\mu = -2\not{a}, \quad \gamma_\mu\not{a}\not{b}\gamma^\mu = 4ab, \quad \gamma_\mu\not{a}\not{b}\not{c}\gamma^\mu = -2\not{c}\not{b}\not{a}$$

- レヴィ-チヴィタテンソル

レヴィ-チヴィタ テンソルと呼ばれる4階の反対称テンソル $\varepsilon_{\mu\nu\rho\sigma}$ は

$$\varepsilon_{\mu\nu\rho\sigma}\,(= -\varepsilon^{\mu\nu\rho\sigma}) \equiv \mathrm{sgn}\begin{pmatrix} 0 & 1 & 2 & 3 \\ \mu & \nu & \rho & \sigma \end{pmatrix} \tag{A.20}$$

と定義される．つまり，$\{\mu,\nu,\rho,\sigma\}$ が $\{0,1,2,3\}$ の偶（奇）置換なら $\varepsilon_{\mu\nu\rho\sigma} = +(-)1$（但し，これにマイナス符号を付けた定義を採用している文献もある）．従って，その 0123 成分は

$$\varepsilon_{0123}\,(= -\varepsilon^{0123}) = +1$$

である．このテンソルは以下の関係を満たす：

$$\begin{aligned}
&\varepsilon_{\mu\nu\rho\sigma}\varepsilon^{\mu\nu\rho\sigma} = -4!, \qquad\qquad \varepsilon_{\alpha\rho\sigma\tau}\varepsilon_\beta{}^{\rho\sigma\tau} = -3!\,g_{\alpha\beta}, \\
&\varepsilon_{\alpha\beta\mu\nu}\varepsilon_{\rho\sigma}{}^{\mu\nu} = -2!\,(g_{\alpha\rho}g_{\beta\sigma} - g_{\alpha\sigma}g_{\beta\rho}), \\
&\varepsilon_{\alpha\beta\gamma\mu}\varepsilon_{\rho\sigma\tau}{}^{\mu} = -1!\,(g_{\alpha\rho}g_{\beta\sigma}g_{\gamma\tau} - g_{\alpha\rho}g_{\beta\tau}g_{\gamma\sigma} + g_{\alpha\tau}g_{\beta\rho}g_{\gamma\sigma} \\
&\qquad\qquad - g_{\alpha\tau}g_{\beta\sigma}g_{\gamma\rho} + g_{\alpha\sigma}g_{\beta\tau}g_{\gamma\rho} - g_{\alpha\sigma}g_{\beta\rho}g_{\gamma\tau})
\end{aligned} \tag{A.21}$$

- ディラック スピノル

自由粒子のディラック方程式

$$i\gamma_\mu\partial^\mu\psi(x) - m\,\psi(x) = 0, \quad i\partial^\mu\bar{\psi}(x)\gamma_\mu + m\,\bar{\psi}(x) = 0$$

の平面波解 (II.65) に現れるディラック スピノル $u(\boldsymbol{p},s), v(\boldsymbol{p},s)$ の具体形は

$$u(\boldsymbol{p},s) = \sqrt{p^0+m}\begin{pmatrix} \chi_s \\ \dfrac{\boldsymbol{\sigma p}}{p^0+m}\chi_s \end{pmatrix}, \quad v(\boldsymbol{p},s) = \sqrt{p^0+m}\begin{pmatrix} \dfrac{\boldsymbol{\sigma p}}{p^0+m}\chi'_s \\ \chi'_s \end{pmatrix} \tag{A.22}$$

但し，$p^0=\sqrt{\boldsymbol{p}^2+m^2}$, $v(\boldsymbol{p},s)\equiv i\gamma_2 u^*(\boldsymbol{p},s)$ であり，χ_s と χ'_s は

$$\chi'_s = -i\sigma_2\chi^*_s\,, \qquad \chi^\dagger_s\chi_{s'} = \chi'^\dagger_s\chi'_{s'} = \delta_{ss'} \tag{A.23}$$

を満たす2成分スピノルである．物理的に重要な状態は

1. スピン z 成分（の2倍）σ_3 の固有状態 ♯A.3

$$\chi_{s=+1} = \begin{pmatrix} 1 \\ 0 \end{pmatrix},\ \chi_{s=-1} = \begin{pmatrix} 0 \\ 1 \end{pmatrix},\ \chi'_{s=+1} = \begin{pmatrix} 0 \\ 1 \end{pmatrix},\ \chi'_{s=-1} = \begin{pmatrix} -1 \\ 0 \end{pmatrix} \tag{A.24}$$

及び

2. ヘリシティ $\boldsymbol{\sigma p}/|\boldsymbol{p}|$ の固有状態 ♯A.4

$$\begin{aligned}\chi_{s=+1} &= \begin{pmatrix} e^{-i\phi/2}\cos(\theta/2) \\ e^{i\phi/2}\sin(\theta/2) \end{pmatrix}, \quad \chi_{s=-1} = \begin{pmatrix} -e^{-i\phi/2}\sin(\theta/2) \\ e^{i\phi/2}\cos(\theta/2) \end{pmatrix} \\ \chi'_{s=+1} &= \begin{pmatrix} -e^{-i\phi/2}\sin(\theta/2) \\ e^{i\phi/2}\cos(\theta/2) \end{pmatrix}, \quad \chi'_{s=-1} = \begin{pmatrix} -e^{-i\phi/2}\cos(\theta/2) \\ -e^{i\phi/2}\sin(\theta/2) \end{pmatrix}\end{aligned} \tag{A.25}$$

（θ, ϕ は運動量 $\boldsymbol{p}$ の極角と方位角）♯A.5

上掲の χ_s , χ'_s は，いずれも多くのテキストに書かれている標準形だが，実際には，全体に $e^{i\eta}$ という任意の位相因子を掛けても物理的な結果には影響しない．これを利用して，例えば (A.25) の $\chi_{s=+1}\,(\chi_{s=-1})$ に $e^{i\phi/2}\,(e^{-i\phi/2})$ を掛ければ

$$\chi_{s=+1} = \begin{pmatrix} \cos(\theta/2) \\ e^{i\phi}\sin(\theta/2) \end{pmatrix},\ \chi_{s=-1} = \begin{pmatrix} -e^{-i\phi}\sin(\theta/2) \\ \cos(\theta/2) \end{pmatrix}$$

となる．運動量の向きに z 軸をとれば，当然のことながら (A.24) と (A.25) は同じ状態となる訳だが，このように位相を選んでおけば，実際に $\theta\to 0$ で両方の χ_s は一致する．

問題 A.6　(A.22) 式の $u(\boldsymbol{p},s)$ と $v(\boldsymbol{p},s)$ において運動量方向に z 軸を選び（つまり $p^\mu=(E,0,0,p)$ ととり），以下の問に答えよ．

♯A.3 但し，スピン $\boldsymbol{S}$ は，粒子の静止状態を除けばハミルトニアンと可換ではない．保存量は全角運動量 $\boldsymbol{J}=\boldsymbol{L}+\boldsymbol{S}$ である．

♯A.4 ヘリシティは（$\boldsymbol{S}$ とは異なり）これだけで常にハミルトニアンと可換．

♯A.5 定義域は $0\le\theta\le\pi$, $0\le\phi<2\pi$. 従って，$-\boldsymbol{p}$ の極角はいつでも $\theta'=\pi-\theta$ だが，方位角は $\phi'=\phi+\pi$ ($0\le\phi<\pi$ の時), $\phi'=\phi-\pi$ ($\pi\le\phi<2\pi$ の時) となる．

1 $(\not{p}-m)u(\boldsymbol{p},s)=0,\ (\not{p}+m)v(\boldsymbol{p},s)=0$ であることを確かめよ．

2 「II.6 場の演算子のまとめ」の「3. ディラック場」の中で与えられているスピンベクトル s^μ も用いて，以下の等式を確かめよ．

$$u(\boldsymbol{p},s)\bar{u}(\boldsymbol{p},s)=\frac{1+\gamma_5\not{s}}{2}(\not{p}+m),\quad v(\boldsymbol{p},s)\bar{v}(\boldsymbol{p},s)=\frac{1+\gamma_5\not{s}}{2}(\not{p}-m)$$

3 $P_L\equiv(1-\gamma_5)/2,\ P_R\equiv(1+\gamma_5)/2$ と定義する．$m=0$ として $P_{L,R}\,u(\boldsymbol{p},s)$ と $P_{L,R}\,v(\boldsymbol{p},s)$ を計算し，P_L は u から $s=-1$ 成分，v から $s=+1$ 成分を，逆に P_R は u から $s=+1$ 成分，v から $s=-1$ 成分を，それぞれ取り出すことを確認せよ．具体的には次の関係を示せばよい．

$$P_L\,u(\boldsymbol{p},s)=\delta_{s,-1}\,u(\boldsymbol{p},s),\qquad P_L\,v(\boldsymbol{p},s)=\delta_{s,+1}\,v(\boldsymbol{p},s)$$
$$P_R\,u(\boldsymbol{p},s)=\delta_{s,+1}\,u(\boldsymbol{p},s),\qquad P_R\,v(\boldsymbol{p},s)=\delta_{s,-1}\,v(\boldsymbol{p},s)$$

4 ディラック場に対する全角運動量演算子は

$$\boldsymbol{J}=\int d^3\boldsymbol{x}\,:\psi^\dagger(x)\Big[\boldsymbol{x}\times(-i\nabla)+\frac{1}{2}\boldsymbol{\Sigma}\Big]\psi(x):\qquad 但し，\Sigma_i\equiv\begin{pmatrix}\sigma_i & \mathrm{O}\\ \mathrm{O} & \sigma_i\end{pmatrix}$$

で与えられる．この z 成分 $J_z\,(=J^3)$ を生成消滅演算子で表して

$$J_z\,c^\dagger(\boldsymbol{p},\pm1)|0\rangle=\pm\frac{1}{2}c^\dagger(\boldsymbol{p},\pm1)|0\rangle,\qquad J_z\,d^\dagger(\boldsymbol{p},\pm1)|0\rangle=\pm\frac{1}{2}d^\dagger(\boldsymbol{p},\pm1)|0\rangle$$

となることを示せ．ここでは $p^\mu=(E,0,0,p)$ となるように z 軸を選んでいるので，J_z 固有値への軌道角運動量からの寄与はない．故に，これより，確かに $c^\dagger,\,d^\dagger$ は大きさが 1/2 のスピンを持つ粒子・反粒子の生成演算子となっていることがわかる．

● スピノル積の複素共役

断面積や崩壊幅の計算過程で $\bar{u}\Gamma u$ といった形の量（Γ は γ 行列の組み合わせ）の複素共役が現れたなら，それらは，

$$\big[\,\bar{u}(\boldsymbol{p}_1,s_1)\Gamma\,u(\boldsymbol{p}_2,s_2)\big]^*=\bar{u}(\boldsymbol{p}_2,s_2)\gamma^0\Gamma^\dagger\gamma^0u(\boldsymbol{p}_1,s_1)\tag{A.26}$$

という一般公式に従って処理すればよい．但し，長い式変形に取り組む際など手元に具体的な Γ に対する式があれば便利なことは間違いないし，更には誤りを犯す危険性も軽減できるので，必要に応じて以下の諸公式も活用されたい．

種々の Γ に対する $\bar{u}\Gamma u$ の複素共役公式

$$
\begin{aligned}
&[\,\bar{u}(\boldsymbol{p}_1,s_1)\gamma^\mu u(\boldsymbol{p}_2,s_2)\,]^* = \bar{u}(\boldsymbol{p}_2,s_2)\gamma^\mu u(\boldsymbol{p}_1,s_1)\\
&[\,\bar{u}(\boldsymbol{p}_1,s_1)\gamma^\mu\gamma_5 u(\boldsymbol{p}_2,s_2)\,]^* = \bar{u}(\boldsymbol{p}_2,s_2)\gamma^\mu\gamma_5 u(\boldsymbol{p}_1,s_1)\\
&[\,\bar{u}(\boldsymbol{p}_1,s_1)u(\boldsymbol{p}_2,s_2)\,]^* = \bar{u}(\boldsymbol{p}_2,s_2)u(\boldsymbol{p}_1,s_1)\\
&[\,\bar{u}(\boldsymbol{p}_1,s_1)\gamma_5 u(\boldsymbol{p}_2,s_2)\,]^* = -\bar{u}(\boldsymbol{p}_2,s_2)\gamma_5 u(\boldsymbol{p}_1,s_1)\\
&[\,\bar{u}(\boldsymbol{p}_1,s_1)\sigma^{\mu\nu} u(\boldsymbol{p}_2,s_2)\,]^* = \bar{u}(\boldsymbol{p}_2,s_2)\sigma^{\mu\nu} u(\boldsymbol{p}_1,s_1)\\
&[\,\bar{u}(\boldsymbol{p}_1,s_1)\sigma^{\mu\nu}\gamma_5 u(\boldsymbol{p}_2,s_2)\,]^* = -\bar{u}(\boldsymbol{p}_2,s_2)\sigma^{\mu\nu}\gamma_5 u(\boldsymbol{p}_1,s_1)\\
&[\,\bar{u}(\boldsymbol{p}_1,s_1)\gamma^\mu\gamma^\nu u(\boldsymbol{p}_2,s_2)\,]^* = \bar{u}(\boldsymbol{p}_2,s_2)\gamma^\nu\gamma^\mu u(\boldsymbol{p}_1,s_1)\\
&[\,\bar{u}(\boldsymbol{p}_1,s_1)\gamma^\mu\gamma^\nu\gamma_5 u(\boldsymbol{p}_2,s_2)\,]^* = -\bar{u}(\boldsymbol{p}_2,s_2)\gamma^\nu\gamma^\mu\gamma_5 u(\boldsymbol{p}_1,s_1)
\end{aligned}
\tag{A.27}
$$

これらの関係は，勿論 $\bar{u}\Gamma v$, $\bar{v}\Gamma u$, $\bar{v}\Gamma v$ に対しても同様に成立する．

● フィルツ変換

四つの γ 行列に $\sigma^{\mu\nu}$, $i\gamma^\mu\gamma_5$, γ_5 および I（単位行列）を加えた 16 個の (4,4) 行列の全体

$$
\mathrm{I}\,(1),\quad \gamma^\mu\,(4),\quad \sigma^{\mu\nu}\,(6),\quad i\gamma^\mu\gamma_5\,(4),\quad \gamma_5\,(1) \tag{A.28}
$$

(括弧内の数字は独立な個数を示す）は完全系を構成する．そこで，これらを適当な順番に並べ，まとめて Γ^a $(a=1\sim16)$ と，また，その添字を計量テンソルによって下付きに変換したものを Γ_a と表せば，あらゆる (4,4) 行列は，この 16 個の Γ^a もしくは Γ_a のセットで展開できることになる．

問題 A.7　上に並べた 16 個の行列は全て互いに独立であることを証明せよ．具体的には，まず

$$
\mathrm{Tr}(\Gamma^a\Gamma_b) = 4\delta^a_b
$$

を確かめ，これを用いて

$$
\sum_{a=1}^{16} C_a\Gamma^a = 0 \implies \text{全ての } a \text{ に対して } C_a = 0
$$

を示せばよい．

実際，Ξ がどんな行列でも $c_a = \mathrm{Tr}(\Gamma_a \Xi)/4$ を係数として次のように書ける：

$$\Xi = \sum_{a=1}^{16} c_a \Gamma^a$$

さて，これは行列の等式，すなわち全成分間の等式だから，任意の i, j を用い

$$\Xi_{ij} = \sum_a c_a (\Gamma^a)_{ij} = \sum_a \sum_{m,n} (\Gamma_a)_{mn} \Xi_{nm} (\Gamma^a)_{ij}/4$$

と表現できる．更に，左右二つの項は，Ξ_{ij} を $\sum_{m,n} \delta_{in}\delta_{jm}\Xi_{nm}$ と書き直して

$$\sum_{m,n} \Big[\delta_{in}\delta_{jm} - \sum_a (\Gamma^a)_{ij}(\Gamma_a)_{mn}/4 \Big] \Xi_{nm} = 0$$

と統合できるが，これは（Ξ_{nm} が任意なので）結局 全ての i, j, m, n に対して

$$\delta_{in}\delta_{jm} = \sum_a (\Gamma^a)_{ij}(\Gamma_a)_{mn}/4$$

を要求する．そこで，この両辺に一般のスピノル $\psi_{1,2,3,4}$ と (4,4) 行列 $\Lambda^{A,B}$ の組み合わせ $\bar{\psi}_{1i}\psi_{2j}(\bar{\psi}_3\Lambda^A)_m(\Lambda^B\psi_4)_n$ を掛け，全添字について足し上げることで

$$(\bar{\psi}_1\Lambda^B\psi_4)(\bar{\psi}_3\Lambda^A\psi_2) = \frac{1}{4}\sum_a (\bar{\psi}_1\Gamma^a\psi_2)(\bar{\psi}_3\Lambda^A\Gamma_a\Lambda^B\psi_4) \tag{A.29}$$

という関係を得る【ψ が反交換関係に従う量なら右辺には負符号が要るが，それは以下の式には含めない】．これが**フィルツ変換**（Fierz transformation）の公式である．但し，ここで一つ注意：右辺の中で，$\Gamma^a = \sigma^{\mu\nu}$ の時に全ての μ, ν に亙る和をとってしまうと正しい答えの 2 倍が出てしまう．何故なら $\sigma^{\mu\nu} = -\sigma^{\nu\mu}$ より両者は独立ではないからである．そこで，この問題を回避するため $\sigma^{\mu\nu}$ を $\sigma^{\mu\nu}/\sqrt{2}$ で置き換えよう．そうすれば，こんどは全 μ, ν について足せることになる．このように係数を調整した (A.29) を具体的に書けば以下のようになる：

$$\begin{aligned}
&(\bar{\psi}_1\Lambda^B\psi_4)(\bar{\psi}_3\Lambda^A\psi_2) \\
&\quad = \frac{1}{4}\Big[(\bar{\psi}_1\psi_2)(\bar{\psi}_3\Lambda^A\Lambda^B\psi_4) + (\bar{\psi}_1\gamma^\mu\psi_2)(\bar{\psi}_3\Lambda^A\gamma_\mu\Lambda^B\psi_4) \\
&\qquad + (\bar{\psi}_1\frac{\sigma^{\mu\nu}}{\sqrt{2}}\psi_2)(\bar{\psi}_3\Lambda^A\frac{\sigma_{\mu\nu}}{\sqrt{2}}\Lambda^B\psi_4) + (\bar{\psi}_1 i\gamma^\mu\gamma_5\psi_2)(\bar{\psi}_3\Lambda^A i\gamma_\mu\gamma_5\Lambda^B\psi_4) \\
&\qquad + (\bar{\psi}_1\gamma_5\psi_2)(\bar{\psi}_3\Lambda^A\gamma_5\Lambda^B\psi_4) \Big]
\end{aligned} \tag{A.30}$$

この公式の応用例を一つ紹介しておこう．$(\bar{\psi}_1 \Lambda^a \psi_2)(\bar{\psi}_3 \Lambda_a \psi_4)$ で $\Lambda^a = 1, \gamma^\mu, \sigma^{\mu\nu}/\sqrt{2}, i\gamma^\mu\gamma_5, \gamma_5$ と置いたものを S, V, T, A, P と表し，$(\bar{\psi}_1 \Lambda^a \psi_4)(\bar{\psi}_3 \Lambda_a \psi_2)$ の Λ^a に同じ量を代入したものを S', V', T', A', P' とすると，上記公式より

$$\begin{pmatrix} S' \\ V' \\ T' \\ A' \\ P' \end{pmatrix} = \frac{1}{4} \begin{pmatrix} 1 & 1 & 1 & 1 & 1 \\ 4 & -2 & 0 & 2 & -4 \\ 6 & 0 & -2 & 0 & 6 \\ 4 & 2 & 0 & -2 & -4 \\ 1 & -1 & 1 & -1 & 1 \end{pmatrix} \begin{pmatrix} S \\ V \\ T \\ A \\ P \end{pmatrix} \tag{A.31}$$

という関係が導かれる．

問題 A.8　公式 (A.30) を用いて

$$\bar{\psi}_1 \gamma^\alpha (1-\gamma_5) \psi_2 \cdot \bar{\psi}_3 \gamma_\alpha (1-\gamma_5) \psi_4 = -\bar{\psi}_1 \gamma^\alpha (1-\gamma_5) \psi_4 \cdot \bar{\psi}_3 \gamma_\alpha (1-\gamma_5) \psi_2$$

が成り立つことを示せ．

付録４ 対称性と場の演算子の変換性

研究対象の系が様々な変換の下でどのように振る舞うかを知ることは，分析を進める者にとって極めて重要な物理的情報になる．これを念頭に置き，ここでは，幾つかの主要な変換に対して場の演算子が示す応答を整理・紹介する．

まずは一般論から始めよう．$x \to x' = \Lambda x$ という変換の下で，古典場 $\phi_{\mathrm{cl}}(x)$ は，その表現に応じて定まる量 $D(\Lambda)$ により

$$\phi'_{\mathrm{cl}}(x') = D(\Lambda)\phi_{\mathrm{cl}}(x) \tag{A.32}$$

と変換される．一方，この古典場に対応する量子場（場の演算子）の変換性は，状態（の変換性）とそこでの期待値（平均値）から決められる：

状態が $|\Psi\rangle \to |\Psi'\rangle = U(\Lambda)|\Psi\rangle$ と変換される時，$\phi'_{\mathrm{cl}}(x')$ と $\phi_{\mathrm{cl}}(x)$ に相当するのはそれぞれ $|\Psi'\rangle$ 及び $|\Psi\rangle$ での ϕ の期待値 $\langle\Psi'|\phi(x')|\Psi'\rangle$ と $\langle\Psi|\phi(x)|\Psi\rangle$ だから

$$\langle\Psi'|\phi(x')|\Psi'\rangle = D(\Lambda)\langle\Psi|\phi(x)|\Psi\rangle$$

$$\Longrightarrow \qquad \langle \Psi | U(\Lambda)^{-1} \phi(x') U(\Lambda) | \Psi \rangle = D(\Lambda) \langle \Psi | \phi(x) | \Psi \rangle \tag{A.33}$$

これは，任意の状態の下で成り立たねばならないから，

$$U(\Lambda)\phi(x)U(\Lambda)^{-1} = D(\Lambda)^{-1}\phi(x') \tag{A.34}$$

という演算子の関係が要請される.♯A.6

以下では，上述の関係に基づき C (**荷電共役**: Charge conjugation)，P (**空間反転**: Space inversion)，T (**時間反転**: Time reversal) 変換についてまとめる.

1. スカラー場

- C変換

これは，粒子・反粒子を入れ換える変換で，**実スカラー場**はC不変:

$$\mathcal{C}\phi(x)\mathcal{C}^{-1} = \phi(x) \tag{A.35}$$

従って，生成消滅演算子も不変:

$$\mathcal{C}a(\boldsymbol{p})\mathcal{C}^{-1} = a(\boldsymbol{p}) \tag{A.36}$$

複素スカラー場 $\phi(x)$ と $\phi^{\dagger}(x)$ は，互いに移り変わる:

$$\mathcal{C}\phi(x)\mathcal{C}^{-1} = \phi^{\dagger}(x), \qquad \mathcal{C}\phi^{\dagger}(x)\mathcal{C}^{-1} = \phi(x) \tag{A.37}$$

生成消滅演算子についても同様:

$$\mathcal{C}a(\boldsymbol{p})\mathcal{C}^{-1} = b(\boldsymbol{p}), \qquad \mathcal{C}b(\boldsymbol{p})\mathcal{C}^{-1} = a(\boldsymbol{p}) \tag{A.38}$$

- P変換

これは，$x^{\mu} \rightarrow \tilde{x}^{\mu} \equiv (t, -\boldsymbol{x})\ (= x_{\mu})$ という空間座標を反転させる変換.

♯A.6 量子場は，直接目に見える量ではないので，その変換性は，対応する古典場やそれに結合する他の場の変換性と矛盾しないように（全体として作用積分を不変に保つように）決められる．もし，どのように工夫しても変換性が論理矛盾のないように定義できないなら,「その対称性は破れている」ということになる.

$$\mathcal{P}\phi(x)\mathcal{P}^{-1} = \pm\phi(\tilde{x}) \tag{A.39}$$

但し，+ はスカラー（Scalar）の，− は擬スカラー（Pseudo scalar）の場合．
生成消滅演算子については

$$\mathcal{P}a(\boldsymbol{p})\mathcal{P}^{-1} = \pm a(-\boldsymbol{p}), \quad \mathcal{P}b(\boldsymbol{p})\mathcal{P}^{-1} = \pm b(-\boldsymbol{p}) \tag{A.40}$$

- T 変換

これは，P とは逆に $x^\mu \to -\tilde{x}^\mu \equiv (-t,\ \boldsymbol{x})\ (= -x_\mu)$ という時間座標反転の変換．作用の不変性から出発しても，電磁場との結合を考えても符号の不定性が残る：

$$\mathcal{T}\phi(x)\mathcal{T}^{-1} = \pm\phi(-\tilde{x}) \tag{A.41}$$

但し，$:\bar{\psi}\psi:\phi$ や $:\bar{\psi}i\gamma_5\psi:\phi$ のような (擬)スカラー結合の T 不変性を要請すれば，後の (A.49) 式から導かれる ψ の性質

$$\mathcal{T}:\bar{\psi}(x)\psi(x):\mathcal{T}^{-1} = :\bar{\psi}(-\tilde{x})\psi(-\tilde{x}):$$

$$\mathcal{T}:\bar{\psi}(x)i\gamma_5\psi(x):\mathcal{T}^{-1} = -:\bar{\psi}(-\tilde{x})i\gamma_5\psi(-\tilde{x}):$$

より，P 変換と同様にスカラー場は +，擬スカラー場は − と決まる．
生成消滅演算子については

$$\mathcal{T}a(\boldsymbol{p})\mathcal{T}^{-1} = \pm a(-\boldsymbol{p}), \quad \mathcal{T}b(\boldsymbol{p})\mathcal{T}^{-1} = \pm b(-\boldsymbol{p}) \tag{A.42}$$

2. ディラック場

- C 変換

$$\mathcal{C}\psi(x)\mathcal{C}^{-1} = C\bar{\psi}^t(x) \ \ (C = i\gamma^2\gamma^0) \tag{A.43}$$

生成消滅演算子については，スピノル-反スピノル関係を

$$v(\boldsymbol{p}, s) = C\bar{u}^t(\boldsymbol{p}, s), \quad u(\boldsymbol{p}, s) = C\bar{v}^t(\boldsymbol{p}, s) \tag{A.44}$$

と選んだ場合[♯A.7]

$$\mathcal{C}c(\boldsymbol{p},s)\mathcal{C}^{-1}=d(\boldsymbol{p},s),\quad \mathcal{C}d(\boldsymbol{p},s)\mathcal{C}^{-1}=c(\boldsymbol{p},s) \tag{A.45}$$

となる．

- P変換

$$\mathcal{P}\psi(x)\mathcal{P}^{-1}=P\psi(\tilde{x})\ \ (P=\gamma^0) \tag{A.46}$$

生成消滅演算子の変換性は

$$\gamma^0 u(\boldsymbol{p},s)=u(-\boldsymbol{p},s),\qquad \gamma^0 v(\boldsymbol{p},s)=-v(-\boldsymbol{p},s) \tag{A.47}$$

より

$$\mathcal{P}c(\boldsymbol{p},s)\mathcal{P}^{-1}=c(-\boldsymbol{p},s),\qquad \mathcal{P}d(\boldsymbol{p},s)\mathcal{P}^{-1}=-d(-\boldsymbol{p},s) \tag{A.48}$$

と得られる．

注意: ここで s はスピン（の z 成分の２倍）を意味しているが，もし s がヘリシティを表すなら，右辺でその符号を変える必要がある.[♯A.8] 何故なら，空間反転でスピン自身は向きを変えないが【角運動量は軸性ベクトル】，運動量の向きの逆転に伴ってスピンの運動量方向の成分［ヘリシティ］は変わるからである．以下でも運動量の符号が変わる場合は同様．

- T変換

$$\mathcal{T}\psi(x)\mathcal{T}^{-1}=T\psi(-\tilde{x})\ \ (T=i\gamma^1\gamma^3) \tag{A.49}$$

生成消滅演算子の変換性は

$$\gamma^1\gamma^3 u(\boldsymbol{p},s)=-su^*(-\boldsymbol{p},-s),\qquad \gamma^1\gamma^3 v(\boldsymbol{p},s)=-sv^*(-\boldsymbol{p},-s) \tag{A.50}$$

（ $s=\pm 1$ であることに注意）

♯A.7「ゲージ場の量子論」（九後汰一郎 著：培風館）2-2 (14)・(15) 式参照

♯A.8 実際には，付録３で与えたヘリシティの固有状態のスピノル (A.25) をそのまま使うと $\gamma^0 u(\boldsymbol{p},s)=(-)i\,u(-\boldsymbol{p},-s)$ となる．この $(-)i$ は観測可能量には何の影響も及ぼさないが，それでも気持ちが悪ければ，そこで述べた $e^{i\eta}$ という不定性を利用して消すことが出来る．

および T は反線型（Anti-linear）演算子（すべてのC数をその複素共役に変える）であることを考慮して

$$\mathcal{T}c(\boldsymbol{p},s)\mathcal{T}^{-1} = is\,c(-\boldsymbol{p},-s), \quad \mathcal{T}d(\boldsymbol{p},s)\mathcal{T}^{-1} = -is\,d(-\boldsymbol{p},-s) \tag{A.51}$$

と求まる.

3. ベクトル場

実ベクトル場の物理的成分の変換性：

- C変換

$$\mathcal{C}A^{\mu}(x)\mathcal{C}^{-1} = -A^{\mu}(x) \tag{A.52}$$

生成消滅演算子は

$$\mathcal{C}a(\boldsymbol{p},h)\mathcal{C}^{-1} = -a(\boldsymbol{p},h) \tag{A.53}$$

- P変換

$$\mathcal{P}A^{\mu}(x)\mathcal{P}^{-1} = A_{\mu}(\tilde{x}) \tag{A.54}$$

生成消滅演算子の変換性は，空間反転に対する偏極ベクトルの性質に依存する．本書では，II.6 節 4 の (II.90) 式で示したように $\varepsilon^{\mu}(-\boldsymbol{p},h) = \varepsilon_{\mu}(\boldsymbol{p},-h)$ と定めているので

$$\mathcal{P}a(\boldsymbol{p},h)\mathcal{P}^{-1} = a(-\boldsymbol{p},-h) \tag{A.55}$$

- T変換

$$\mathcal{T}A^{\mu}(x)\mathcal{T}^{-1} = A_{\mu}(-\tilde{x}) \tag{A.56}$$

$\varepsilon^{\mu}(-\boldsymbol{p},h) = \varepsilon_{\mu}(\boldsymbol{p},-h)$ 及び $\varepsilon^{\mu}(\boldsymbol{p},h)$ の定義より $\varepsilon^{\mu *}(-\boldsymbol{p},h) = \varepsilon_{\mu}(\boldsymbol{p},h)$ だから

$$\mathcal{T}a(\boldsymbol{p},h)\mathcal{T}^{-1} = a(-\boldsymbol{p},h) \tag{A.57}$$

複素ベクトル場について

この場合についても同様に調べることが出来るが，実際にはその代表的粒子であるWボソン，更には実ベクトル場のZボソンも共にV，A混合の弱カレン

トに結合するので，そのP変換性は定義のしようがない【**弱相互作用における**
パリティの破れ（Parity violation）】．しかし，CP 変換の下ではVカレントと
Aカレントは両方とも $(\mathcal{CP})J_\mu(x)(\mathcal{CP})^{-1} = -J^\mu(\tilde{x})$ と振る舞うので

$$(\mathcal{CP})Z^\mu(x)(\mathcal{CP})^{-1} = -Z_\mu(\tilde{x}), \quad (\mathcal{CP})W^{\pm\mu}(x)(\mathcal{CP})^{-1} = -W^{\mp}_\mu(\tilde{x}) \qquad \text{(A.58)}$$

と決めることが出来て，これから生成消滅演算子の変換性も確定する．但し，荷電弱相互作用において結合定数が虚部を持つ場合には，この CP 対称性すら破れてしまう．この辺りに関しては，次の付録５「P及び CP の保存・非保存」でもう少し詳しく解説したい．

付録５ P 及び CP の保存・非保存

摂動計算の対象として実際に興味を集めるのは，C，PやCP 対称性の保存・非保存が問題となる反応であることも多い．そこで，この対称性と相互作用の形についてまとめておこう．

繰り込み可能な場の理論においては，物質場と力の場との相互作用は

$$\mathscr{L}_\mathrm{I} = (\text{結合定数})\,[\,\text{物質場のカレント}\,] \times [\,\text{力(ポテンシャル)の場}\,]$$

という形で与えられる．特に

(1) 量子色力学の強相互作用，量子電磁力学の電磁相互作用や電弱標準理論の中性弱相互作用のカレントのように，粒子の種類が変化しない場合には

$$\mathscr{L}_\mathrm{I}(x) = g\,J_\mu(x)\,V^\mu(x) \qquad \text{(A.59)}$$

（ここで，結合定数 g は実数，カレントはエルミート $J^\dagger_\mu = J_\mu$）であり，[♯A.9]

[♯A.9] 但し，現段階では実験的証拠はないが，理論的には $t \rightleftharpoons c \rightleftharpoons u,\, b \rightleftharpoons s \rightleftharpoons d$ のように粒子の種類が変わる中性カレントを含む模型も可能である．その場合には $\mathscr{L}_\mathrm{I}$ の形は $(gJ_\mu + g^* J^\dagger_\mu)V^\mu$ となる．

(2) 荷電弱相互作用のように，粒子の種類が変化する場合には

$$\mathscr{L}_{\mathrm{I}}(x) = g\,J_\mu(x)\,V^\mu(x) + g^*J_\mu^\dagger(x)\,V^{\mu\dagger}(x) \tag{A.60}$$

となる．

さて，前項の付録4「対称性と場の演算子の変換性」において述べたように，Pならびに CP 変換の下での力の場 $V^\mu(x)$ の振る舞いは，それが結合するカレントの変換性に応じて，作用（$=\int dt\,L = \int d^4x\,\mathscr{L}$）が不変であるように決められる（これは他の変換に対しても同様）．

P 変換

P変換 $x^\mu \equiv (t, \boldsymbol{x}) \ \to\ \tilde{x}^\mu \equiv (t, -\boldsymbol{x})\,(= x_\mu)$ の下では，場の演算子は以下のように変換される：

$$\begin{array}{lll} \bullet & \text{スカラー場} & \mathcal{P}\phi(x)\mathcal{P}^{-1} = \phi(\tilde{x}) \\ \bullet & \text{擬スカラー場} & \mathcal{P}\phi(x)\mathcal{P}^{-1} = -\phi(\tilde{x}) \\ \bullet & \text{ディラック場} & \mathcal{P}\psi(x)\mathcal{P}^{-1} = \gamma^0\psi(\tilde{x}) \\ & & \mathcal{P}\bar{\psi}(x)\mathcal{P}^{-1} = \bar{\psi}(\tilde{x})\gamma^0 \\ \bullet & \text{ベクトル場} & \mathcal{P}V^\mu(x)\mathcal{P}^{-1} = V_\mu(\tilde{x}) \\ \bullet & \text{軸性ベクトル場} & \mathcal{P}A^\mu(x)\mathcal{P}^{-1} = -A_\mu(\tilde{x}) \end{array} \tag{A.61}$$

また，これに伴い，カレント密度の基本要素となるスピノル積は

$$\begin{array}{ll} \bullet & \mathcal{P}:\bar{\psi}_1(x)\psi_2(x):\mathcal{P}^{-1} = :\bar{\psi}_1(\tilde{x})\psi_2(\tilde{x}): \\ \bullet & \mathcal{P}:\bar{\psi}_1(x)\gamma_5\psi_2(x):\mathcal{P}^{-1} = -:\bar{\psi}_1(\tilde{x})\gamma_5\psi_2(\tilde{x}): \\ \bullet & \mathcal{P}:\bar{\psi}_1(x)\gamma_\mu\psi_2(x):\mathcal{P}^{-1} = :\bar{\psi}_1(\tilde{x})\gamma^\mu\psi_2(\tilde{x}): \\ \bullet & \mathcal{P}:\bar{\psi}_1(x)\gamma_\mu\gamma_5\psi_2(x):\mathcal{P}^{-1} = -:\bar{\psi}_1(\tilde{x})\gamma^\mu\gamma_5\psi_2(\tilde{x}): \\ \bullet & \mathcal{P}:\bar{\psi}_1(x)\sigma_{\mu\nu}\psi_2(x):\mathcal{P}^{-1} = :\bar{\psi}_1(\tilde{x})\sigma^{\mu\nu}\psi_2(\tilde{x}): \end{array} \tag{A.62}$$

と変換される．

量子電磁力学においては $J_\mu = :\bar{\psi}(x)\gamma_\mu\psi(x):$ だから，上記の変換性より

$$\mathcal{P}J_\mu(x)\mathcal{P}^{-1} = J^\mu(\tilde{x}) \tag{A.63}$$

よって，電磁場 $A^\mu(x)$ のＰ変換性を

$$\mathcal{P}A^\mu(x)\mathcal{P}^{-1} = A_\mu(\tilde{x}) \tag{A.64}$$

と設定すれば作用は不変になり，電磁相互作用はＰ対称性を破らないという結論となる．

ところが，同じ仲間でも中性弱カレントの方は $J_\mu^{\rm NC} = :\bar{\psi}(x)\gamma_\mu(a+b\gamma_5)\psi(x):$ という形をしており，γ_5 の部分（軸性カレント）にＰ変換を施すと

$$\mathcal{P}:\bar{\psi}(x)\gamma_\mu\gamma_5\psi(x):\mathcal{P}^{-1} = -:\bar{\psi}(\tilde{x})\gamma_\mu\gamma_5\psi(\tilde{x}):$$

と余分にマイナス符号が出るため，カレントの構造自体が変わってしまう．結果として，$Z^\mu(x)$ の変換性を如何に工夫しようと作用を不変に保つことは出来ない．この事情は荷電弱カレントに関しても全く同じである．これが，前項でも述べた弱相互作用におけるＰ対称性の破れである．

CP 変換

Ｐ変換に加えＣ変換を同時に施すと状況は変わる．つまり，場の演算子およびカレント密度（スピノル積）は，Ｃ変換の下では

- (擬)スカラー場　$\mathcal{C}\phi(x)\mathcal{C}^{-1} = \phi^\dagger(x)$
- ディラック場　$\mathcal{C}\psi(x)\mathcal{C}^{-1} = C\bar{\psi}^t(x)$
  $\mathcal{C}\bar{\psi}(x)\mathcal{C}^{-1} = -\psi^t(x)C^{-1}$　($C = i\gamma^2\gamma^0$)　(A.65)
- ベクトル場　$\mathcal{C}V^\mu(x)\mathcal{C}^{-1} = -V^{\mu\,\dagger}(x)$
- 軸性ベクトル場　$\mathcal{C}A^\mu(x)\mathcal{C}^{-1} = A^{\mu\,\dagger}(x)$

- $\mathcal{C}:\bar{\psi}_1(x)\psi_2(x):\mathcal{C}^{-1} = :\bar{\psi}_2(x)\psi_1(x):$
- $\mathcal{C}:\bar{\psi}_1(x)\gamma_5\psi_2(x):\mathcal{C}^{-1} = :\bar{\psi}_2(x)\gamma_5\psi_1(x):$
- $\mathcal{C}:\bar{\psi}_1(x)\gamma_\mu\psi_2(x):\mathcal{C}^{-1} = -:\bar{\psi}_2(x)\gamma_\mu\psi_1(x):$　(A.66)
- $\mathcal{C}:\bar{\psi}_1(x)\gamma_\mu\gamma_5\psi_2(x):\mathcal{C}^{-1} = :\bar{\psi}_2(x)\gamma_\mu\gamma_5\psi_1(x):$
- $\mathcal{C}:\bar{\psi}_1(x)\sigma_{\mu\nu}\psi_2(x):\mathcal{C}^{-1} = -:\bar{\psi}_2(x)\sigma_{\mu\nu}\psi_1(x):$

と変換されるため

$$(\mathcal{CP}) :\bar{\psi}_i(x)\gamma_\mu\psi_j(x): (\mathcal{CP})^{-1} = - :\bar{\psi}_j(\tilde{x})\gamma^\mu\psi_i(\tilde{x}):$$
$$(\mathcal{CP}) :\bar{\psi}_i(x)\gamma_\mu\gamma_5\psi_j(x): (\mathcal{CP})^{-1} = - :\bar{\psi}_j(\tilde{x})\gamma^\mu\gamma_5\psi_i(\tilde{x}):$$

（中性カレントなら $i=j$）となるので，中性弱相互作用においては

$$(\mathcal{CP})Z^\mu(x)(\mathcal{CP})^{-1} = -Z_\mu(\tilde{x}) \tag{A.67}$$

また，荷電弱相互作用に対しては（g が実数なら）

$$(\mathcal{CP})W^{\pm\mu}(x)(\mathcal{CP})^{-1} = -W_\mu^\mp(\tilde{x}) \tag{A.68}$$

と決めることで作用を不変に出来る．つまりはCP 対称性が存在することになる．しかしながら，荷電相互作用の場合には，結合定数 g が虚数部分を含むとその部分は

$$\mathscr{L}_\mathrm{I}(x) = i\,\mathrm{Im}(g)\left[\, J_\mu(x)W^{+\mu}(x) - J_\mu^\dagger(x)W^{-\mu}(x)\,\right]$$
$$(\mathcal{CP})\mathscr{L}_\mathrm{I}(x)(\mathcal{CP})^{-1} = -i\,\mathrm{Im}(g)\left[\, J^\mu(\tilde{x})W_\mu^+(\tilde{x}) - J^{\mu\dagger}(\tilde{x})W_\mu^-(\tilde{x})\,\right]$$

となり，この CP 対称性をも破ってしまう．[♯A.10] 電弱標準理論の枠内でも，クォーク（及びレプトン）が3世代あれば この機構による CP 非保存が起こり得る，ということを指摘したのが小林・益川理論であり，そこに登場するのが，tbW 結合 (Ⅲ.90) のところで述べた CKM 行列である．

CP 対称性と形状因子

より具体的な反応例から，カレント行列要素の形が受ける制約を考えてみよう．

(1) 電磁カレント・中性弱カレント

A^μ, Z^μ 共にV，Aカレントと同じ CP 変換性を持つと決めたので，電弱標準理論のように $(\mathcal{CP})J_\mu(x)(\mathcal{CP})^{-1} = -J^\mu(\tilde{x})$ なら二つの結合 $J_\mu(x)A^\mu(x)$ 及び $J_\mu(x)Z^\mu(x)$ の CP 不変性は保たれるが，もし $(\mathcal{CP})J_\mu(x)(\mathcal{CP})^{-1} = J^\mu(\tilde{x})$ となる部分があれば，そこで CP が破れることになる．[♯A.11]

[♯A.10] （粒子の種類が変わらない）中性カレントの場合には，ラグランジアンのエルミート性から結合定数は実数しか有り得ない．

[♯A.11] CP 変換を2回続ければ状態は元に戻る訳だから，相互作用の CP 変換性は，ここで書いたように＋か－しかない．

例として，電子・陽電子衝突でのトップ対生成 $e\bar{e} \to (\gamma,\, Z) \to t\bar{t}$ を取り上げる．トップクォークを含む $J_\mu(x)$ は，S行列要素に（時空座標への依存性を除き）$\langle t(\boldsymbol{p}_t, s_t)\bar{t}(\boldsymbol{p}_{\bar{t}}, s_{\bar{t}})|J_\mu(0)|0\rangle$ という形で寄与し，これは，ローレンツ共変性から4種の形状因子 A_v, B_v, C_v, D_v（$v = \gamma,\, Z$）を用いて次のように表せる．[♯A.12]

$$\bar{u}(\boldsymbol{p}_t, s_t)\left[\gamma_\mu(A_v + B_v\gamma_5) + \frac{(p_t - p_{\bar{t}})_\mu}{2m_t}(C_v + D_v\gamma_5)\right]v(\boldsymbol{p}_{\bar{t}}, s_{\bar{t}}) \tag{A.69}$$

ここで，状態 $|t(\boldsymbol{p}_t, s_t)\bar{t}(\boldsymbol{p}_{\bar{t}}, s_{\bar{t}})\rangle$ $(= c^\dagger(\boldsymbol{p}_t, s_t)d^\dagger(\boldsymbol{p}_{\bar{t}}, s_{\bar{t}})|0\rangle)$ の変換性は，

$$\mathcal{C}c(\boldsymbol{p}, s)\mathcal{C}^{-1} = d(\boldsymbol{p}, s), \quad \mathcal{C}d(\boldsymbol{p}, s)\mathcal{C}^{-1} = c(\boldsymbol{p}, s)$$
$$\mathcal{P}c(\boldsymbol{p}, s)\mathcal{P}^{-1} = c(-\boldsymbol{p}, s), \quad \mathcal{P}d(\boldsymbol{p}, s)\mathcal{P}^{-1} = -d(-\boldsymbol{p}, s)$$

および 真空 $|0\rangle$ の CP 不変性 $\mathcal{CP}|0\rangle = 0$ より

$$\begin{aligned}(\mathcal{CP})|t(\boldsymbol{p}_t, s_t)\bar{t}(\boldsymbol{p}_{\bar{t}}, s_{\bar{t}})\rangle &= (\mathcal{CP})c^\dagger(\boldsymbol{p}_t, s_t)d^\dagger(\boldsymbol{p}_{\bar{t}}, s_{\bar{t}})(\mathcal{CP})^{-1}(\mathcal{CP})|0\rangle \\ &= -d^\dagger(-\boldsymbol{p}_t, s_t)c^\dagger(-\boldsymbol{p}_{\bar{t}}, s_{\bar{t}})|0\rangle = |t(-\boldsymbol{p}_{\bar{t}}, s_{\bar{t}})\bar{t}(-\boldsymbol{p}_t, s_t)\rangle\end{aligned} \tag{A.70}$$

となるので，J_μ が CP 保存カレントであるなら

$$\begin{aligned}&\langle t(\boldsymbol{p}_t, s_t)\bar{t}(\boldsymbol{p}_{\bar{t}}, s_{\bar{t}})|J_\mu(0)|0\rangle \\ &\quad = \langle t(\boldsymbol{p}_t, s_t)\bar{t}(\boldsymbol{p}_{\bar{t}}, s_{\bar{t}})|(\mathcal{CP})^{-1}(\mathcal{CP})J_\mu(0)(\mathcal{CP})^{-1}(\mathcal{CP})|0\rangle \\ &\quad = -\langle t(-\boldsymbol{p}_{\bar{t}}, s_{\bar{t}})\bar{t}(-\boldsymbol{p}_t, s_t)|J^\mu(0)|0\rangle\end{aligned} \tag{A.71}$$

が成立しなければならない．また，反対に CP 非保存カレントであれば，右辺の符号がプラスである関係が要求されることになる．

CP 保存カレントの場合について，形状因子 $A_v \sim D_v$ の定義 (A.69) に従えば上記関係式 (A.71) の右辺は

$$-\bar{u}(-\boldsymbol{p}_{\bar{t}}, s_{\bar{t}})\left[\gamma^\mu(A_v + B_v\gamma_5) + \frac{(\tilde{p}_{\bar{t}} - \tilde{p}_t)^\mu}{2m_t}(C_v + D_v\gamma_5)\right]v(-\boldsymbol{p}_t, s_t) \tag{A.72}$$

［但し，$\tilde{p}^\mu \equiv (p^0, -\boldsymbol{p})$］と書けるが，この式は，

[♯A.12] 実際には $(p_t + p_{\bar{t}})_\mu$ に比例する項も可能だが，その寄与は電子質量を無視する近似では0となるので（この理由を考えてみること），ここには含めない．

$$\tilde{p}^\mu = p_\mu, \ \ \gamma^0\gamma^\mu\gamma^0 = \gamma_\mu, \ \ u(-\boldsymbol{p}, s) = \gamma^0 u(\boldsymbol{p}, s), \ \ v(-\boldsymbol{p}, s) = -\gamma^0 v(\boldsymbol{p}, s)$$

を用いると,

$$\bar{u}(\boldsymbol{p}_{\bar{t}}, s_{\bar{t}})\left[\gamma_\mu(A_v - B_v\gamma_5) - \frac{(p_t - p_{\bar{t}})_\mu}{2m_t}(C_v - D_v\gamma_5)\right]v(\boldsymbol{p}_t, s_t)$$

と変形できる. 更に, ここでC変換に現れる関係

$$v(\boldsymbol{p}, s) = C\bar{u}^t(\boldsymbol{p}, s), \ \ u(\boldsymbol{p}, s) = C\bar{v}^t(\boldsymbol{p}, s)$$

[$C = i\gamma^2\gamma^0$] 及びそれに伴う

$$C\gamma_5 C^{-1} = \gamma_5^t, \quad C\gamma_\mu C^{-1} = -\gamma_\mu^t, \quad C\gamma_\mu\gamma_5 C^{-1} = (\gamma_\mu\gamma_5)^t$$

という γ 行列の性質を利用し, $C^t = C^{-1} = -C$ にも注意すれば

$$\begin{aligned}
\text{上式} &= -v^t(\boldsymbol{p}_{\bar{t}}, s_{\bar{t}})C^{-1}\left[\gamma_\mu(A_v - B_v\gamma_5) - \frac{(p_t - p_{\bar{t}})_\mu}{2m_t}(C_v - D_v\gamma_5)\right]C\bar{u}^t(\boldsymbol{p}_t, s_t) \\
&= -v^t(\boldsymbol{p}_{\bar{t}}, s_{\bar{t}})\left[-A_v\gamma_\mu^t - B_v(\gamma_\mu\gamma_5)^t - \frac{(p_t - p_{\bar{t}})_\mu}{2m_t}(C_v - D_v\gamma_5^t)\right]\bar{u}^t(\boldsymbol{p}_t, s_t) \\
&= \bar{u}(\boldsymbol{p}_t, s_t)\left[\gamma_\mu(A_v + B_v\gamma_5) + \frac{(p_t - p_{\bar{t}})_\mu}{2m_t}(C_v - D_v\gamma_5)\right]v(\boldsymbol{p}_{\bar{t}}, s_{\bar{t}})
\end{aligned}$$

従って, これを

$$\begin{aligned}
&\langle t(\boldsymbol{p}_t, s_t)\bar{t}(\boldsymbol{p}_{\bar{t}}, s_{\bar{t}})|J_\mu(0)|0\rangle \\
&\quad = \bar{u}(\boldsymbol{p}_t, s_t)\left[\gamma_\mu(A_v + B_v\gamma_5) + \frac{(p_t - p_{\bar{t}})_\mu}{2m_t}(C_v + D_v\gamma_5)\right]v(\boldsymbol{p}_{\bar{t}}, s_{\bar{t}})
\end{aligned}$$

と比べると, 両者が一致する条件は $D_v = 0$ であることがわかる. また, この結果より, 逆にCP非保存カレントに対しては $A_v = B_v = C_v = 0$ が必要とされることも理解できる. CP対称性を破るこの D_v 項は(トップクォークの)**電気双極子能率**(Electric dipole moment)に関係している.

(2) 荷電弱カレント

W^μ のCP変換性も $(\mathcal{CP})W^{\pm\mu}(x)(\mathcal{CP})^{-1} = -W_\mu^\mp(\tilde{x})$ と決められたので, 結合定数が実数であれば, 相互作用は $(\mathcal{CP})J_\mu(x)(\mathcal{CP})^{-1} = -J^{\mu\dagger}(\tilde{x})$ でCP保存に, また右辺が逆符号ならCP非保存になる.

ここでは，例として崩壊 $t \to bW^+$ と $\bar{t} \to \bar{b}W^-$ を考えてみよう．$J_\mu^{(\dagger)}$ は，対応するS行列要素に $\langle b(\boldsymbol{p}_b, s_b)|J_\mu(0)|t(\boldsymbol{p}_t, s_t)\rangle$ 及び $\langle \bar{b}(\boldsymbol{p}_b, s_b)|J_\mu^\dagger(0)|\bar{t}(\boldsymbol{p}_t, s_t)\rangle$ の形で含まれる．この両者は，前項と同様にローレンツ共変性を考慮すれば

$$\bar{u}(\boldsymbol{p}_b, s_b)\left[\gamma_\mu(f_1^L P_L + f_1^R P_R) - \frac{i\sigma_{\mu\nu}k^\nu}{M_W}(f_2^L P_L + f_2^R P_R)\right]u(\boldsymbol{p}_t, s_t) \quad \text{(A.73)}$$

$$\bar{v}(\boldsymbol{p}_t, s_t)\left[\gamma_\mu(\bar{f}_1^L P_L + \bar{f}_1^R P_R) - \frac{i\sigma_{\mu\nu}k^\nu}{M_W}(\bar{f}_2^L P_L + \bar{f}_2^R P_R)\right]v(\boldsymbol{p}_b, s_b) \quad \text{(A.74)}$$

（k はWの運動量）と表せるが，J_μ が CP 保存カレントなら

$$\begin{aligned}\langle b(\boldsymbol{p}_b, s_b)|J_\mu(0)|t(\boldsymbol{p}_t, s_t)\rangle &= -\langle b(\boldsymbol{p}_b, s_b)|(\mathcal{CP})^{-1}J^{\mu\,\dagger}(0)(\mathcal{CP})|t(\boldsymbol{p}_t, s_t)\rangle \\ &= -\langle \bar{b}(-\boldsymbol{p}_b, s_b)|J^{\mu\,\dagger}(0)|\bar{t}(-\boldsymbol{p}_t, s_t)\rangle \end{aligned} \quad \text{(A.75)}$$

という等式を満たす必要もある．

これは，どんな制限を上で導入した形状因子 $f_{1,2}^{L,R}$ 及び $\bar{f}_{1,2}^{L,R}$ に与えるのだろうか．この右辺に現れた $-\langle \bar{b}(-\boldsymbol{p}_b, s_b)|J^{\mu\,\dagger}(0)|\bar{t}(-\boldsymbol{p}_t, s_t)\rangle$ は，(A.74) 式に従えば

$$-\bar{v}(-\boldsymbol{p}_t, s_t)\left[\gamma^\mu(\bar{f}_1^L P_L + \bar{f}_1^R P_R) - \frac{i\sigma^{\mu\nu}\tilde{k}_\nu}{M_W}(\bar{f}_2^L P_L + \bar{f}_2^R P_R)\right]v(-\boldsymbol{p}_b, s_b)$$

と書け，そこに中性カレントの場合と同様の操作を施すと

$$\begin{aligned}&-\bar{v}(\boldsymbol{p}_t, s_t)\gamma^0\left[\gamma^\mu(\bar{f}_1^L P_L + \bar{f}_1^R P_R) - \frac{i\sigma^{\mu\nu}\tilde{k}_\nu}{M_W}(\bar{f}_2^L P_L + \bar{f}_2^R P_R)\right]\gamma^0 v(\boldsymbol{p}_b, s_b) \\ &= -\bar{v}(\boldsymbol{p}_t, s_t)\left[\gamma_\mu(\bar{f}_1^L P_R + \bar{f}_1^R P_L) - \frac{i\sigma_{\mu\nu}k^\nu}{M_W}(\bar{f}_2^L P_R + \bar{f}_2^R P_L)\right]v(\boldsymbol{p}_b, s_b) \\ &= -u^t(\boldsymbol{p}_t, s_t)C\left[\gamma_\mu(\bar{f}_1^L P_R + \bar{f}_1^R P_L) - \frac{i\sigma_{\mu\nu}k^\nu}{M_W}(\bar{f}_2^L P_R + \bar{f}_2^R P_L)\right]C^{-1}\bar{u}^t(\boldsymbol{p}_b, s_b) \\ &= \bar{u}(\boldsymbol{p}_b, s_b)\left[\gamma_\mu(\bar{f}_1^L P_L + \bar{f}_1^R P_R) - \frac{i\sigma_{\mu\nu}k^\nu}{M_W}(\bar{f}_2^R P_L + \bar{f}_2^L P_R)\right]u(\boldsymbol{p}_t, s_t)\end{aligned}$$

となる．よって，CP 対称性は形状因子に

$$f_1^{L,R} = \bar{f}_1^{L,R}, \qquad f_2^{L,R} = \bar{f}_2^{R,L} \quad \text{(A.76)}$$

という関係を課すことになる．ここまで来れば，CP 非保存カレントが

$$f_1^{L,R} = -\bar{f}_1^{L,R}, \qquad f_2^{L,R} = -\bar{f}_2^{R,L} \quad \text{(A.77)}$$

を要請することも明らかである.

問題 A.9　(III.91)・(III.117) 式を参考にして，電弱標準理論の枠内では 形状因子 $A_{\gamma,Z}, B_{\gamma,Z}, C_{\gamma,Z}, D_{\gamma,Z}$ 及び $f_{1,2}^{L,R}$ がどのような形になるか考えてみよ.

♠♠ ちょっと息抜き：　学ぶ楽しさ・学ぶ苦しさ ♠♠

学ぶことは楽しいか苦しいか.「そんな問いは漠然としすぎていて答えようがない」とのお叱りもあろうが，学生諸君にとっては一つの大きなテーマだろう．小学生の頃，筆者は正直言って勉強が嫌で嫌で仕方がなかった．とにかく遊んでいたかったし，机に向かうのは苦痛以外の何物でもなかった．この困った状態は中学生になっても継続したが，ノンビリした山奥の町では勉強しなくても まあまあの成績でいられたこともあり，ひたすら卓球部の練習に打ち込んでいた．先生からは何度も何度も注意を受けたが，全ては「馬の耳に念仏」だった．ところが，中学３年を目前にして我が家は岐阜市に引越すこととなり，そんな甘い環境は“激変”した：転校先の中学では，多くの生徒は皆勉強に対して一定の前向きな姿勢を持っており，授業中の雰囲気も田舎の学校とは全く異なっていた … 当時の同級生は「それは誤解」と言うが，少なくとも筆者には そう感じられた．これは，遊び癖・怠け癖が染みついていた“甘ちゃん”にとっては“バットで頭を殴られたかのような衝撃”であり，その結果，突然狂ったように(？) 猛勉強を始めた．もしかすると，転校後の約１年間は人生の中でも最も勉強した期間かも知れない.

すると，不思議なもので，理由は何であれ一旦真剣に教科書を読み始めたら，急に新しい知識の吸収が面白いと感じられるようになった．ミクロ世界を探る物理分野の魅力に惹かれ始めたのも この頃だった．ショック療法によって「学ぶ苦しさ」が一気に「学ぶ楽しさ」に切り替わったという訳だが，考えてみれば，この楽しさ・苦しさは，勉強以外の様々な事柄にも当てはまるのではないか．還暦が近づいてから何を血迷ったかフルマラソンに興味を持ち始め 以来 10 年以上が経過したが，これも実際に走ってみると実に楽しい（そして，何よりも完走後のビールが旨い！）．大学のボート部時代にも陸上トレーニングの一環で持久走は毎日のようにやって（やらされて？）いたが，情けないことに，そこでは「苦しさ」しか感じられなかった．あの頃の自分に今のような精神的余裕があったら … と言うのは「禁句」だろうが，こういう思い出を通じて「楽しむ」気持ちの大切さを遅ればせながら再認識している今日この頃ではある.

あとがき・参考図書

すでにお気付きの方も多いと思うが，この原稿は図も含め，すべて LaTeX で作成した.[*)] 従って，内容に誤りがある場合のみならず，単なるミスプリントも全て筆者の責任である．自分の講義においてノートのコピーを配布しているような段階なら修正も変更も簡単に口頭で行えるが，活字となり書店に並んでしまうと話は全く別だ．せっかくこの本を手にしてくれた読者に迷惑が掛かってしまう．実は，筆者が修士課程に入学して読み始めた場の理論の教科書は，結構ミスプリントの多い本だった．はじめのうちは，自分の計算と合わない箇所がある度に「また間違えてしまった」と頭を抱え込んだ．ところがミスプリントが多いことに気付いた後は，自分が本当に間違いを犯しても図々しく「またミスプリントか」と片付けてしまうようになってしまった.「誤りや誤植を探すのも大切な勉強のうち」という太っ腹な意見も少なからず耳にするし，それも間違ってはいないとは思うが，当時の私のような自分の間違いに鈍感な読者を生んでしまうことはやはり避けるべきだろう．それだけに原稿は何度もチェックしたつもりだが，内容の不備・不正確な記述などお気付きの方は何でもお知らせ頂けたらと思っている．

終わりに幾つかの本を参考図書として挙げておきたい.「はじめに」に書いたように，本書の読者として特に想定しているのは「すでに場の理論の本格的教科書に取り組んでいる」あるいは「一応それを読み終えた」方々なので，そういう読者のためにここで参考図書リストを与えたりすると却って混乱するかも知れないが，以下はあくまで筆者自身が参考にしたもので，名著リストのようなものではないことは予め了解をお願いしたい．

量子力学を勉強し終えた学生が次に取り組む科目の一つは，ディラック方程式や電磁場の量子化を中心とする いわゆる相対論的量子力学だろう．これについては

- 「相対論的量子力学」(森田正人, 森田玲子著: 共立出版)

が丁寧に書かれていると思う．筆者の研究室でも 4 年生のゼミでよく利用させてもらっている．但し，時間座標は虚数単位 i を含む形式なので，最近の他の本とのギャップを感じる読者もいるかも知れない．

（比較的）新しい本格的な教科書の代表は

*) ファインマン図の作成には FEYNMAN.tex を用いた．

- 「Quantum Field Theory」(C. Itzykson, J-B. Zuber 著: McGraw-Hill Inc.)
- 「場の量子論(全4巻)」(S. Weinberg 著,青山・有末共訳: 吉岡書店)

だろうか.いずれも読み通すには相当な根気と時間が必要だが,しかし,場の量子論を勉強したと胸を張るためには,このレベルの本を最低1冊は読了する必要がある.その途中で混乱したり疲れてきた時にでも本書を手にとって貰えたらと思う.

もう少し敷居の低い本としては

- 「Quantum Field Theory」(F. Mandl, G. Shaw 著: John Wiley and Sons Ltd.)

場の量子化に的を絞って詳しい解説をしているのは

- 「Field Quantization」(W. Greiner, J. Reinhardt 著: Springer)

W. Greiner によるこのシリーズには電弱標準理論や量子色力学についての巻もある.日本ではまだそれほど知名度が高いとも思えないが,どれも丁寧に書かれている.

本書と同じ様なタイプの本としては

- 「場の理論計算入門」(A.N. Kamal 著,高橋訳: 講談社)

がある.但し,本書よりは標準テキストに近い内容構成になっている.

素粒子物理学を専攻する学生は,場の量子論を一通り学んだ後,現代素粒子物理のコアであるゲージ理論および実際の素粒子相互作用などについてより詳しく勉強する訳だが,それについては

- 「ゲージ場の量子論 I・II」(九後汰一郎 著: 培風館)
- 「An Introduction to Quantum Field Theory」(M.E. Peskin, D.V. Schroeder 著: Addison Wesley)
- 「Gauge theory of elementary particle physics」(T-P. Cheng, L-F. Li 著: Oxford Univ. Press)
- 「クォークとレプトン」(F. Halzen, A.D. Martin 著,広瀬・小林共訳: 培風館)

を挙げておこう.

これ以外にも有名な教科書としては，古いところでは Bogoliubov – Shirkov や Bjorken – Drell の本，最近のものでは Quigg や Ryder の本などあり，また，本文や付録の中で参照した本も，当然のことながら大変参考になった．しかしながら，それら全てを挙げ始めたらきりがないので，後はそれぞれ自分に合ったものを選んで貰うことにして紹介を終える.

参考図書：追加分

当然のことではあるが，本書初版および改訂版が出て以降に登場した場の量子論関連のテキストは少なくない．しかしながら，筆者の勉強不足のため，それらの多くは自信を持って参考図書に加えることが難しい．その点ご容赦を願うと共に，ここでは，筆者が実際に手に取り開いてみる機会のあった次の4冊をリストに追加したい：

- 「相対論的量子力学」（川村嘉春 著：裳華房）
- 「ディラック方程式」（日笠健一 著：サイエンス社）
- 「場の量子論」（坂本眞人 著：裳華房）
- 「Quantum Field Theory (2nd Edition)」（F. Mandl, G. Shaw 著：John Wiley and Sons Ltd.）旧版で紹介したものの第2版．邦訳も2分冊で出されている：

○「場の量子論」〈第1巻〉量子電磁力学〈第2巻〉素粒子の相互作用（丸善）

これに加え，我田引水という御叱りを覚悟で，筆者自身の著作を一つ推挙：

- 「相対論的量子場」（日置善郎 著：吉岡書店）

これは，本書 II.6 節「場の演算子のまとめ」の内容およびその基礎となる相対論的量子力学・場の理論の基本的枠組みを詳しく解説して1冊にまとめたもので，当然のことながら本書と同じ表記法や演算子の規格化を用いている．従って，必要に応じての参照が容易というだけでなく，改めて場の量子論を初歩から学び直したいと考えている諸君にも適していると信じる次第.

索　引

さ 行

た　行

な 行

は 行

ま 行

や 行

ら 行

わ 行

著者略歴

日置　善郎　(ひおき　ぜんろう)

1951年7月：岐阜県（郡上八幡）に生まれる
　　　岐阜北高から京大理学部を経て
1980年：京大大学院博士課程修了（理学博士）
　同年：学振奨励研究員（京大基礎物理学研究所）
1984年：徳島大学教養部講師
1986年：日米科学技術協力研究員（スタンフォード大学）
　同年：独・フンボルト財団研究員（マックス-プランク研究所）
1994年：同研究員（ミュンヘン工科大学）
1996年：徳島大学総合科学部教授
2016年：徳島大学大学院理工学研究部教授
　現在：徳島大学名誉教授（大学院理工学研究部）

　専攻：理論物理学（素粒子論）

（主要著書）
"Electroweak Theory"
Prog. Theor. Phys. Suppl. No.73 1982
（共著，理論物理学刊行会）
"量子力学"（吉岡書店）2001，同改訂版 2014
"相対論的量子場"（吉岡書店）2008，同改訂版 2017
"物理が明かす自然の姿"（吉岡書店）2017

場の量子論─摂動計算の基礎─（第3版）　2022 ©

1999年 5月25日　初　版第1刷発行
2005年 2月10日　改訂版第1刷発行
2022年11月 1日　第3版第1刷発行

著　者　日置善郎
発行者　吉岡　誠

〒606-8225 京都市左京区田中門前町 87
株式会社 吉岡書店
電話(075) 781-4747/fax(075) 701-9075
e-mail：book-y@chive.ocn.ne.jp

印刷・製本亜細亜印刷(株)

ISBN978-4-8427-0377-0